技能大师"亮技"丛书

数控车床/加工中心编程方法、技巧与实例
第3版

主　编　于久清　杨永修　刘立伟

副主编　贾洪伟　徐洪生　王炜罡

参　编　徐伟伟　陈密文　王　智　肖　冰　张　健

机械工业出版社

本书是由有40多年机械加工经验的高级技师带领团队，根据数控机床加工的现场工作实践经验编写而成的。本书的特点是：开门见山切入数控机床操作与编程的主题，由浅入深，通俗易懂，图文并茂，论述精辟。本书用独特的视角阐述"工件坐标系的设定方法及对刀原理""刀具长度补偿的两种使用方式和应用规则"和"刀具半径补偿需特别注意的问题"等，这些都是作者在生产实践中的经验总结。书中有40多个工件的编程加工案例，全部采用生产中使用的程序，具有实用、安全、可靠等特点。

本书不仅是数控加工技术初学者的良师益友，而且是有一定机械加工基础的技术工人学习数控加工技术的好帮手。本书可作为技工学校数控专业的辅导教材，也可作为数控编程人员和机电一体化大中专班学员的参考用书。

图书在版编目（CIP）数据

数控车床/加工中心编程方法、技巧与实例 / 于久清，杨永修，刘立伟主编 . —3 版 . —北京：机械工业出版社，2024.5
（技能大师"亮技"丛书）
ISBN 978-7-111-75418-3

Ⅰ . ①数… Ⅱ . ①于… ②杨… ③刘… Ⅲ . ①数控机床-车床-程序设计②数控机床加工中心-程序设计
Ⅳ . ①TG519.1②TG659

中国国家版本馆 CIP 数据核字（2024）第 059185 号

机械工业出版社（北京市百万庄大街22号　邮政编码100037）
策划编辑：王晓洁　　　　　　责任编辑：王晓洁　赵晓峰
责任校对：韩佳欣　李小宝　封面设计：张　静
责任印制：邓　博
北京盛通数码印刷有限公司印刷
2025 年 2 月第 3 版第 1 次印刷
190mm×210mm·17.5 印张·303 千字
标准书号：ISBN 978-7-111-75418-3
定价：79.80元

电话服务　　　　　　　网络服务
客服电话：010-88361066　机 工 官 网：www.cmpbook.com
　　　　　010-88379833　机 工 官 博：weibo.com/cmp1952
　　　　　010-68326294　金 书 网：www.golden-book.com
封底无防伪标均为盗版　机工教育服务网：www.cmpedu.com

序 PREFACE

>>>>>>>>>>

　　21世纪是知识经济的时代，科学技术发展日新月异。企业既需要业务精湛的技术精英，也需要能够掌握和运用现代技术、具备先进操作能力的高素质技能型人才，更需要他们的发明创造和技术创新。这就要求企业员工不断学习新知识、掌握新技术、练就新本领，用知识推动企业的技术进步和持续发展。

　　中国第一汽车集团有限公司是我国汽车工业的摇篮，具有倡导技术进步和自主创新，重视知识、培养人才、尊重人才的优良传统。近70年来，公司努力营造"劳动光荣、知识崇高、人才宝贵、创造伟大"的浓厚氛围，形成了"争第一、创新业、担责任"的核心理念，在不同发展时期涌现出一批全国劳模典型和知识型优秀员工。他们在岗位上刻苦钻研、不懈探索，创造了许多新技术新方法，解决了大量技术难题，为企业发展做出了巨大贡献，在全国同行业形成了重要影响。他们不仅是一汽的宝贵财富，也是国家的宝贵财富。

　　一汽工会一直致力于劳模和高级技能人才的岗位技能传承工作，从2004年起组织工人专家、高级技能人才，陆续出版了《数控设备维修案例100则》《轿车表面钣金快速修复方法》《数控车床/加工中心编程方法、技巧与实例》《汽车冷冲压模具调整与维修技术》等著作，在此基础上又推出"技术专家传经送宝丛书"，包括《数控机床电气故障诊断与维修实例》《汽车模具调试与维修典型实例》《西门子840D数控系统应用与维修实例详解》《数控车床/加工中心编程方法、技巧与实例》（第3版）等著作，其作者均是一汽的高级技能人才，分别获得过国家、部委、地方、企业授予的劳动模范、五一劳动奖章、技术标兵等荣誉称号。他们将多年在技术改造、技术攻关等工作实践中练就的绝活、绝技、绝招总结归纳、汇编成书，所列操作案例全部来自生产一线，是他们劳动创造和心血智慧的结晶。丛书实用性、操作性很强，具有扎实的实践基础和较高的推广价值，是岗位学习的好教材。

　　丛书的出版有利于弘扬劳模精神，发挥劳模"一带多"的示范辐射带动作用；有利于发挥工会大学校的作用，培养更多具有一流业务技能、一流职业素养、一流岗位业绩的创新型职工；有利于推动企业储备人才、积蓄能量，增强竞争实力，实现可持续发展；有利于更广泛的读者交流体会、分享经验，为汽车行业发展贡献力量。

　　衷心祝贺丛书的出版！真诚希望这套丛书能成为广大一线职工学习进步的良师益友，同时也希望一汽工会能够更加以传承技能、培养人才、服务企业、回馈社会为己任，为实现公司的"十四五"发展目标，为中国制造的转型升级做出更大贡献！

中华全国总工会原副主席、书记处书记

2013. 4. 3

前言 FOREWORD

> > > > > > > >

　　在数控机床普遍应用的今天，能熟练操作数控机床，掌握数控编程加工技术，已成为机械工人最基本的技能，故培养造就大批数控加工技能型人才是机械工业快速发展的需要。

　　本书正是针对当前培养技能型人才的需求，紧紧围绕操作实例与编程技巧这一主题，以循序渐进的方法，引导读者由编程基本知识开始，由浅入深逐渐掌握操作编程技能，以至最终学会这门技术。

　　本书创造性地总结出数控车床坐标系统的组成及相互位置关系和对刀原理，以及加工中心机床刀具长度补偿指令G43、G44补偿量的计算方法和刀补简便输入法。另外，本书还详细介绍了40多个非常典型的实际生产加工案例，如数控车床的"三刀位、四把刀、五刀补的加工实例"和"加工中心机床用圆柱螺纹铣刀铣较大螺孔的方法"，这些都是生产一线加工经验的总结，是一般书籍和资料中找不到的。

　　本书第2版一经出版就受到广大读者的欢迎，已经8次印刷仍热销不减。为让读者掌握更多的编程技能，特对第2版重新修订再版。除保留原书大部分内容外，又增添了壳体类零部件、铝合金薄壁零件以及五轴加工中心多面体加工实例，丰富了本书的内容，扩大了数控加工范围，拓宽了读者的视野，给读者带来了较全面的数控编程加工案例。

　　尽管编者尽了最大的努力，仍免不了会有种种差错和不足之处，恳请广大读者批评指正，在此深表谢意。

　　能让更多的读者尽快掌握数控机床加工技术，为自己、为社会创造更多财富，是我们最大的心愿！

编　者

目录 CONTENTS

➤➤➤➤➤➤➤➤➤➤

第二部分　加　工　中　心

第一部分　数控车床

第1章　数控车床编程基本知识

 1.1　编程概述

1.1.1　程序的结构与格式

每种数控系统，根据系统本身的特点及编程的需要，都有一定的编程格式。不同的机床的程序格式也不同。因此，编程人员必须严格按照规定格式进行编程。

一个完整的程序由程序号、程序内容和程序结束三部分组成。例如：

```
O0300          程序号
/G28 U1 W1；
/G00 U−66.639 W−98.717；
G50 X300 Z50；
M03 S180；
T500；
G00 X202.0 Z−10.0 T505 M08；
X194.0；
G01 Z−20.0 F0.2；
G00 X300.0 Z50.0 T500 M09；
M30；          程序结束
```

其中，程序内容部分对应 `/G00 U−66.639 W−98.717；` 至 `G00 X300.0 Z50.0 T500 M09；` 为程序内容。

（1）程序号　也是程序的名，是程序开始部分，以英文字母"O"打头。

（2）程序内容　程序内容是程序的核心，它由程序段组成，每一个程序段由一个或多个指令构成。它表示数控机床要完成的动作。

（3）程序结束　用M02或M30作为程序结束符号。

1.1.2　程序段格式

N	G	X	Z	F	S	T	M	；
程序段号	准备功能	坐标值	坐标值	进给功能	主轴功能	刀具功能	辅助功能	分隔符

例如：

```
O3030
N10 G53 X500.0 Z580.0；
S80 M03 T707；
G01 X300.0 Z480.0 F0.3 M08；
```

G代码功能

1.2.1 G代码的分类

G代码分为模态G代码和非模态G代码。

1. 模态G代码

模态G代码在未指定同组其他G代码之前一直有效，也称为连续有效G代码。如G00、G01、G02、G03、G96、G97等都是模态G代码，这些指令一经在程序段中指定，便一直有效，直到以后程序段中出现同一组的另一个G代码才失效。

例如：

G01 Z–100.0 F0.3；

X50.0；　　　　　　　　　　　（此三段G01都有效）

Z0；

G00 X60.0；　　　　　　　（G01被取消成为G00）

G02 X50.0 Z–5.0 R5.0 F0.2；　（G00被取消变成圆弧切削）

2. 非模态G代码

非模态G代码也称为一次性G代码，只有在该程序段中有效，在G代码表中"00"组为非模态G代码，如G04、G27、G28、G30。例如：G04 X5；（机床停顿5s后取消）

1.2.2 G代码的说明

1）有"▲"标记的G代码是开机就有效的G代码。

2）"00"组的是一次有效的G代码。

3）G代码在一个程序段里最多不能超过5个。

4）当指定G代码列表以外的G代码时，系统会出现报警。

5）如果同一程序段里使用了同一组的G代码，则后指定的G代码有效。数控车床G代码见表1-1。

表 1-1　数控车床 G 代码

标准 G 代码	特殊 G 代码	组别	功能	标准 G 代码	特殊 G 代码	组别	功能
▲G00	G00		(快速)定位	G50	G92	00	工件坐标系设定
G01	G01		直线插补	G70	G70		精车循环
G02	G02	01	顺时针方向圆弧插补	G71	G71		外径粗车循环
G03	G03		逆时针方向圆弧插补	G72	G72		端面粗车循环
G04	G04	00	暂停	G73	G73	06	轮廓车削循环
G20	G20	08	寸制输入	G74	G74		轴向钻孔或切槽循环
▲G21	G21		米制输入	G75	G75		径向钻孔或切槽循环
▲G22	G22	17	工作区保护打开	G76	G76		多次螺纹加工循环
G23	G23		工作区保护关闭	G90	G77		外径粗加工循环
G27	G27		参考点返回检测	G92	G78	01	螺纹加工循环
G28	G28		返回第一参考点	G94	G79		端面粗加工循环
G29	G29	00	从参考点返回	G96	G96		恒线速度
G30	G30		返回第2、3、4、5参考点	▲G97	G97	19	取消恒线速度控制
G32	G33	01	螺纹加工，等螺距	G98	G94		每分钟进给
▲G40	G40		刀具补偿/刀具偏置注销	▲G99	G95	14	主轴每转进给
G41	G41	09	刀具补偿左	~	G90		绝对方式编程
G42	G42		刀具补偿右	~	G91	13	相对方式编程

注：1.有▲的 G 代码是开电源有效。

　　2.在车床一般使用标准 G 代码，需要时可以选择特殊 G 代码。

1.3 辅助功能（M代码）

辅助功能（M代码）是控制机床或系统开—关的一种命令，如主轴正转、主轴反转、主轴停止和程序结束等。

0-TD系统有M00~M99共100种M代码。由于数控机床生产厂家很多，在G代码表和M代码表中都有不指定和永不指定功能的，这些指令都给机床生产厂家预留指定专项功能用。所以使用G代码和M代码，除按标准使用外，还必须根据机床生产厂家规定进行使用。常用的辅助功能M代码见表1-2。

表1-2 常用的辅助功能M代码

M代码	功能	M代码	功能
M00	程序无条件停止	M08	切削液开
M01	程序有条件停止	M09	切削液关
M02	程序结束	M19	主轴定向停止
M03	主轴正转	M30	程序结束并返回程序开头
M04	主轴反转	M98	调用子程序
M05	主轴停止	M99	子程序返回
M06	换刀		

1.4 绝对值和增量值编程

绝对值编程：用终点位置的坐标值编程。

增量值编程：用要到达的位置相对当前位置的位移量编程。

数控车床：以 X、Z 指定绝对值坐标轴，以 U、W 指定增量值坐标轴。

工件坐标值见图 1-1，用两种坐标值编写程序。

用绝对编程：

N1 G01 Z50.0 F0.3；

N2 X100.0 Z30.0；

N3 Z0；

用增量值编程：

N1 G01 W–70.0 F0.3；

N2 U30.0 W–20.0；

N3 W–30.0；

还可以用绝对值和增量值混合编程，在实际编程中应用广泛。

例如：

N1 G01 Z50.0 F0.3；

N2 X100.0 W–20.0；

N3 Z0；

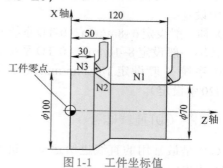

图1-1　工件坐标值

1.5 插补功能

刀具沿着构成工件形状的各种切削加工运动称为插补功能。如：G00定位，G01直线插补，G02、G03圆弧插补，G12.1、G13.1极坐标插补，G07.1圆柱插补，G32等螺距螺纹切削等。

1.5.1　G00 快速定位

刀具在程序段开始时加速到预定的速度，在程序段结束时减速，在确认到达位置以后执行下一个程序段。用G00移动时，刀具轨迹并非直线，见图1-2。

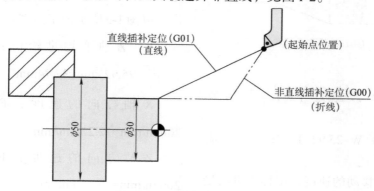

图1-2　G00定位移动轨迹

指令格式：G00　X30.0　Z0；

G28、G53都是非线性定位（为折线）。

G00指令的快速进给速度由机床厂家在参数中设定。

X轴一般设定6~8m/min（0-TD系统）。

Z轴一般设定8~10/min（0-TD系统）。

0i系统一般设定18~24m/min（在参数No.1420中设定）。

1.5.2　G01直线插补

G01是最常用的直线进给运动，进给速度用F值指定，见图1-3。

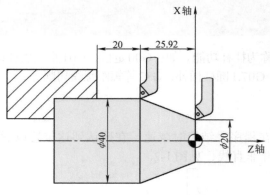

图1-3　G01切削进给示意图

编程格式：

G01　X40.0　Z–25.92　F20；（绝对值）G98指令下每分钟进给量

G01　U20.0　W–25.92　F0.2；（增量值）G99指令下每转进给量

F——刀具移动的速度，也称为进给量。

有两种方式设定，G98每分钟进给量和G99工件每转一转刀具移动的距离。一般情况下，数控车床在没有另外指定G98以前都是以G99指令执行（每转进给量）。

在实际中习惯用每转进给量编程，如F0.2、F0.3、F0.4等，见图1-4。

图1-4　F值显示画面

在加工圆锥面时，X轴与Z轴进给速度是不同的，具体的进给速度用下列公式算出，以图1-3所示加工为例。

X、Z轴平均进给值：$L=\sqrt{a^2+b^2}=\sqrt{20^2+25.92^2}\,\mathrm{mm}=32.74\mathrm{mm}$

X轴方向的速度：$F_x=\dfrac{a}{L}\times F=\dfrac{20}{32.74}\times 20\mathrm{mm/min}=12.22\mathrm{mm/min}$

Z轴方向的速度：$F_z=\dfrac{b}{L}\times F=\dfrac{25.92}{32.74}\times 20\mathrm{mm/min}=15.83\mathrm{mm/min}$

由此可见，为了加工出所要求的锥面，X轴、Z轴（a——X轴增量值，b——Z轴增量值，F——每分钟进给量）必须以两种进给速度运行，即Z轴较快（距离长），X轴较慢（距离短）才能使两轴同时到达终点，完成程序规定的坐标移动值，从而达到加工工件的目的。

1.5.3 G02顺时针方向圆弧插补和G03逆时针方向圆弧插补

斜床身机床圆弧插补指令见图1-5。

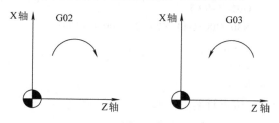

图1-5 斜床身机床圆弧插补指令

注：斜床身机床，即刀架在工件右上方。现在大部分数控车床为此类机床。

平床身机床圆弧插补指令见图1-6。

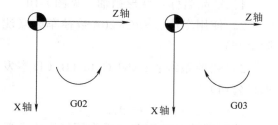

图1-6 平床身机床圆弧插补指令

由于平床身机床与一般卧式车床刀架位置相同，即刀架在工件的下方，所以指令G02和G03的插补方向与斜床身机床刚好相反。例如沈阳第一机床厂生产的CAK6163和CAK6180都是平床身机床。

1.5.4 圆弧插补的实际应用（以斜床身机床为例）

1. G02顺时针方向圆弧插补（图1-7）

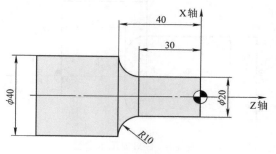

图1-7 G02加工示意图

绝对值编程：

N03 G00 X20.0 Z2.0；

N04 G01 Z–30.0 F0.2；

N05 G02 X40.0 Z–40.0 R10.0；

增量值编程：

N04 G01 W–32.0 F0.2；

N50 G02 U20.0 W–10.0 R10.0；

2. G03逆时针方向圆弧插补（图1-8）

绝对值编程：

N03 G00 X20.0 Z2.0；

N04 G01 Z–30.0 F0.3；

N05 G03 X40.0 Z–40.0 R10.0 F0.2；

增量值编程：

N04　G01　W−32.0　F0.3；

N05　G03　U20.0　W−10.0　R10.0　F0.2；

3. G02、G03圆弧插补编程（综合）

精车外形，机床为FANUC 0*i*-T，见图1-9。

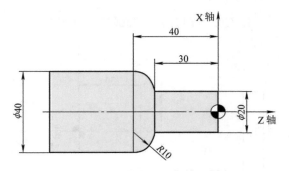

图1-8　G03加工示意图

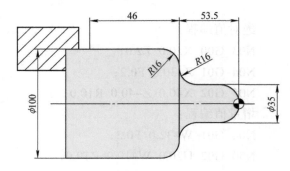

图1-9　圆弧插补综合加工示意图

编程如下：

O0001

N10　G28　U1　W1；

G00　U−240.05　W−365.50；

G53　X200.0　Z100.0；

N20　G50　S2000；

T300；

G96　S200　M03；

G00　X0　Z3.0　T303　M08；

G42　G01　Z0　F0.2　D03；

G03　X35.0　Z−17.5　R17.5　F0.15；

G01　Z−37.5　F0.2；

G02　X67.0　Z−53.5　R16.0；

G01　X68.0；

G03　X100.0　Z−69.5　R16.0；

G01　Z−99.5；

N30　G00　G40　X200.0　Z100.0　T300；

M09；

M05；

M30；

切点计算：

X轴：35+16×2＝67

X轴：100−16×2＝68

1.5.5　G02、G03圆弧插补编程实例（球形销轴的加工）

1）产品名称：球形销轴，见图1-10。

2）使用车床：SSCK20A数控车床（沈阳生产）。

3）数控系统：FANUC 0*i*-TB（日本发那科公司）。

1. 工艺分析与编程思路

球形销轴是矿用车"反作用杆"中非常重要的部件之一。工件中间部分球形面不但

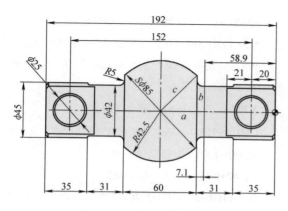

图1-10　球形销轴零件图

形状有公差要求，还有表面粗糙度 $Ra0.8\mu m$ 的要求。

由于没有锻件，用 $\phi90mm$ 的棒料加工，卧式车床粗车时球面只用手工操作成形，球形面留有较大的余量。

开始试制时，用35°菱形车刀使用一般编程方法加工球面，但效果不好。无论是表面粗糙度还是球面形状都达不到设计要求，后将菱形车刀换成球形车刀，由现场工程师编制宏程序加工，取得了满意效果；球面形状和表面粗糙度全部达到了设计要求。

2. 装夹方式

为解决球形车刀切削阻力大、工件在加工时颤动，克服工艺系统刚度不足的缺陷，采用一夹一顶方法加工（用自定心卡盘和回转顶尖）。

3. 使用刀具

T03—$\phi4mm$ 中心钻。

T02—$S\phi10mm$ 球形车刀（图1-11）。

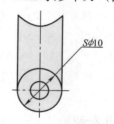

图1-11　球形车刀示意图

4. 加工工步

1）用 T03（$\phi4mm$ 中心钻）钻左端中心孔，然后用回转顶尖顶住工件。

2）用 T02（$S\phi10mm$ 球形车刀）加工两端 $\phi42mm$ 外径及端面，用 N10 程序加工右端，用 N20 程序加工左端。

3）用球形车刀加工 $S\phi82mm$ 球面（用32号刀补）。

5. 球形车刀切削路径

车右端 $\phi42mm$ 外径及球端面→车左端 $\phi42mm$ 外径及球端面→车中间 $S\phi85mm$ 球面（循环加工）。

6. 加工程序

O9032

M04　S700；（主轴反转700r/min）

T0330；（T03—中心钻，刀补值号—30号）

G00　Z2.0　M08；（Z轴定位在加工位置）

X0；（X轴定位在工件中心处）

G01　Z-10.0　F0.1；（钻中心孔）

G00　Z2.0；（Z轴退刀）

X200.0；（X轴退刀）

Z50.0 M05；（退到安全处，停主轴）

M16；（顶尖伸出）

M03 S1500；（主轴正转1500r/min）

T0231；（换2号Sϕ10mm球形车刀，使用31号刀补）

G00 X100.0 Z−39.0；（定位至加工位置）

X60.0 M08；（准备加工球销右端直径）

#1=45；（为#1输入变量值，相当于工件两端直径）

#2=21.4；（为#2输入变量，实际等于Z轴第一刀起始点）

N10 G01 X#1 F0.2；（X轴进刀到#1位置，即ϕ45mm）

W−#2；（Z轴进刀到（−39.0）+（−21.4）=−60.4）

X70.0；（X轴由ϕ45mm向上进给粗车右端面）

G00 Z−39.0；（Z轴退刀到加工起始位置）

#1=#1−1.5；（给#1重新赋值，等于X轴每次循环加工的背吃刀量）

#2=#2+0.35；（给#2重新赋值，等于Z轴每次循环加工的背吃刀量）

IF［#1GE42］GOTO 10；（如果X轴大于或等于ϕ42mm，就继续从N10程序段执行，直至X轴车至ϕ42mm结束循环）

G00 X120.0；（X轴退到安全高度）

Z−153.0；（Z轴定位到左侧要车ϕ42mm轴径的最里边）

X60.0；（X轴定位到开始加工处）

#1=45；（给#1赋X轴加工位置值，即ϕ45mm）

#2=21.4；（给#2赋Z轴加工位置值）

N20 G01 X#1 F0.2；（X轴进刀至ϕ45mm）

W#2；（由里向外车左端ϕ42mm轴径，正向进给21.4mm靠近球端面）

X70.0；（X轴正向进给车端面）

G00 Z−153.0；（再次定位到左侧最里边加工位置）

#1=#1−1.5；（为#1赋递减值）

#2=#2+0.35；（为#2赋增加值）

IF［#1GE42］GOTO 20；（如果左端外径大于或等于ϕ42mm，就继续循环执行N20程序段加工）

M03 S1500；

T0232；（调用32号刀补）

G00 X120.0；（X轴定位到120.0处）

Z−45.0；（Z轴定位至球端面处）

#2=4.0；（为#2赋新值）

N30 G00 X60.0；（X轴定位到加工位置）

G01 G42 X［46+#2］F0.2；（调用半径补偿，同时X轴进刀）

Z−58.9；（Z轴进给至接近球根部处）

X［60.208+#2］Z−66.0；（Sϕ10mm球刀斜向进给至球根部）

G03 X［60.208+#2］Z−126.0 R42.5；（车球面）

G01 X［46+#2］Z−133.1；（车左侧球根部）

G01 W−10.0；（车左侧轴径）

G00 G40 X120.0 Z−140.0；（退刀至安全位置）

Z−45.0；（将刀具定位至第一次加工位置）

#2=#2−2；（将#2变量减少2mm，实际相当于

X轴每次进刀量）

IF［#2GE0］GOTO 30；（如果#2值大于或等于零，就继续返回N30程序段加工球面，直至#2变量小于零时，也就是X轴车至60.208时，不再循环加工，执行下段程序）

G00 X200.0 50.0 M05；（退刀，停主轴）

M17；（顶尖退出）

M30；（程序结束，返回开头）

球面X轴起点b值的计算：

$$b=\sqrt{c^2-a^2}=\sqrt{42.5^2-30^2}\,\text{mm}=30.104\text{mm}$$

（半径）

1.6　刀具补偿功能和 T 代码

1.6.1　刀具选择指令 T 代码

T指令是刀具选择和刀具补偿的综合指令，一般由T+两位数字或T+四位数字组成（应用较多）。

T代码后面的数字有两层意义：选择刀具号和选择刀补单元号。

当设定系统参数No.0014.0=1时，T代码用两位数字表示。

即

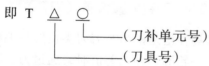

当设定系统参数No.0014.0=0时，T代码用四位数字表示（0i-T系统参数No.5002.1=0时，刀具磨损和偏置号相同）。

即

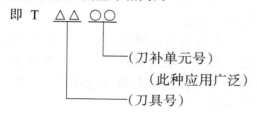

△△——刀具号，从01开始到刀架最大刀位数为止，不许超过。

○○——刀补单元号，从01开始至99为止。可以指定0或00，表示取消刀补。

刀具号和刀补单元号可以随意结合，每个刀具都可以使用多组刀补单元号。例：

T0100——选择 1 号刀，并取消刀补。（刀具前一位"0"可以不写，即可写成T100，其功能一样）。

T202——选择 2 号刀，并呼叫2号刀补单元的偏置量。

T1011——选择 10 号刀，并呼叫11号刀补单元的偏置量。

一旦呼叫指定的偏置号，便选择了对应的偏置量，即开始补偿。（机床按补偿后的值移动）。

1.6.2　T代码与刀具位置补偿

刀具位置补偿可分为形状补偿和磨损补偿两种，刀具形状补偿是对刀具形状及刀具安装的补偿，刀具磨损补偿是对刀尖磨损的补偿。

形状补偿与磨损补偿可以单独指定刀补单元号和合在一起指定刀补单元号，具体指定如下：

当选用 T×× 两位数字指定（即参数 No.0014.0=1）时，当参数 No.0013.1= 0 时，T代码表示如下：

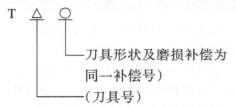

当选用 T×××× 四位数字指定（即参数 No.0014.0=0）时，当参数 No.0013.1=0 时，T代码表示如下：

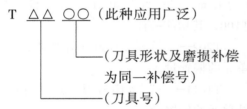

有关刀具补偿的重要参数：（数控系统 FANUC 0-TD）

No.0001.3 符号名 TOC。

0001.3=0 时，复位不取消刀补。

0001.3=1 时，复位取消刀补。

No.0013.1 符号名 GOCU2。

0013.1=0 时，形状补偿与磨损补偿不分开，用 T 代码低两位数指定。

0013.1=1 时，形状补偿与磨损补偿分开，形状补偿用 T 代码高两位数指定。

No.0013.3 符号名 GOFC。

0013.1=0 时，刀补号为"0"时，不取消形状补偿。

0013.3=1 时，刀补号为"1"时，取消形状补偿。

No.0014.1 符号名 GMCL。

0014.1=0 时，复位不取消形状补偿（与 0001.3=0 相对应）。

0014.1=1 时，复位时取消形状补偿（与 0001.3=1 相对应）。

一般情况下设定：

No.0001.3=1

No.0013.1=0

No.0013.3=1

No.0014.1=1

1.6.3 刀具位置偏置（刀补）

刀具补偿是指当车刀刀尖位置与编程位置（工件轮廓）存在差值时，通过刀具补偿值的设定，使刀具在 X 轴、Z 轴方向加以补偿，达到与加工图样尺寸保持一致的功能。

刀具补偿是操作者控制工件尺寸精度的重要手段之一。

所谓刀具位置偏置，是对编程时的假想刀具（一般为基准刀具）与实际加工使用的刀具位置的差值进行补偿的功能，见图 1-12。

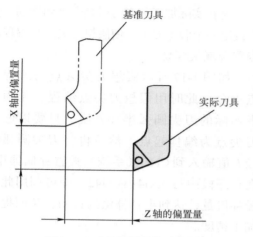

图1-12　刀具位置偏移示意图

1.6.4　补偿形式

1. 磨损补偿

用 T 代码指定的偏置号对应的磨损偏置量与编制程序中各程序段的终点位置相加或相减。

2. 形状补偿

在现在的位置上加上或减去与 T 代码指定的偏置号相对应的偏置量。

例 1-1　用 T 代码后面的两位数指定刀具形状偏置和磨损偏置。

刀具补偿轨迹（刀补值合在一起使用），见图1-13。

程序：

N1　X50.0　Z100.0　T202；（指定 2 号刀补）

N2　Z200.0；

N3　X100.0　Z250.0　T200；（取消刀补）

3. 形状补偿与磨损补偿的使用

（1）形状补偿　用于对刀时所得到的补偿量，此值在正常加工时不用改变。

（2）磨损补偿　主要用于微量补偿，如控制工件尺寸和加工一段时间后刀具磨损了，但还能使用，为了保证工件的尺寸精度，把刀具磨损量作为补偿量输入到磨损补偿值中。

一般情况下两种补偿值都是合起来使用，即在程序中呼叫到某把刀具的补偿号后，在移动坐标值时，机床系统就会将两项补偿值通过运算，按照运算后的坐标尺寸移动。

4. G41 与 G42 刀具补偿

1）在加工锥形和球形工件时，由于刀尖不可能制作得非常尖，必须有圆弧存在，所以只用刀具位置偏置很难对精密零件进行精确加工。尤其在加工锥面和球面时，若不补

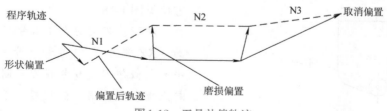

图1-13　刀具补偿轨迹

偿误差会更大。采用刀具补偿能自动补偿这种误差，见图1-14和图1-15。

任何一把车刀为了增加刃口的强度，刀尖部分都存在一个小的圆弧，在编制程序时都想使实际圆弧中心与程序起始点重合，见图1-16。

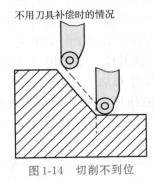

图1-14　切削不到位

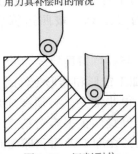

图1-15　切削到位

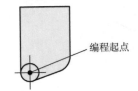

图1-16　使刀尖圆弧中心与编程起点重合

这在实际加工和对刀时是非常困难的，如果设定一个假想刀尖，使假想刀尖点与编程起点重合就很容易。

如图1-17所示假想刀尖 A 点与编程起点重合。此时用假想刀尖点编程，无须考虑实际的刀尖圆弧半径 R 值，只要以假想刀尖点为编程起点，然后再将刀尖圆弧半径 R 值输入到 CNC（系统）偏置存储器中，在程序段中写入 G41 或 G42，即可调用此半径补偿量，达到半径补偿的目的，从而提高加工精度。

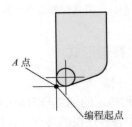

图1-17　刀尖 A 点与编程起点重合

2）假想刀尖的方位。和半径补偿值一样，必须在加工前设定刀尖相对于工件的方位，假想刀尖的方位号由切削时刀尖的方向确定，共有 9 种（1~9 号），具体刀尖号与方位见图1-18。

注意： 刀尖方位1~8号只能用于G18平面（XZ平面）。0号和9号用于G17和G19平面。假想刀尖9号在刀尖圆弧中心与编程起点重合时使用。假想刀尖号在刀补参数画面OFT中设定（具体见1.6.7节）。

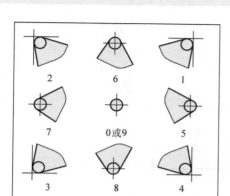

图1-18　刀尖方位图

5. G41、G42及G40的应用

（1）G41刀具补偿—左　刀具在工件切削方向左侧加工（沿编程轨迹左方移动），见图1-19。

程序：

N40　G41　G00　X60.0　Z0　D01；

N50　G01　Z–50.0　F0.20；

N60　G03　X50.0　Z–55.0　R5.0；

N70　G01　X0；

N80　G00　Z0；

（2）G42刀具补偿—右　刀具在工件切削方向右侧加工（沿编程轨迹右方移动），见图1-20。

程序：

N40　G40　G00　X30.0　Z0　D01；

N50　G01　Z–40.0　F0.2；

N60　F02　X40　Z–45.0　R5.0；

N70　G40　G00　X200.0　Z150.0；

（3）G40刀具补偿/刀具偏置注销　刀具沿编程轨迹移动。

1.6.5　刀具补偿—左（G41）应用实例

加工如图1-21所示零件。

使用设备：CK1463（南京数控机床有限公司生产）。

数控系统：FANUC 0*i*- T。

由参数No. 1240设定了（X600.000，Z680.000），相当于自动设定了工件坐标系。

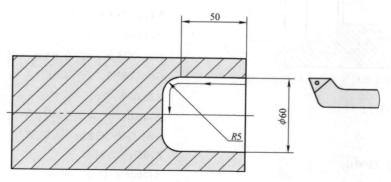

图1-19　G41左补偿加工示意图

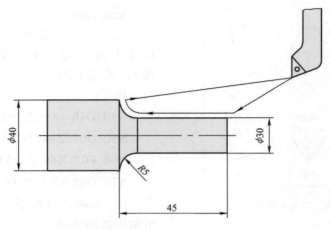

图1-20　G42右补偿加工示意图

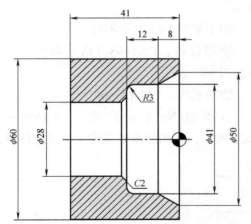

图1-21　刀具半径左补偿G41应用实例图

程序（精车）：

O0320
T303；（内孔车刀）
G00　X150.0　Z100.0；
M03　S650；

X22.0　Z2.0；
Z-19.5；（定位在工件内孔）
G01　X34.0　F0.2；（车内端面）
G02　U6.0　W3.0　R3.0；（粗车圆角R3.0mm）
G00　X32.0；（退刀）
Z2.0；（刀具退出工件）
G01　G41　X50.0　Z0　D03　F0.4；（定位在工件Z轴零点）
X41.0　Z-8.0　F0.2；（车内锥孔）
Z-17.0；（车圆孔）
G03　X35.0　Z-20.0　R3.0；（精车圆角R3.0mm）
G01　X32.0；（车内端面）
X28.0　W-2.0；（倒内孔角）
Z-42.0；（车φ28mm内孔）
G00　G40　X22.0；（X轴退刀）
Z10.0；（Z轴退刀）
X150.0　Z100.0；（回换刀点）
M30；（程序结束）

1.6.6 刀具补偿—右（G42）应用实例

产品：仿形车样件，见图1-22。

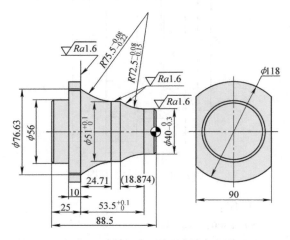

图1-22　刀具半径右补偿G42应用实例图

使用设备：CK1463（南京数控机床有限公司生产）。

程序（精车）：

O0330

T404；

G50 S1100；

G96 S180 M03；

G00 X150.0 Z50.0 M08；

X45.0 Z0；

G01 X−0.5 F0.10；（车端面）

G00 G42 X36.0 W2.0 D04；（刀具半径右补偿）

G01 Z0 F0.2；

X40.0 W−2.0 F0.10；（车倒角）

Z−10.0；（车外圆）

G02 X51.05 Z−28.874 R72.5；（车 R72.5mm 圆弧面）

G01 Z−38.79；（车 φ51mm 外圆）

G02 X76.64 Z−63.55 R75.5；（车 R75.5mm 圆弧面）

G01 X125.0；（车端面）

G00 G40 U10.0 W10.0；（取消刀具半径补偿）

G00 X150.0 Z50.0 M09；

M03；

1.6.7 G41、G42 刀具补偿在使用时应注意的几个问题

1）使用刀具补偿之前，应把刀尖圆弧半径值及方位号输入到操作面板的存储器中。

例1-2　使用 T300 内孔车刀，刀尖圆弧半径是 0.6mm，刀尖的方位号是"2 号"，将其输入后，刀具补偿显示画面见图1-23。

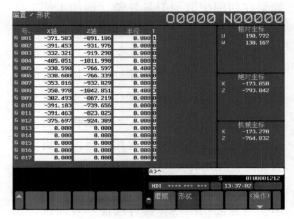

图1-23　刀具补偿显示画面

注：0i-T 系统与 0-TD 系统的刀具补偿显示画面相同。

2）用 G41、G42 刀具补偿功能加工锥

面和圆弧面时，应在未切入工件实体之前建立补偿值，而且必须是在 G00 和 G01 移动指令中建立，不能在 G02、G03 圆弧插补方式中建立，也不能在这种方式下取消。

主要原因是：建立刀具半径补偿开始时，刀具按所给定的刀尖方向和半径值偏移（是直线或斜线移动），有固定的方向和准确位置。而圆弧切削时，刀具是两个运动的对比拟合。这时再加入按刀尖方位偏移时的补偿值，系统无法计算出要移动的准确位置，机床会出现误动作或报警，即使不发生上述情况，所加工工件的形状也是不正确的。

3）取消刀具补偿要在退出切削后执行，如果在切削中取消刀具补偿，则加工的工件尺寸将不正确。当一段程序中只有 G40 被指定，没有 X、Z 轴移动指令时，刀具将根据当前所使用的刀尖半径补偿值向相反方向移动。也就是说，在编程时 G40 指令一定编在退离加工面的程序段中，不可编在继续向加工面靠近的程序段中，或在刀具没脱离加工表面时使用 G40。

4）在执行刀具半径补偿功能的程序段中，刀具的切削路径最好编成一直向负向加工方式（也就是一直向前切削），尽量不要使用反向退刀程序。

后壳加工简图见图1-24。

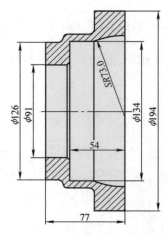

图1-24 后壳加工简图

程序：

N1 T300；（换3号刀）

N2 G00 X180.0 Z20.0 T303；（前移定位的同时指定刀补及刀尖方位号）

N3 G41 X145.0 Z1.0 D03；（带3号半径补偿值移动）

N4 G01 Z0 F0.3；（工进到工件零点平面）

N5 G03 X134.0 Z-30.1 R73.0；（粗车内球面）

N6 Z-52.0；（车内孔）

N7 G00 W1.0；（Z轴正向退刀）

N8 X89.0；（X轴退刀）

N9 Z-54.0；（Z轴重新进刀）

N10 G01 X132.0 F0.2；（车内端面）

……

M30；

执行到 N7 程序段时，刀具正向退刀 1mm，刀具半径补偿也随之改变，当 Z 轴再次负向进刀（N9 Z-54.0）时，在刀具半径补偿换向的干涉下，Z 轴进刀产生误差，不再是程序要求的准确值。所以，编程时一定要注意避免使用这种方式。如果实在要正向退刀，则可先用G40取消刀具半径补偿，然后再退刀。

5）在建立刀具半径补偿的程序段中，注意其移动的距离一定要大于半径补偿值，Z轴移动距离至少要大于半径补偿值一倍以上，X轴移动距离至少要大于半径补偿值两倍以上。

6）假想刀尖方位号1~8号只能用于G18平面，也就是XZ平面的补偿，而0或9号用于G17和G19两平面的补偿。

第2章 设定和建立工件坐标系

2.1 坐标系统概述

数控车床坐标系统分为机床坐标系、机械坐标系、NC坐标系和工件坐标系（也称为编程坐标系）。无论哪种坐标系都规定与车床主轴轴线平行的方向为Z轴，并把从卡盘中心至尾座顶尖中心的方向定为正方向，还规定在水平面内与车床主轴轴线垂直的方向为X轴，且定刀具远离主轴中心的方向为正方向。

2.2 四个坐标系之间的关系

四个坐标系之间的关系见图2-1。

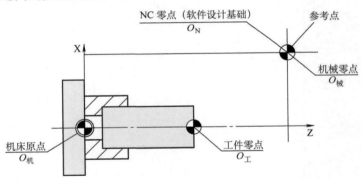

图2-1 四个坐标系之间的关系

（1）机械坐标系（$O_械$） 该坐标系是机床固有的，采用回参考点建立起来，断电后不会丢失，但也可用回零方法清除（清零后显示零）。

（2）机床坐标系（$O_机$） 以主轴端面与轴线建立起来的坐标系，零点也称为机床原点，是机床制造厂家设定好的。

（3）工件坐标系（$O_工$） 该坐标系是一个实际应用的坐标系，它是不确定的，可以任意设定（只要不超出行程极限，设定在哪里都可以）。

（4）NC坐标系（O_N）　NC零点是NC软件设计的基础（有显示），在机床回零后与机械零点（参考点）重合。

2.3 设定工件坐标值与工件零点

为了使数控机床能够加工出符合要求的零件，首先要确定工件零点和工件坐标值。

工件零点的设定，见图2-2。

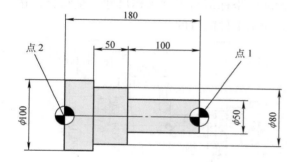

图2-2　工件零点的设定（台阶轴）

如果以点1作为工件零点编程，坐标值设定如下：

G00 X50.0 Z0；

G01 Z-100.0 F0.2；

X80.0；

Z-150.0；

X100.0；

Z-180.0；

所有Z轴在切削加工时都是负值。

如果以点2作为工件零点编程，坐标值设定如下：

G00 X50.0 Z180.0；

G01 Z80.0 F0.2；

X80.0；

Z30.0；

X100.0；

Z0；

所有Z轴在切削加工时都是正值。

工厂一般习惯用前一种方法指定工件零点。

2.4 确定工件零点在数控机床中的位置

前面虽然已设定了工件坐标值和工件零点，但是怎样才能使机床（系统）确认这个点，并知道这个点在机床中的准确位置，然后按照工件的坐标值及实际尺寸去加工，也就是使刀具运动的坐标值与工件图样尺寸严格地保持一致，这就需要通过对刀来设定工件坐标系。

通常采用以下四种方法设定工件坐标系：

1）G50（G92）后边指定一个数值来确定工件位置。

2）自动设定工件坐标系位置。

3）用手动输入（MDI）功能预置工件坐标系的位置（G54~G59）。

4）用刀具偏置来确定工件坐标系（无基准刀）。

2.4.1　用G50设定工件坐标系对刀实例

1. 指令格式举例

G28　U1.0　W1.0；

G00　U–146.0　W–102.0；

G50　X200.0　Z100.0；

注意：通过设置起刀点相对工件坐标系的坐标值，来设定工件坐标系。

2. G50设定工件坐标系的方法

如图2-3所示，工件被装夹在卡盘中，工件零点和坐标值已被确定。如果在G50后边指定一个X轴和Z轴正值，即G50　X200.0　Z100.0，就等于相对工件零点正向移动了X200.0　Z100.0的距离（实际不移动），我们把移动后的这个点称为"起刀点"。由此可见，工件零点至"起刀点"是可以通过G50来设定的。

既然通过G50的设定已确定"起刀点"的位置，那么再把"起刀点"至机械零点（机床参考点）的距离通过对刀移动刀架来求得，将这一距离值编到程序段中的第一条移动指令中，这样就把机床坐标与工件坐标联系起来了，形成一个完整的尺寸链关系，从

而建立起一个确定的工件坐标系。这时刀具运动的坐标值与工件坐标尺寸完全吻合，达到加工工件的目的。

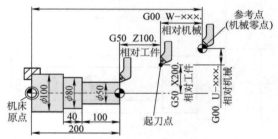

图2-3　G50设定工件坐标系简图

用G50设定工件坐标系的基本格式：

N10　G00　U–×××.×××　W–×××.×××；

N20　G50　X200.0　Z100.0；

G50后的数值可随意设定，以换刀时与工件不干涉为准。由于G50的功能是工件坐标系的预置寄存，它不会使机床移动，所以上面程序中必须用N10指令的U值和W值将机床移动到这个点上。N10和N20所指令的这个点位置是重合的。

当机床起动后执行N10时，机床运行到

刀具起始点，执行到 N20 时，虽然机床不移动，但显示屏立即变成 G50 所设定的（X200.0，Z100.0）工件坐标系中的绝对坐标值。再往下执行程序段，所有显示值即为工件尺寸的绝对坐标值。

N10 G00 U−×××.××× W−×××.××× 所要移动的准确值要通过对刀来取得。

3. 具体对刀方法

1）将机床清零（回参考点），显示屏的机械坐标值都显示为零。

2）选定一把基准刀（一般选 Z 向最长的）。

手动将刀具靠近工件端面，切削端面一刀，将相对坐标显示值 W 清零，然后手动 Z 轴正向移动，移动的距离为 G50 设定的"Z值"减去被切端面至工件零点的距离"L"。移动距离 W=Z−L，其中，W 为移动距离，Z 为 G50 设定值，L 为工件零点到试切端面的距离。

然后查看机械坐标显示值，将此值连同正负号一起写进 N10 W−×××.××× 当中。

3）手动将刀具靠近工件外圆，切削工件外圆一刀，测量工件直径，用 G50 设定的"X值"减去工件的测量直径，即 U=X−D，如 U=200−50=150。其中，U 为 X 轴移动距离，X 为 G50 设定值，D 为工件测量直径。

将相对坐标 U 值清零，然后正向移动 150mm，此时查看机械坐标显示值，将此值连同正负号一起写进 N10 U−×××.××× 当中。至此，工件坐标系设定完毕，此把刀成为基准刀，它的刀补值为零。

4）其他各把刀具的补偿值用下面方法取得（相对坐标法）：

① 将刀架退离工件（X 向、Z 向），换刀时不发生碰撞即可。

② 将下一工步所用刀具调到加工位置（用手动）。

③ 手动 X 轴、Z 轴，使刀尖对准"基准刀"试切时的 Z 轴端面和外圆处，尽量和基准刀试切时的位置重合。重合得越好，对刀精度越高。

④ 查看相对坐标显示，把 U 值连同正负号输入到此刀所选用的补偿单元号码 X 轴补偿值中，把 W 值连同正负号输入到 Z 轴补偿值中。

⑤ 其他各把刀都重复①~④步骤后，将所用各刀的补偿值输入完毕，即可试切加工。

4. 编程加工实例

工件名称：差速器右壳，见图 2-4。

使用设备：RFCZ16 浙江日发数控车床。

系统：FANUC 0-TD。

工序内容：精车外圆、端面、内球面、内孔。

选用刀具：

T1100——外圆车刀（外圆、端面、倒角）。

T400——内孔车刀（内孔、内球面、端面）。

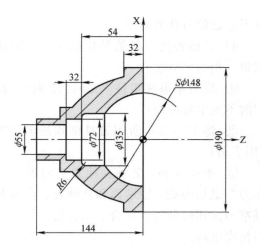

图2-4 差速器右壳零件简图

加工程序：

O0100

/G28 U1. W1.；（回参考点）

/G00 U−215.324 W−154.376；（刀前移）

G50 X240.0 Z100.0；

M03 S360；

T1100 M08；

G00 X195.0 Z0 T1111；（定位到端面）

G01 X142.0 F0.3；（车大端面）

G00 X191.0 Z1.5；（定位到大端外圆处）

G01 Z−42.0 F0.3；（车外圆）

G00 X193.0 Z2；（退刀）

X187.0 W−1.0；（定位到端面倒角处）

G01 Z0；（进刀到Z轴零点）

X190.0 W−2.5 F0.15；（倒大端外圆角）

Z−42.0 F0.3；（精车大外圆）

M09；

N1 G00 X240.0 Z100.0 T1100；（定位到换刀点）

M05；（停主轴）

M01；（选择停）

T400；（换4号刀）

M03 S360；（主轴正转）

G00 X200.0 Z10.0 T404；（定位到工件端面前）

X143.0 Z0.5 M08；（定位到内球面外沿处）

G01 Z0 F0.24；（工进至Z轴零点）

X192.0；（车端面一刀）

G00 X147.8 W1.0；（退刀）

G01 Z0；（工进至Z轴零点）

G03 U−18.0 W−35.37 R74.0 F0.3；（车内球面）

G00 X66.0；（定位至工件内孔处）

Z−54.0；（定位至内端面）

G01 X123.0 F0.25；（车内端面一刀）

S350；（换主轴转速）

G00 X71.2 W1.0；（定位至φ72mm内孔处）

G01 Z−86.0 F0.3；（粗车φ72mm内孔）

G00 X53.5；（定位至φ55mm内孔处）

S450；（换主轴转速）

Z−99.0；（定位至φ55mm孔端）

G01 Z−152.0；（粗车φ55mm内孔）

G00 U−2.0；（X轴退刀）

Z1.0；（Z轴退到工件端面）

G00 X150.3；（定位到球面倒角处）

S350；（换主轴转速）

G01 U−6.0 W−3.0；（倒内球面角）

G00 G41 Z0 D04；（退刀至Z轴零点，同时呼叫半径补偿）

X148.08；（X轴定位至内球面大径处）

G03 U−18.0 W−35.37 R74.0 F0.24；（精车内球面）

G00 G40 X74.66；（定位到φ72mm孔径处）

Z−53.5；（Z轴定位至内孔端面处）

S400；（换主轴转速）

G01 Z−54.0 F0.3；（Z轴进刀）

X72.04 W−3.0；（倒 ϕ72mm 内角）

Z−87.5 U−0.04；（车 ϕ72mm 内孔）

S450；（换主轴转速）

G00 X55.0；（定位至 ϕ55mm 内孔处）

Z−99.0；（Z轴定位至 ϕ55mm 内孔端面处）

G01 Z−152.0 F0.20；（车 ϕ55mm 内孔）

U−2.0；（X轴退刀 2mm）

G00 Z10.0；（Z轴退刀至工件外端面）

G97 S350；（降低主轴转速）

M09；（关切削液）

N2 G00 X240.0 Z100.0 T400；（回到换刀点）

T1100；（换11号刀）

M05；（停主轴）

M30；（程序结束，返回程序开头）

说明： 用 G50 设定工件坐标系是数控车床编程时普遍应用的，是非常安全可靠的。它具有格式简单明了，对刀方便快捷等优点。尤其是它设定了一个固定的换刀点。

如 N1、N2 在调试机床试切或测量时，无论当时使用哪把刀具，只要清除刀补都可以准确地回到这个位置，当再次携带刀补加工时，不会发生任何危险，所以受到广大操作者的喜爱，缺点是比较古板，缺少灵活性。

2.4.2　自动设定工件坐标系与操作实例

在 0-TD 系统的机床参数 No.0708、No.0709 中分别输入 X 值和 Z 值，当手动或自动返回参考点之后，系统自动建立起一个坐标系，在该坐标系下，参考点的坐标值就是输入 No.0708、No.0709 的值，同时显示屏上的绝对坐标也立即显示此输入值。自动设定工件坐标系有两种方法：一种是不考虑刀具几何尺寸，事先在系统参数中输入坐标值的方法；另一种是通过实际对刀，将坐标值写在系统参数中的方法。

1. 事先在系统参数中输入坐标值的方法

例如，浙江日发数控车床在 No.0708 中输入 X300.0，在 No.0709 中输入 Z500.0，当返回参考点后，机床绝对坐标值显示此值，机床已自动设定了工件坐标系，此坐标系相当于一个基准刀对刀后所得到的位置，也可以称为假想基准刀设定工件坐标系，见图 2-5。

以加工减速器轴承座为例说明对刀操作方法。

工件名称：轴承座。

机床：RFCZ16浙江日发数控车床。

工序内容：精车端面、外圆。

选用刀具：

T1100——粗车刀。

T900——粗车刀。

具体对刀方法如下：

1）手动将 T1100（外圆刀）调换到加工位置。

2）手动 Z 轴切削工件端面，记下绝对坐标显示值。此机床 Z 轴绝对坐标显示值：Z68.0。

3）手动 X 轴切削工件外圆，记下绝对坐标显示值。此机床 X 轴绝对坐标显示值：

X168.5，测量工件外径为ϕ166.0，则X168.5–ϕ166.0=2.5。

4）将2.5输入到T1100刀X轴刀补值中，将68.0输入到T1100刀Z轴刀补值中。

5）将下一工步所用刀具T900调换到加工位置，重复2）~4）步骤，将经计算后的刀补值输入到所对应的刀补号中。

说明：图2-5中的机械坐标显示值是从参考点到工件对刀点的距离。

例如　T1100刀，绝对坐标显示值为X168.5，而机械坐标显示值为X–131.5，它是对刀点与机床参考点的距离，两坐标值合起来正好是参数No.0708设定的坐标值X300.0。Z轴坐标值也是如此，绝对坐标显示值Z68.0与机械坐标显示值Z–432.0两项合起来正好是Z500.0（No.0709设定值）。由此可见，系统已自动建立起一个坐标系。在此条件下，只要正确地输入各把刀的刀补值，就可以试切工件了。

用这种方法建立坐标系后就不必再用G50指令设定坐标系了，只要机床不发生故障和断电，刀架移动到任何位置都和绝对坐标显示的位置相吻合。因此只要不干涉，刀架在任何位置都可以启动程序加工。

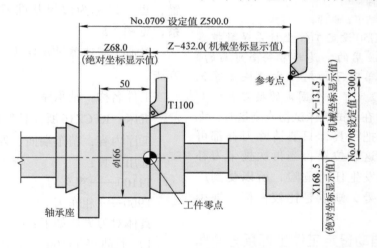

图2-5　自动设定工件坐标系原理

如果在此种情况下又用G50设定工件坐标系，则G50设定的工件坐标系优先。

具体加工程序如下：

O2050

```
T1100;
T1111 M03 S400;
G00 X240.0 Z-50.0;
M08;
```

```
G01 X167.0 F0.4;
G00 Z2.0;
X166.0;
G01 Z-50.0 U-0.02 F0.3;
M09;
G00 X250.0 Z50.0;
T900;
T909 M03 S600;
G00 X240.0 Z-50.0;
M08;
G01 X166.5 F0.15;
G00 U2.0 Z2.0;
X166.0;
G01 Z-50.0 U-0.02;
U-0.10;
U1.0;
M09;
G00 X250.0 Z70.0;
M05 T1100;
M30;
```

2. 用实际刀具自动设定工件坐标系的方法

上面所述方法是在没有加工工件之前，已经在机床系统参数No.0708和No.0709中输入了X值和Z值。实际等于假设了一把基准刀所得到的工件坐标系。如果没用假想刀或者没在No.0708和No.0709参数中输入值，即X、Z两个值都是零（在大部分数控车床中也都是零），那么这种情况下怎样自动设定工件坐标系呢？

通常以工件前端面作为工件零点。测出"工件零点"到机床参考点的距离值，将此值置入No.0708和No.0709中，然后重新执

行返回参考点，可以自动建立工件坐标系。

"工件零点"到机床参考点的距离值可用"基准刀"试切的方法获得。具体操作步骤如下：

1）将No.0708和No.0709设置为零，机床执行返回参考点（清零）操作，绝对坐标值显示零。

2）选定一把"基准刀"，手动移动刀架到工件附近，切工件端面，然后沿着X轴方向离开工件，记下Z轴绝对坐标显示值。

3）手动"基准刀"切削工件外圆，然后沿着Z轴方向离开工件，记下X轴绝对坐标显示值，并测量工件直径D值。

4）将X轴绝对坐标值加上D值（|X|+D）置入No.0708中，将Z轴绝对坐标值加上L值（|Z|+L）置入No.0709中。No.0708和No.0709输入均为正值，L值为工件零点到试切端面的距离。

5）重新执行返回参考点操作。完成后绝对坐标分别显示出No.0708和No.0709所输入的值，此时以工件零点为原点的工件坐标系自动建立起来。此刻要用"基准刀"执行G00 X0 Z0指令，刀具即刻移动到工件零点处。此"基准刀"刀补值为零。

其他各把刀具的对刀方法如下：

1）将"基准刀"试切工件外圆和端面处的相对坐标值清零。

2）将下一工步所用的刀具调换到加工位置，手动移动刀具到"基准刀"所切削的

工件外圆处，查看X轴相对坐标值，将此值作为该刀的X轴刀补值输入到存储器中（连同正负号）。

3）手动移动刀具到"基准刀"所切削的工件端面处，查看Z轴相对坐标值，将此值作为该刀的Z轴刀补值输入到存储器中（连同正负号）。

4）其他各把刀具都要执行2）~3）步骤，把所需的刀补值输入到所对应的刀补单元号中。

3. 用实际刀具自动设定工件坐标系应用实例一

工件名称：锁紧螺母，见图2-6。

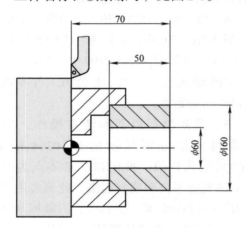

图2-6　锁紧螺母加工简图

使用设备：CK7620（沈阳第三机床厂生产）。

系统：FANUC 0-TD。

工序内容：车端面，车内孔。

选用刀具：T500外圆车刀、T200内孔车刀。

具体操作步骤如下：

1）选定T500外圆车刀作为设定工件坐标系的基准刀，将T500刀换到加工位置。

2）将机床X轴、Z轴清零（回参考点），此时绝对、相对、机械坐标全部显示为"0"。

3）手动T500外圆车刀靠近卡盘端面，然后用手轮沿Z轴微量移动，使切削刃贴到卡盘端面上。记下机床Z轴绝对坐标显示值（此机床显示为$Z_绝=-140.30$），将Z轴相对坐标值清零。

4）沿X轴正向移动，（再配合移动Z轴）使刀尖贴上卡盘外圆，测量卡盘直径（此卡盘直径为200mm），记下机床X轴绝对坐标显示值（此机床显示为$X_绝=-79.5$），同时将X轴相对坐标值清零。

5）计算要输入No.0708和No.0709的所需数据。

$$No.0708 = |X_绝| + D$$
$$= 79.5 + 200$$
$$= 279.50$$

$|X|$为X轴绝对坐标显示值的绝对值，D为对刀圆直径。

$$No.0709 = |Z_绝| + L$$
$$= 140.30 + 0$$
$$= 140.30$$

｜Z｜为Z轴绝对坐标显示值的绝对值，L为对刀平面至工件Z轴零点的距离。

本次对刀把卡盘端面视为工件零点，所以L=0。

6）输入No.0708和No.0709参数。

7）按〔MENU〕刀具偏置显示键，再按〔DGNOS〕系统参数键，再按〔PAGE〕翻页键，直至显示屏出现参数设定画面第2页，移动光标至"PWE"处，输入一个"1"将它由原来的PWE=0变成PWE=1。此时机床显示No.100报警，同时显示"可以写入参数"。

8）按 $\boxed{\overset{NO \; J}{\underset{\vee}{\overset{Q}{P}}}}$ 参数序号键，再按数字键708，再按〔INPUT〕输入键，显示屏显示参数No.0708和No.0709页面，光标停在No.0708位置。

9）按数字键279500（不写小数点），再按〔INPUT〕输入键，279500被输入到No.0708参数中。

10）按〔CURSOR〕光标移动键，使光标移到No.0709位置，将140300输入到No.0709参数中。输入完毕后，将参数设定画面第2页中的PWE重新写成零，即PWE=0，再按一下复位键报警解除。

11）再次执行返回参考点动作，机床清零后，绝对坐标X轴显示279.500，Z轴显示140.300，此时以卡盘端面为零点的工件坐标系自动建立起来。

12）其他加工刀具刀补值的输入。

① 在手动（JOG）方式下，将T200刀调至加工位置。

② 手动移动刀架到卡盘端面处，用微量移动使切削刃贴到卡盘端面，查看相对坐标值，此机床Z轴相对坐标显示值为W35.921，将此数值作为T200刀的Z轴补偿值输入到相对应的刀具补偿值中。

③ 手动移动刀架到卡盘外圆处，用微量移动使刀尖贴到卡盘外圆，查看相对坐标值，此机床X轴相对坐标显示值为U−53.480，将此数值连同正负号作为T200刀的X轴补偿值输入到相对应的刀具补偿值中。

说明：

● T200刀的补偿值输入完毕，如果还有其他刀具，仍按第12）步的方法将刀补值输入到刀具补偿值中。

● 如果不以卡盘外圆和端面对刀，而以工件外圆和端面对刀，设定工件坐标系也是可以的。具体操作方法与上述相同。

● FANUC 0i-T系统数控车床，自动设定工件坐标系的参数是No.1240，操作方法相同。

加工程序如下：
```
O0054
G28 U1 W1;
M03;
M21（S500）;
T505;（外圆车刀）
G00 X163.0 Z70.5;
G01 X56.0 F0.3;
G00 X163.0 W1.0;
```

Z70.0；
G01 X56.0；
G00 X180.0 Z120.0；
T202；（内孔车刀）
G00 X59.5 Z80.0；
Z70.0；
G01 Z17.0 F0.2；
G00 U−2.0 Z71.0；
X64.0；
G01 X60.0 Z68.0 F0.25；
Z17.0；

G00 U−2.0 Z75.0；
X180.0 Z100.0；
M05；
T500；
M30；

4. 用实际刀具自动设定工件坐标系应用实例二

工件名称：钢板弹簧座，见图2-7。

使用设备：CK1463（南京数控机床有限公司生产）。

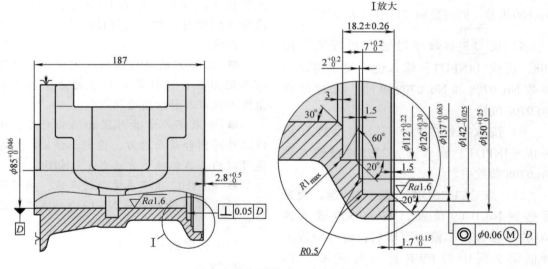

图2-7 钢板弹簧座尺寸坐标图

系统：FANUC 0i-T（斜床身机床）。

0i-T 系统数控车床，自动设定工件坐标系的方法与0-TD系统完全一样，只是参数不同，它用No.1240设定数值。

CK1463 数控车床安装后就已经在

No.1240 参数中设定了相应的坐标值，机床回零后绝对坐标显示：

X轴=600.000 Z轴=680.000

已自动设定了工件坐标系（与0-TD系统机

床的 No.0708 和 No.0709 同理）。

选用刀具：

T1000——短柄内孔车刀（加工右端面台阶孔）。

T600——长柄内孔车刀（加工 $\phi85_0^{+0.046}$mm 通孔）。

T300——4mm 车槽刀（加工右端面 4mm 宽槽）。

对刀步骤及操作方法与 0-TD 系统相同。

装夹方式：用自定心卡盘装夹左端外圆（液压卡盘 $\phi320$mm）。

加工程序如下：

O1804

N1 T1010；（调用 10 号刀及 10 号刀补）

S320 M03；（主轴正转）

G00 X120.0 Z100.0 M08；（定位至起刀点）

Z2.0；（靠近工件零点）

G01 X168.0 F0.2；（车端面第一刀）

G00 X120.0 W1.0；（退刀）

Z1.0；（Z 轴定位）

G01 X168.0 F0.2；（车端面第二刀）

G00 X120.0 W1.0；（退刀）

Z0；（Z 轴定位）

G01 X168.0；（车端面第三刀）

G00 W1.0 X75.0；（定位至内孔处）

Z−16.0；（Z 轴快进至内平面）

G01 X103.0 F0.2；（车内平面）

G00 U−1.0 W10.0；（退刀）

X108.0；（X 轴定位）

G01 Z−16.0；（粗车 $\phi112$mm 内孔）

G00 W1.0 X75.0；（X 轴定位）

Z−18.1；（Z 轴定位）

G01 X108.0；（车内平面）

G0 U−2.0 Z−11.0；（X 轴、Z 轴定位）

G01 X120.0 F0.2；（车第二台阶面）

G00 X100.0 W1.0；（退刀）

Z−13.0；（Z 轴快进定位）

G01 X120.0；（车第二台阶面）

G00 U−2.0 Z−9.0；（退刀）

G01 X126.0 F0.2；（粗车 $\phi126$mm 内孔）

G00 X108.0 W1.0；（退刀）

Z−11.1；（Z 轴快进定位）

G01 X126.0 F0.2；（精车第二台阶面）

G00 U−3.0 Z2.0；（退刀至工件外）

X131.0；（X 轴定位）

G01 Z−11.1；（粗车 $\phi137$mm 内孔）

G0 U−2.0 Z2.0；（退刀）

X135.0；（X 轴定位）

G01 Z−11.1；（粗车 $\phi137$mm 内孔第二刀）

G00 U−2.0 Z2.0；（退刀）

X140.0；（X 轴定位）

G01 X137.05 Z−2.0 F0.2；（倒角）

Z−11.2；（精车 $\phi137$mm 内孔）

X126.0；（车台阶面）

Z−13.2；（精车 $\phi126$mm 内孔）

X113.0；（车内平面）

X112.10 W−1.5；（倒角）

Z−18.40；（精车 $\phi112$mm 内孔）

Z−18.20；（Z轴工进退刀）

X75.0；（反车内平面）

G00 U−5.0；（X轴退刀）

Z10.0 M09；（Z轴退刀）

X300.0 Z300.0；（回换刀点）

N2 T600；（换长柄内孔车刀）

G00 X84.0 Z20.0 T606；（X轴、Z轴定位）

Z−16.0 M08；（Z轴快进至ϕ85mm孔处内）

G01 Z−189.0 F0.3；（粗车ϕ85mm内孔）

G00 U−5.0；（X轴退刀）

Z−16.0；（Z轴退刀）

G01 X91.0 F0.5；（X轴进至倒内孔角处）

X85.02 Z−21.4 F0.3；（倒内孔角）

Z−90.0；（精车内孔前半部分）

X85.8 Z−100.0；（车内孔中间部分）

X85.02 Z−116.0；（车内孔中间部分）

Z−189.0；（精车ϕ85mm内孔）

G00 U−5.0；（X轴退刀）

Z20.0 M09；（Z轴退刀）

X300.0 Z100.0；（回换刀点）

N3 T300；（换车槽刀）

G00 X142.0 Z10.0 T303；（Z轴、X轴快进）

Z1.0 M08；（定位至工件端面）

G01 Z−1.8 F0.1；（车端面槽）

G04 X1.0；（刀具停1s）

G01 Z1.0 F0.3；（工件退刀）

G00 Z20.0 M09；（Z轴快进）

X300.0 Z300.0；（回换刀点）

T1000；（换1号刀）

M30；（程序结束，返回开头）

2.4.3　预置工件坐标系（G54～G59）的操作方法

用MDI功能从CNC的G54~G59六个工件坐标系中任选一个（如G54），将工件坐标系X偏置值、Z偏置值存在其中。加工时只要指令G54工件坐标系即可实现正确加工。

G54指令的X轴和Z轴的坐标值可用"基准刀"通过对刀来取得。

用CKS6145数控车床（系统为FANUC 0i-T），加工9t车中桥轴间差速器后壳，现以精车大端外圆、内球面、内平面、内孔为例，说明预置G54工件坐标系的过程，见图2-8。

本工序所采用刀具：

T1100——外圆车刀（定为基准刀）。

T200——内孔车刀（需加刀补）。

1. 具体操作步骤

1）将机床清零（回参考点）。

2）将T1100（基准刀）调到加工位置。

3）手动移动刀具到工件附近，切削工件外径，然后X轴不移动，沿Z轴退出切削。

4）测量工件直径（实例：D=ϕ172.60），同时查看机械坐标显示值为X$_机$−218.50，用｜X$_机$｜+D=｜−218.5｜+172.6=391.10。把391.10写入G54的X轴坐标值中（用负值），即G54 X−391.10。

5）手动移动刀具切削工件端面，不移动Z轴，沿X轴退出加工。

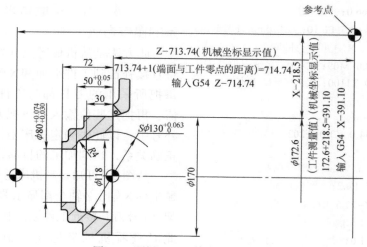

图2-8 预置G54工件坐标系对刀图

6）查看机械坐标显示值为$Z_{机}$–713.74，用此值的绝对值加上L（L=试切端面与工件零点的距离），即 |–713.74|+L=713.74+1=714.74。把714.74输入G54的Z轴坐标值中（用负值），即G54 Z–714.74。

输入完成后为G54 X–391.0 Z–714.74。至此工件坐标系已设定完毕，此基准刀的刀补值为零。只要在程序段里指定G54 G00 X0 Z0，此刀即可移动到工件端面的零点处。

2. 其他各刀的对刀方法

1）在基准刀对刀点位置（即机械坐标显示 X–218.50 Z–713.74）相对坐标清零，即 U000000 W000000。

2）将刀架退到安全位置（与工件不干涉）。

3）将T200刀调到加工位置，手动移动刀具到基准刀（T1100）试切位置（图中刀具指定的位置），使对刀点越重合越好。

4）查看U值和W值，将两值连同正负号一起输入到所对应的X轴、Z轴刀补值中。此程序为U–123.0 W125.0，将两值输入到T200 X–123.0 Z125.0刀补存储器中。

说明： 如果还有所用刀具，请重复2）～4）步骤完成刀补值的输入，检查输入正确后，即可试切。

3. 加工程序

O2502
M03 S400 T1100;
M08;
G54 G00 X178.0 Z0 T1111;（调用工件坐标系，同时呼叫刀补）
G01 X124.0 F0.15;（车端面）

G00　W1.0　X166.0；（退刀）

G01　X170.0　W−2.5　F0.10；（φ170mm外圆倒角）

Z−35.0　F0.2；（车φ170mm外圆）

G00　U5.0　Z30.0　M09；（X轴、Z轴退刀）

X160.0　Z200.0　T1100；（定位至换刀点）

T200；（换刀）

M08；（开切削液）

G54　G00　X134.0　Z3.0　T202；（定位在工件球面处）

G01　Z0.5　F0.3；（接近Z轴零点）

X131.5　W−2.5　F0.2；（倒内球面角）

G03　X119.5　Z−27.5　R65.0；（粗车内球面）

G01　Z−45.0；（车内直台）

G00　X79.5　W1.0；（定位至车内孔处）

G01　Z−72.0；（粗车φ80mm内孔）

G00　U−1.0　Z−49.7；（退刀）

G01　X110.0；（车内端面）

G02　U8.0　W4.0　R4.0；（由里向外车R4mm圆弧）

G00　U−1.0　Z2.0；

X131.80　Z0；（定位至倒内球面角位置）

G01　X129.8　Z−1.0；（倒角）

G03　X118.0　Z−30.0　R65.0；（精车内球面）

G01　Z−46.0；

G03　U−8.0　W−4.0　R4.0；（车R4mm圆弧）

G00　W1.0　X86.0；

G01　X80.0　W−3.0；（倒内孔角）

Z−72.0；（车φ80mm内孔）

G00　U−2.0　Z−50.0；（退刀）

G01　X111.60；（车端面）

G00　Z10.0　M09；

X160.0　Z200.0　T200；（回换刀点）

M05　T1100；

M30；

2.4.4　用刀具偏置来设定工件坐标系的操作方法

此方法是从机械零点开始，通过刀具偏置直接补偿到工件端面和X轴线零点处。使每把所采用的刀具都与工件零点产生准确值，再把这些值输入到每把刀具所对应的刀补号中，以此来确定机床坐标与工件坐标的正确关系，达到加工的目的，见图2-9。

从图2-9可知，当机床返回参考点后，机械坐标X轴、Z轴全都显示零。然后手动刀架（1号刀）接近工件端面和外圆φ20mm处。此时查看机械坐标显示值是$X_机$−280.00，$Z_机$−300.00。将$Z_机$−300.00作为T100刀的Z轴补偿值输入到存储器中，X轴刀补值要通过计算求得：$X_补$＝|$X_机$|＋D（工件直径）＝280.0＋20.0＝300.00。

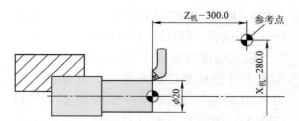

图2-9　刀具偏置设定工件坐标系简图

将X−300.00作为T100刀的X轴补偿值输入到存储器中，T100刀对刀完毕。至此，机床坐标与工件坐标通过补偿值正确地连接起来了。下面就以在CK7620数控车床（系统为FANUC 0-TD）加工轴间差速器外壳为例，说明此方法的具体应用，见图2-10。

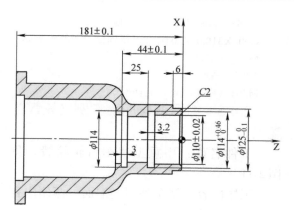

图 2-10 轴间差速器外壳加工简图

本加工共采用三把刀：

T300——外圆车刀（车端面、外圆）。

T400——内孔车刀（车内孔、内平面及倒内孔角）。

T600——车槽刀（宽 3mm，车 3.2mm 卡簧槽）。

1. 具体对刀操作步骤

1）把 T300（外圆车刀）调到加工位置。

2）手动返回参考点（X 轴、Z 轴显示零）。

3）手动移动 Z 轴，使刀具接触工件端面，查看机械坐标显示值为 Z-104.50。

4）将 Z-104.5 再加上"1"输入到 T300 刀 Z 轴刀补值中（加"1"的原因是对刀端面与工件零点的差值）。

5）手动移动 X 轴，将刀具移到工件 $\phi107.30$mm 内孔处，使刀尖接触工件内孔，查看机械坐标显示值为 X-217.906。

6）用 X 轴机械坐标值加上工件对刀

孔的直径，即（-217.906）+（-107.30）= -325.206，把此值输入到 T300 刀 X 轴刀补值中。此值就是 3 号刀由机械零点（参考点）至工件 X 轴零点（工件轴线）的准确值。至此，T300 刀补偿值输入完毕。

7）把 T400 刀调到加工位置。

8）再次执行手动返回参考点，使机械坐标清零。

重新执行 3)~6) 步骤，完成 T400 刀补偿值的输入。

9）将 T600 刀调到加工位置。

10）再次执行返回参考点动作，使机械坐标清零。然后再次执行 3)~6) 步骤，完成 T600 刀补偿值的输入。

其他两把刀具数值如下：

T400：$Z_\text{机}$-38.00，实际输入 Z-39.00

$X_\text{机}$=（-284.188）+（-107.30）=-391.488（输入值）

T600：$Z_\text{机}$-36.50，实际输入 Z-37.50

$X_\text{机}$=（-270.615）+（-107.30）=-377.915（输入值）

Z 轴刀补值要考虑对刀时工件端面与实际工件要求的端面零点的差值。然后将此值加到刀补中，所以两刀 Z 轴刀补值都负向增加了 1mm。

2. 加工程序

```
O2552
/G28 U1 W1；（返回参考点）
M22；（调用主轴转速）
```

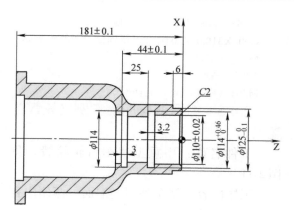

M03；（主轴正转）

T303；（调用3号刀和3号刀补）

G00 X135.0 Z0；（快速定位到加工端面处）

G98 G01 X104.0 F70；（加工端面，进给量为70mm/min）

G00 W0.5 X120.0；（退刀）

G01 X125.0 Z-2.0；（倒外圆角）

Z-6.0；（车ϕ125.0mm外圆）

U2.0；（X轴正向退刀）

G00 X240.0 Z90.0；（退到换刀点）

T404；（换4号刀并调用4号刀补）

G00 X109.5 Z1；（定位到车内孔位置）

G01 Z-48.0 F60；（车内孔）

G00 X95.0 W2.0；（退刀）

Z-43.5；（定位到内孔端面处）

G01 X109.5 F50；（车内孔端面）

G00 U-3.0 Z1.0；（退刀至工件外侧）

X115.0；（定位到倒内孔角处）

G01 X110.0 Z-2.5；（倒内孔角）

Z-44.0 U-0.02；（车内孔，二次精车）

G00 U-2.0 Z5.0；（退刀至工件外侧）

G00 X300.0 Z20.0；（退到换刀点）

T606；（换6号刀并调用6号刀补）

G00 X108.0 Z5.0；（快速定位到孔加工位置）

Z-19.0；（定位到卡簧槽加工位置）

G01 X114.46 F45；（车卡簧槽第一刀）

G00 X109.0；（X轴退刀）

Z-18.8；（Z轴定位到槽宽的另一侧）

G01 X114.46；（车卡簧槽第二刀）

G00 X108.0；（X轴退刀）

Z-41.0；（Z轴定位到内端面附近）

G01 Z-44.0 F120；（Z轴切削进给到内端面处）

X114 F45；（车内端面退刀槽）

G00 X108.5；（X轴退刀）

Z5.0；（Z轴退刀至工件外侧）

G00 X310.0 Z20.0；（定位到换刀点）

M05；（主轴停）

T300；（换3号刀）

M30；（程序结束，返回开头）

2.4.5 综合编程加工实例（轮毂的加工）

工件名称：中重型货车后轮轮毂，见图2-11。

工序内容：精车外圆、端面、两侧内孔和宽7.5mm的槽。

使用机床：CK1463数控车床。

数控系统：FANUC 0i-T（日本发那科公司）。

1. 工艺分析与编程思路

后轮轮毂是中重型货车后驱动轮中非常重要的部件。轮毂两端$\phi 200^{-0.045}_{-0.085}$mm内孔及$\phi 264^{-0.056}_{-0.108}$mm外圆，要求必须同轴，误差不能大于$\phi$0.03mm。所以一次装夹加工才能保证产品质量。

根据工件实际情况，定位基准选在工件外圆和后端面，见图2-11中的▽▽定位与夹紧符号处，一次装夹将所有孔径和外圆、端面及槽一起加工完毕，这样就需特制加长刀杆，还要装上55°内孔车刀。这把刀不但可以车左端面和内肋平面，还可以通过肋板内孔加工最左边的ϕ220mm、ϕ202mm、ϕ200mm三个孔径和倒角，解决了加工难题。

对于右侧ϕ200mm内孔，用短内孔车刀就可以满足加工要求。

对于7.5mm槽，如果选用等宽的车槽刀加工，一是此规格刀具不易购买，二是刀宽切削阻力大影响工件定位精度，现选用4mm车槽刀，分两刀加工。

由于装夹面积略小，承受切削力也随之减小，为提高生产率，用普通车床先粗加工，数控车床只负担精加工。程序按上述工艺内容，只编制精车程序。

最终按使用程序和加工步骤选定如下刀具（按加工先后顺序排列）：

T200——外圆车刀（2号刀）。

T1000——短内孔车刀（10号刀）。

T600——长内孔车刀（6号刀）。

T400——车槽刀，宽4mm（4号刀）。

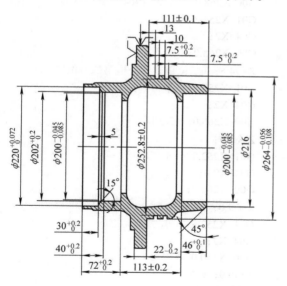

图2-11　后轮轮毂加工简图

2. 加工程序

O0001

M03 S170；

T200；（外圆车刀）

N1 G00 X378.0 Z-106.0 T202；（定位到大端面处）

G01 Z-111.0 F0.2；（工进到端面加工位置）

X267.5；（车大端面）

G00 Z-60.0；（Z轴定位到ϕ264.0mm起始处）

X264.5；（X轴定位到ϕ264.5mm）

G01 Z-111.0；（粗车ϕ264.0mm外圆）

G00 U1.0 Z-60.0；（退刀至加工位置）

X264.0；（X轴定位）

G01 Z-111.0；（精车ϕ264.0mm外圆）

U4.5；（退刀）

G00 U1.0 Z0；（定位工件零点）

G00 X238.0；

G01 X196.0；（车右端面）

G00 X224.0 W1.0；（退刀）

Z0；

G01 U12.0 W-6.0；（粗车45°锥面第一刀）

G00 Z1.0；

X220.0；

Z0；

G01 U18.0 W-9.0；（粗车45°锥面第二刀）

G00 Z1.0；

X216.0；

Z0；（Z轴定位）

G01 U18.0 W-9.0；（精车45°锥面）

N2 G00 X500.0 Z300.0；

N3 T1000；（换短内孔车刀）

G00 X168.0 Z20.0 T1010；

Z0；

Z-45.5；

G01 X197.0；（车内端面第一刀）

G00 X168.0 W1.0；（退刀）

Z-46.0；

G01 X197.0；（车内端面第二刀）

G00 U-1.0 Z1.0；（退刀）

X199.5；（X轴定位）

G01 Z-46.0；（粗车内孔）

G00 U-1.0 Z1.0；（退刀）

X203.47；（X轴定位至倒角处）

Z0；

G01 X200.0 W-3.0；（倒角）

Z-46.1；（精车内孔）

G01 U-4.0；（退刀）

G00 Z5.0；

N4 X450.0 Z170.0；（回换刀点）

N5 T600；（换长内孔车刀）

G00 X168.0 Z50.0 T606；

Z-231.0；（定位至左端面）

X217.0；

G01 X233.0 F0.2；（车左端面）

G00 X197.0 W-1.0；（退刀）

Z-201.0；（定位至内15°锥面处）

G01 X217.0；（车端面）

G00 X195.0 W-1.0；（退刀）

Z-191.0；（定位至ϕ202mm端面处）

G01 X197.0；（车内端面）

G00 X168.0 W-1.0；（退刀）

Z-159.5；（定位至ϕ200mm端面处）

G01 X197.0；（车端面第一刀）

G00 X168.0 W-1.0；（退刀）

Z-159.0；

G01 X197.0；（车端面第二刀）

G00 U-2.0 Z-232.0；（退刀）

X219.5；

G01 Z-201.0 F0.2；（粗车ϕ220mm内孔）

G00 U-1.0 Z-232.0；（退刀）

X220.15；

G01 Z-201.0；（精车ϕ220mm内孔）

G01 U-3.0；（退刀）

G00 X212.0 W-1.0；

Z-201.0；

G01 X202.17 W5.0；（车锥面）

Z-191.0；（车ϕ202mm内孔）

G00 X199.5 W-1.0；

G01 Z-159.0；（粗车ϕ200mm内孔）

G00 U-1.0 Z-191.0；（退刀）

X200.0；（X轴定位）

G01 Z-158.9；（精车ϕ200mm内孔）

G01 U-4.0；（退刀并车端面）

G00 X168.0 W-1.0；（退刀）

Z50.0；（退至工件外）

G00 X450.0；（回换刀点）

M03 S120；

N6 T400；（换车槽刀）

G00 X268.0 Z-98.0 T404；（定位到第一槽位置）

G01 X252.8 F0.1；（车槽第一刀）

G04 X2；

G00 X268.0；（退刀）

Z-94.5；（定位重车第一槽第二刀位置）

G01 X252.8；（车槽第二刀）

G04 X2；

G00 X268.0；（X轴定位）

Z-80.5；

G01 X252.8；（车二槽第一刀）

G04 X2.0；

G00 X268.0；

Z-77.0；

G01 X252.8；（车二槽第二刀）

G04 X2；

G00 X350.0；（退刀）

Z300.0；（回换刀点）

M05；

M30；

　　说明：以上加工程序是用自动设定工件坐标系编制的。自动设定工件坐标系和用刀具偏移确定工件坐标系一样。不用指定一个固定换刀点，刀具在任何位置，只要不与工件发生干涉，就可以换刀或者启动加工程序，非常方便。但是一定要注意：当每把刀加工完毕，退到一个需要的位置时，千万不能同时取消此刀的刀具补偿值。

　　如上述程序中 N2 和 N4 程序段决不能写成：

　　N2　G00　X500.0　Z300.0　T200；（取消刀补）

　　N4　X450.0　Z170.0　T1000；（取消刀补）

　　如果写成上述指令，当执行此段程序时，刀具不再按要求的坐标值移动，会出现误动作，严重时会发生事故。

　　产生上述误动作的原因：在自动设定工件坐标系加工时，系统已经默认参数设定值，（No.1240 所设参数）是假想刀在机床中的坐标值。实际使用刀具都要与这个标准值相比较（实际是对刀），所产生的差值作为刀补存储在对应的刀补单元号码中。所以在加工时所有刀具都携带刀补才能保证移动准确，如取消刀补，机床就不会按要求的坐标值移动。

　　用刀具偏移确定工件坐标更是如此，虽然在参数中没有设定值，但它是每把使用刀具都对所加工件（通过对刀）产生刀具补偿值，一旦取消补偿，机床将会按意想不到的方位快速移动，必然要造成事故。望操作者切记！

第3章 简化编程和固定循环功能

3.1 G32 单程螺纹切削指令

G32 指令可切削圆柱螺纹和圆锥螺纹，用 G32 指令编写螺纹加工程序时，车刀的切入、切出和退刀返回起点都要分段写入程序中，下一次 X 轴进刀仍要重新指令。螺纹切削时不可用主轴恒线速 G96 指令。圆柱螺纹加工示意见图3-1。

指令格式：

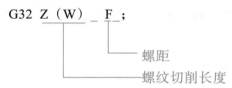

3.1.1 δ_1 与 δ_2 的大约计算值

$$\delta_1 = 3.6 \times \frac{P \times n}{1800} \qquad \delta_2 = \frac{P \times n}{1800}$$

式中　P——螺距；

　　　n——主轴转速。

编程如下：

T0101；
G97 S500 M03；
G00 X64.0 Z5.0 M08；
X22.0；
G32 Z-71.5 F3.0；
G00 U3.0；
Z5.0；
X21.0；
G32 Z-71.5 F3.0；
G00 U4.0；
Z5.0；
X20.75；
G32 Z-71.5 F3.0；
G00 U5.0；
X150.0 Z100.0 T100 M09；
M30；

注意：以下所述外螺纹加工都是用正转（M03）刀具从工件右端往左端加工，所以加工出的外螺纹是左旋螺纹。如车右旋螺纹，刀具改为从左端往右端加工即可。

上述仅针对斜床身机床，如平床身机床仍从右向左加工即可。

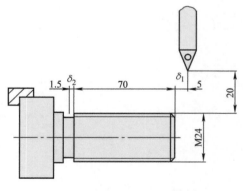

图3-1　圆柱螺纹加工示意图

3.1.2　G32车削圆锥螺纹

螺距 P=3mm，圆锥螺纹加工示意见图3-2。

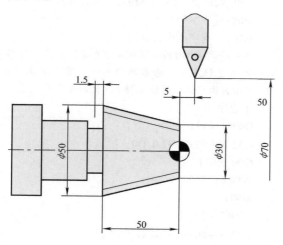

图3-2　圆锥螺纹加工示意图

编程如下：
T0102；
G97　S500　M03；
G00　X70.0　Z5.0　M08；
X28.0；
G32　X48.0　Z−51.5　F3.0；
G00　U3.0；
Z5.0　X27.0；
G32　X47.0　Z−51.5　F3.0；
G00　U4.0；
Z5.0；
X26.90；
G32　X46.90　Z−51.5　F3.0；
G00　U5.0；

X200.0　Z100.0　M09；
X30；

3.1.3　G32车削多头蜗杆

G32车削多头蜗杆与车削多线螺纹指令格式基本相同，只是螺纹F值指令的是螺距，而蜗杆F值指令的是导程。

指令格式：

G32　Z（W）_　F_　Q_；

└─ 多头蜗杆起始角
└─ 多头蜗杆导程
└─ 蜗杆切削长度

例3-1　车一根 z_1=8 的蜗杆，见图3-3。

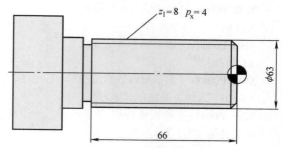

图3-3　蜗杆简图

计算导程：$F=p_x \times z_1=4 \times 8=32.0$（$p_x$—轴向齿距，$z_1$—头数）

注意：Q值的单位是0.001°，但不能指令小数点，如45°写成45000。

编程如下：
O0050
T202；（蜗杆专用车刀）

M03 S30；（主轴正转）

G00 X200.0 Z100.0 M08；（定位至起刀点）

X63.0 Z10.0；（定位至预加工位置）

X61.0；（X轴进刀）

M98 P0061；（执行61号子程序，加工第一条螺旋槽）

X61.0；（X轴重新定位至原加工位置）

M98 P0062；（执行62号子程序，加工第二条螺旋槽）

X61.0；

M98 P0063；（加工第三条螺旋槽）

X61.0；

M98 P0064；（加工第四条螺旋槽）

X61.0；

M98 P0065；（加工第五条螺旋槽）

X61.0；

M98 P0066；（加工第六条螺旋槽）

X61.0；

M98 P0067；（加工第七条螺旋槽）

X61.0；

M98 P0068；（加工第八条螺旋槽）

X59.0；（X轴重新定位并进刀）

M98 P0061；（再次执行61号子程序，加工第一条螺旋槽第二刀）

X59.0；

M98 P0062；（加工第二条螺旋槽第二刀）

X59.0；

M98 P0063；（加工第三条螺旋槽第二刀）

X59.0；

M98 P0064；（加工第四条螺旋槽第二刀）

X59.0；

M98 P0065；（加工第五条螺旋槽第二刀）

X59.0；

M98 P0066；（加工第六条螺旋槽第二刀）

X59.0；

M98 P0067；（加工第七条螺旋槽第二刀）

X59.0；

M98 P0068；（加工第八条螺旋槽第二刀）

G00 X200.0 Z100.0 M09；（回起刀点）

M05；（停主轴）

M30；（程序结束，返回开头）

注：子程序O0061~O0068用角度值分度，每车完一刀用子程序分一齿后继续加工，直至加工完8槽，X轴再次进深，再依次精车8槽加工完毕。

子程序

O0061（1）；

G32 W−80.0 F32.0 Q0；

G00 X63.0；

W80.0；

M99；

O0062（2）；

G32 W−80.0 F32.0 Q45000；

G00 X63.0；

W80.0；

M99；

O0063（3）；

G32 W−80.0 F32.0 Q90000；

G00 X63.0；

W80.0；

M99；

O0064（4）；

G32 W−80.0 F32.0 Q135000；

G00 X63.0；

W80.0；

M99；

O0065（5）；

G32 W−80.0 F32.0 Q180000；

G00 X63.0；

W80.0；

M99；

O0066（6）；

G32 W-80.0 F32.0 Q225000；

G00 X63.0；

W80.0；

M99；

O0067（7）；

G32 W-80.0 F32.0 Q270000；

G00 X63.0；

W80.0；

M99；

O0068（8）；

G32 W-80.0 F32.0 Q315000；

G00 X63.0；

W80.0；

M99；

注意：此程序有些繁琐，如会宏程序可简化编程。

3.2　G90、G92、G94固定循环

3.2.1　G90固定循环车外径

G90固定循环车外径适于棒料余量大的加工。

指令格式：

G90 X（U）_ Z（W）_ F_；

　　　　　　　　进给量

　　　　　　Z轴切削长度

　　　　X轴第一刀直径

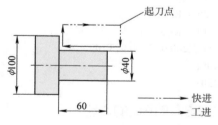

图3-4　G90固定循环车外径示意图

编程如下：

O0040

G50 S1000；（设定最高转速）

G96 S110 M03；（设定主轴恒线速）

T100；

例3-2　毛坯为φ100mm棒料，G90固定循环车外径示意见图3-4。

G00 X150.0 Z150.0 T101；（刀具定位）

X110.0 Z3.0；（靠近工件端面）

G90 X95.0 Z-60.0 F0.25；（指令外圆粗车固定循环）

X90.0；（X轴步进进刀）

X85.0；（X轴步进进刀）

X80.0；（X轴步进进刀）

X75.0；（X轴步进进刀）

X70.0；（X轴步进进刀）

X65.0；（X轴步进进刀）

X60.0；（X轴步进进刀）

X55.0；（X轴步进进刀）

X50.0；（X轴步进进刀）

X45.0；（X轴步进进刀）

X40.0；（车至图样要求）

G00 X150.0 Z150.0；（回起刀位置）

M05；（停主轴）

M30；（程序结束）

3.2.2　G90固定循环车锥面

指令格式：

G90 X（U）_ Z（W）_ R_ F_；

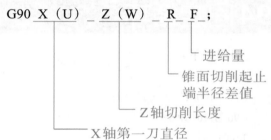

进给量

锥面切削起止端半径差值

Z轴切削长度

X轴第一刀直径

例3-3　毛坯为$\phi60$mm棒料，G90固定循环车锥面示意见图3-5。

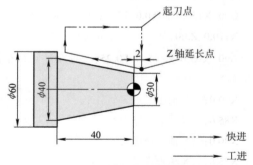

起刀点

2　Z轴延长点

$\phi60$　$\phi40$　$\phi30$

40

快进

工进

图3-5　G90固定循环车锥面示意图

（1）计算R值（切削起止端半径差）

$$R=\frac{D_1-D_2}{2}=\frac{(30-40)}{2}\text{mm}=-5\text{mm}$$

（2）Z轴刀具延长2mm的斜度值计算

因为　　$L_2=\dfrac{R}{L_1}=\dfrac{5}{40}=0.125$

所以　$L=L_2\times2\text{mm}=0.125\times2\text{mm}=0.25\text{mm}$

综上所述，计算R值为-5.25mm。

式中　　R——锥面起止端半径差值；

$\quad\quad D_1$——起端直径；

$\quad\quad D_2$——止端直径；

$\quad\quad L$——延长点斜度差值（半径）；

$\quad\quad L_1$——切削总长度；

$\quad\quad L_2$——单位斜度差值。

（3）编程

O0041

G50 S1000；

T100；

G96 S120 M03；

G00 X61.0 Z2.0 T101 M08；

G90 X55.0 W−42.0 F0.25；

X50.0；

X45.0；

X40.0；

Z−12.0 R−1.75；

Z−26.0 R−3.5；

Z−40.0 R−5.25；

G00 X200.0 Z100.0 T100；

M05；

M30；

3.2.3　R正负的说明

在切削圆锥面时有以下四种不同的进刀

方式：

从起点沿 X 轴正向切削有两种：由圆锥小端向大端切削，R 用负值指定，见图 3-6 和图 3-7，X 值由小至大。

从起点沿 X 轴负向切削有两种：由圆锥大端向小端切削，R 用正值指定，见图 3-8 和图 3-9，X 值由大至小。

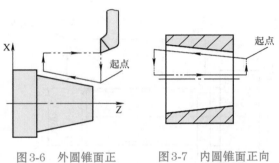

图 3-6　外圆锥面正　　图 3-7　内圆锥面正向
向切削示意图　　　　　切削示意图

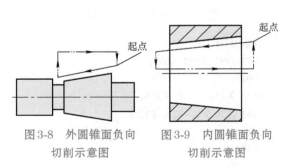

图 3-8　外圆锥面负向　图 3-9　内圆锥面负向
切削示意图　　　　　切削示意图

3.2.4　G90 综合编程

例 3-4　毛坯为 $\phi 75mm$ 棒料，锥销轴见图 3-10。

选用刀具：

T100——外圆粗车刀；T300——外圆精车刀。

编程如下：

O0042

G50 S1000；（设定最高转速）

G96 S100 M03；（主轴恒线速开）

G00 X100.0 Z50.0；（机床定位）

T1010；（换刀并调用刀补）

G00 X78.0 Z0；（定位至 Z 轴零点）

G01 X-0.5 F0.2；（车工件端面）

G00 X76.0 Z3.0；（重新定位）

G90 X67.5 Z-110.0 F0.3；（车外圆第一刀）

X65.50；（第二刀）

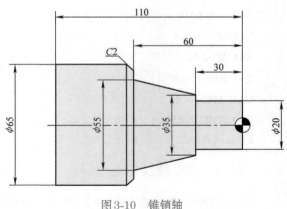

图 3-10　锥销轴

45

X58.5 Z−60.0；（粗车锥面第一刀）

X55.5；（第二刀）

X48.5 Z−30.0；（粗车φ20mm外圆第一刀）

X41.5；（第二刀）

X34.5；（第三刀）

X27.5；（第四刀）

X20.5；（第五刀）

G00 X56.0 Z−29.5；（定位至锥面）

G90 X55.5 Z−40.0 R−3.5 F0.4；（半精车锥面第一刀）

Z−50.0 R−7.0；（第二刀）

Z−60.0 R−10.0；（第三刀）

G00 X100.0 Z50.0 T100；（回换刀点）

T0303；（换刀）

S120 M08；（开主轴、开切削液）

G42 G00 X20.0 Z2.0 D03；（定位至工件端面）

G01 Z−30.0 F0.10；（精车φ20mm外圆）

X35.0；（车端面）

X55.0 Z−60.0；（车锥面）

X61.0；（车端面）

X65 W−2.0；（倒角）

Z−110.0；（车外圆）

U5.0 M09；（退刀并关闭切削液）

G00 X100.0 Z50.0；（回换刀点）

M30；（程序结束，返回开头）

3.2.5　G92螺纹切削循环

G92为单一螺纹切削循环，该指令可切削圆柱螺纹和圆锥螺纹，其指令格式：

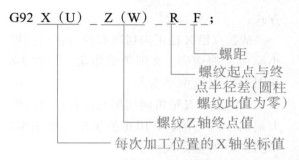

例3-5　G92切削加工圆柱螺纹见图3-11。

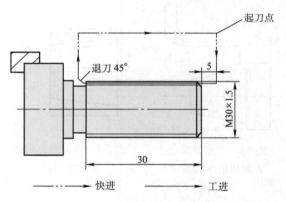

图3-11　圆柱螺纹加工简图

编程如下：

N10 G97 S500 M03；

T300；

G00 X35.0 Z5.0 T303；

G92 X29.5 Z−32.0 F1.5；

X29.2；

X28.9；

X28.5；

X28.45；

G00 X200.0 Z100.0 T300；

M30；

例 3-6　G92 切削加工圆锥螺纹见图 3-12。

（1）计算锥度半径差值 R_1

$$R_1=\frac{D_1-D_2}{2}=\frac{50\text{mm}-40\text{mm}}{2}=5\text{mm}$$

（2）计算延长线点差值 L_1

$$L_1=\frac{R_1}{L}\times(L_2+L_3)=\frac{5}{30}\times(5+2)\text{mm}=1.167\text{mm}$$

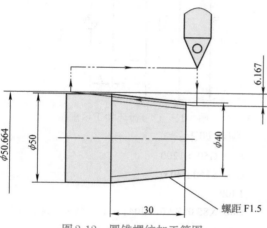

图 3-12　圆锥螺纹加工简图

其中，L 为螺纹标准长度，L_2 为刀具起点延长值，L_3 为刀具终点延长值。

（3）计算起刀点至终点的半径差值 R

$$R=R_1+L_1=5\text{mm}+1.167\text{mm}=6.167\text{mm}$$

（4）编程

N10 G50 S800 T100；

G97 S500 M03；

G00 X70.0 Z5.0 T0101 M08；

G92 X49.4 Z−32.0 R−6.167 F1.5；

X49.0；

X48.70；

X48.5；

X48.45；

G00 X200.0 Z100.0 T100；

M09；

M30；

3.2.6　关于数控车床螺纹加工的说明

在一般教材和资料中所述的螺纹加工都是刀具从工件的右端往左端加工，这是以卧式车床车右旋螺纹时的切削方式进行描述的。如果是平床身数控车床（和卧式车床一样），按图 3-13 所示加工右旋螺纹是正确的。

如果是斜床身数控车床，即刀架在工件上边，仍从右端往左端加工出的螺纹将是左旋螺纹。因此在斜床身数控车床上加工右旋螺纹时，一般是将刀具移到工件左端面，从左往右切削加工就可获得正确的右旋螺纹，见图 3-14。

有些工件无法将刀具移到左端，只能从右端往左端加工右旋螺纹时，可以将螺纹车刀反向安装（切削刃朝下），然后使用反转（M04 逆时针旋转）加工即可。

3.2.7　G94 端面粗车循环

G94 指令特别适合加工毛坯为棒料的直径差值较大的台阶轴。

指令格式：

G94 X（U）_ Z（W）_ F_;

切削进给量

端面第一次切入的位置（Z轴方向）

X轴终点直径值

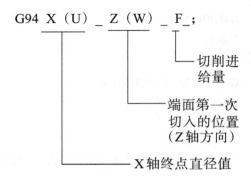

图3-13 平床身数控车床加工右旋螺纹示意图

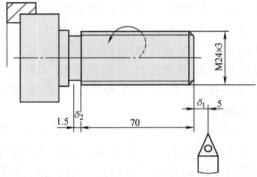

图3-14 斜床身数控车床加工右旋螺纹示意图

例3-7 毛坯为φ80mm棒料，见图3-15。

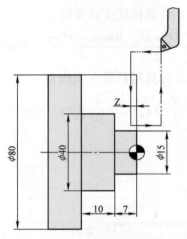

图3-15 G94循环加工示意图

编程如下：

N10 G50 S1200;

G96 S160 M03;

T400;

G00 X85.0 Z2.0 T404;（定位至端面加工位置）

G94 X15.0 Z−2.0 F0.2;（车端面第一刀）

Z−4.0;（第二刀）

Z−6.0;（第三刀）

Z−7.0;（第四刀）

X40.0 Z−9.0;（车第二台阶面第一刀）

Z−11.0;（第二刀）

Z−13.0;（第三刀）

Z−15.0;（第四刀）

Z−17.0;（第五刀）

G00 X200.0 Z100.0 T400;（回换刀点）

M05;（停主轴）

M30;

3.3　G71、G70外圆复合循环

3.3.1　编程格式

G71 U（Δd）R（e）；

G71 P（ns）Q（nf）U（Δu）W（Δw）F（f）；

G70 P（ns）Q（nf）

符号解释：

U（Δd）——一次切入量（半径指定）。

R（e）——退刀量（通常45°方向）。

P（ns）——起始程序顺序号（N××）。

Q（nf）——终止程序顺序号（N××）。

U（Δu）——X轴精加工预留量。

W（Δw）——Z轴精加工预留量。

F（f）——切削进给速度。

G71加工示意图见图3-16。

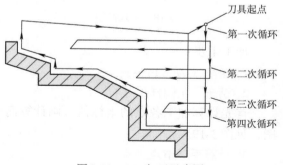

图3-16　G71加工示意图

3.3.2　编程实例（图3-17）

选用机床：CK1463（南京数控机床有限公司）。

数控系统：FANUC 0i-T（日本发那科公司）。

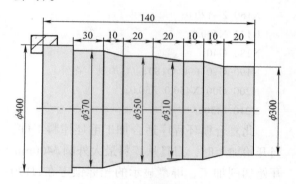

图3-17　斜台阶轴简图

加工程序：

O0067

G00 X450 Z50.0 T500；

N10 G50 S200；

N20 G96 S60 M03；

N30 G00 X410.0 Z3.0 T505；

N40 Z0；

N50 G01 X−1.5 F0.3；（车端面）

N60 G00 X405.0 Z2.0；（定位至循环加工起始处）

N70 G71 U3.0 R1.0；（外圆复合循环加工）

N80 G71 P90 Q180 U1.0 W0.5 F0.3；

N90 G42 G00 X300.0 D01；

N100 G01 Z-20.0 F0.2；（车第一直台）

N110 X310.0 Z-30.0；（车锥面）

N120 Z-40.0；（车第二直台）

N130 X350.0 Z-60.0；（车锥面）

N140 Z-80.0；（车第三直台）

N150 X370.0 Z-90.0；（车锥面）

N160 Z-120.0；（车第四直台）

N170 X400.0；

N180 G40；

N190 G70 P90 Q180；（G70精车循环）

N200 G00 X450.0 Z50.0；

N210 M30；

此复合循环程序适合加工毛坯棒料工件。当开始加工时，刀具从棒料最大外圆φ400mm开始切削加工，屏幕显示的光标锁定在N170程序段。每次进给量为半径3mm。系统自行运算，直至加工到工件小头尺寸已不能再进行完整循环后，开始转入下一直径循环，即N150，仍按计算后轨迹运行。当再加工锥面时，刀具运行轨迹是不切伤锥面的矩形。

直至加工到N90后，粗加工最后一刀按工件的实际外形切削加工一刀（只一刀），但按程序要求X轴留1mm，Z轴留0.5mm，然后转入执行G70精加工，即从N90~N180精车一刀完毕。

如果为了提高加工精度，则可换一把刀

精加工，程序如下：

G00 X450.0 Z50.0；

M01；

N220 G50 S2000 T200；

G96 S200 M03；

G00 X405.0 Z2.0 T202；

M08；

G70 P90 Q180；

G00 X450.0 Z50.0；

M30；

3.3.3　G71外圆粗车循环加工手球（图3-18）

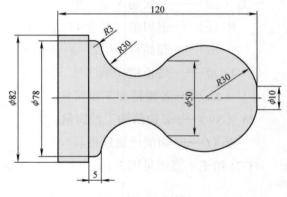

图3-18　手球简图

加工工步：

1. 粗车（φ90mm棒料）

2. 精车（至图样尺寸）

首先计算加工各点的坐标值，画计算简图，见图3-19。

3. 计算手球节点坐标

1）*OB*坐标图见图3-20。

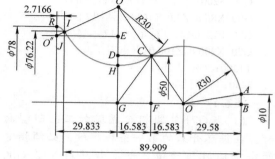

图 3-19　手球节点坐标图

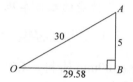

图 3-20　*OB* 坐标图

$$OB=\sqrt{OA^2-AB^2}=\sqrt{30^2-5^2}=\sqrt{875}$$
$$=29.58$$

2）*OF* 坐标图见图 3-21。

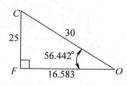

图 3-21　*OF* 坐标图

$$FO=\sqrt{CO^2-CF^2}=\sqrt{30^2-25^2}=16.583$$
$$\frac{CF}{CO}=\sin\angle COF=\frac{25}{30}=0.83333$$
$$\angle COF=56.442°$$

3）*OG* 坐标图见图 3-22。

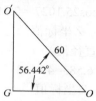

图 3-22　*OG* 坐标图

$$GO=O'O×\cos56.442°=33.166$$

4）因为 *CF=O'D*，所以 *O'D*=25。

O' 点等于：50+25×2=100（直径值）

O" 点等于：78−3×2=72（直径值）

$$O'E=\frac{(100-72)}{2}=14$$

$$O''O'=30+3=33$$

5）*O"E* 坐标图见图 3-23。

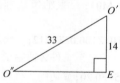

图 3-23　*O"E* 坐标图

$$O''E=\sqrt{33^2-14^2}=29.883$$
$$\sin\angle O'O''E=\frac{14}{33}$$
$$\angle O'O''E=25.1027°$$

6）*O"J* 坐标图见图 3-24。

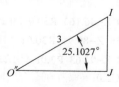

图 3-24　*O"J* 坐标图

$IJ=O''I×\sin25.1027°=1.2727$

$O''J=O''I×\cos25.1027°=2.7166$

7）C点X、Z坐标值。

X=50.0（直径值）

Z=29.58+16.583=46.163

8）I点X、Z坐标值。

X=72+1.27×2=74.56（直径值）

Z=46.163+16.583+29.883−2.7166=89.91

9）加工终点R的坐标值。

X=78.0（直径值）

Z=29.58+16.583×2+29.883=92.629

4. 实施编程（选毛坯为$\phi80$mm棒料时）

O0001

T1200；（选12号刀）

G50 S500；（最高转速为500r/min）

G96 S100 M03；（主轴恒线速100m/min，开主轴）

G00 X200.0 Z100.0 T1212；（快进刀至换刀点）

X86.0 Z0（快进至工件Z轴零点）

G01 X−1.5 F0.20；（切削工件端面一刀）

G00 X86 Z8.0；（退刀至循环起点）

G71 U3.0 R1.0；（外径加工循环，U3是进刀量，R1是退刀量）

G71 P12 Q14 U2.0 W0.20 F0.25；（N12~N14循环）

N12 G00 G42 X10.0 Z0 D01；（进刀至起始点和调用刀具半径补偿）

G03 X50.0 Z−46.163 R30.0 F0.20；（切凸圆弧）

G02 X74.56 Z−89.91 R30.0；（切凹圆弧）

G03 X78.0 Z−92.63 R3.0；（切$R3$mm过渡圆弧）

N14 G40 U2.0；（取消刀具半径补偿，X轴退刀）

G00 X200.0 Z100.0；（退刀至换刀点）

T100；（换1号刀）

G96 S200；（提高线速度200m/min）

G00 X86.0 Z2.0 T101；（调用T1号刀补）

G70 P12 Q14；（精车，N12~N14程序）

G00 X200.0 Z100.0；（退刀至换刀点）

T1200；（换12号刀）

M30；（程序结束）

注意：

1）当G71外圆粗车循环加工凸凹型面时，在循环开始的第一条程序段，必须指定两个轴同时移动值，如本程序段N12 G00 G42 X10.0 Z0 D01。

2）此程序只适用于FANUC 0i系统中有加工内凹结构功能的数控车床。

3.3.4　G71、G70外径粗车和精车循环

材料为$\phi100$mm棒料，G71、G70编程练习图见图3-25。

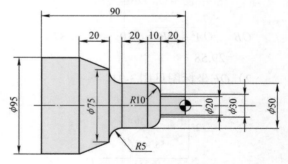

图3-25　G71、G70编程练习图

编程一（用一把刀具加工）：

O0066

T505；

G96 M03 S80；

G50 S1500；

G00 X200.0 Z100.0；

X100.0 Z0；
G01 X−0.5 F0.2；
G00 X100.0 Z2.0；
N10 G71 U3.0 R1.0；
N20 G71 P30 Q120 U1.0 W0.5 F0.4；
N30 G00 X20.0 Z1.0；
N40 G01 Z−20.0 F0.3；
N50 X30.0；
N60 G03 X50.0 W−10.0 R10.0；
N70 G01 Z−50.0；
N80 G02 X60.0 W−5.0 R5.0；
N90 G01 X75.0；
N100 X95.0 W−20.0；
N110 Z−90.0；
N120 X100.0；
N130 G00 X120.0 Z0；
S100；
G70 P30 Q120；
G00 X200.0 Z100.0；
M30；
　编程二（用粗、精刀分别加工）：
O0066
T505；
G96 S80 M03；

G50 S1500；
G00 X200.0 Z100.0；
X100.0 Z0；
G01 X−1.0 F0.2；
G00 X100.0 Z2.0；
N10 G71 U3.0 R1.0；
N20 G71 P30 Q120 U1.0 W0.5 F0.4；
N30 G00 X20.0 Z1.0；
N40 G01 Z−20.0 F0.3；
N50 X30.0；
N60 G03 X50.0 W−10.0 R10.0；
N70 G01 Z−50.0；
N80 G02 X60.0 W−5.0 R5.0；
N90 G01 X75.0；
N100 X95.0 W−20.0；
N110 Z−90.0；
N120 X100.0；
N130 G00 X200.0 Z100.0；
T808；
S100 M08；
G00 G42 X100.0 Z1. D01；
G70 P30 Q120；
G00 G40 X200 Z100.0 M09；
M30；

3.4　G72 端面粗车循环

G72 端面粗车循环与 G94 端面粗车循环大体相同，G94 每次循环加工余量时，沿工件端面依次进刀，刀具的轨迹是一矩形。而 G72 去掉加工余量时，虽然也是沿工件端面依次进刀，但刀具的运动轨迹是沿工件外形进行的，所以 G72 指令更适合多斜面和多台阶的较复杂形状工件的加工。

G72 端面粗车循环刀具轨迹见图 3-26。

3.4.1　G72 指令格式

G72 W（Δd）R（e）；
G72 P（ns）Q（nf）U（Δu）W（Δw）F（f）；

符号解释：

W（Δd）——在 Z 轴方向每次切入量。

R（e）——退刀量。

P（ns）——循环起始的顺序号。

Q（nf）——循环终止的顺序号。

U（Δu）——X 轴精加工预留量。

W（Δw）——Z 轴精加工预留量。

F（f）——切削进给速度。

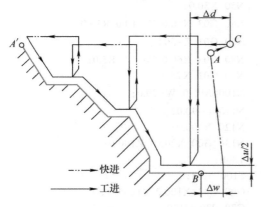

图 3-26　G72 端面粗车循环刀具轨迹

3.4.2　G72 编程实例

毛坯为 φ160mm 圆棒料，G72 编程示意见图 3-27。

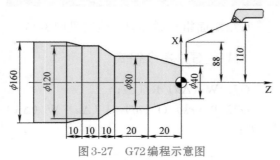

图 3-27　G72 编程示意图

加工程序：

O0050

G50 S800；（限定最高主轴转速）

G96 S60 M03；（主轴恒线速控制，主轴正转）

T606；（换 6 号刀并调用 6 号刀补）

G00 X220.0 Z60.0；（起刀点）

G00 X176.0 Z2.0；（定位到加工点）

G72 W2.0 R1.0；（执行 G72 端面粗车循环）

G72 P10 Q70 U1.0 W0.5 F0.3；（执行 G72 端面粗车循环）

N10 G00 Z-70.0；（刀具定位到左端）

N20 X160.0；（X 轴定位到 φ160mm 处）

N30 G01 X120.0 Z-60.0 F0.15；（切削大端第一个锥面）

N40 W10.0；（车 φ120mm 直台）

N50 X80.0 W10.0；（车第二个锥面）

N60 W20.0；（车 φ80mm 直台）

N70 X36.0 W22.0；（车最小端锥面）

G00 X220.0 Z60.0；（回换刀点）

T808；（换 8 号刀并调用 8 号刀补）

S100 M08；（主轴加速并开切削液）

G00 X176.0 Z2.0；（定位到加工点）

G70 P10 Q70；（开始精加工 N10~N70）

G00 X220.0 Z60.0；（回换刀点）

M09；（关切削液）

M05；（停主轴）

M30；（程序结束，返回程序开关）

3.4.3　G72 加工实例

齿圈支架是中、重型矿用车中后桥轮边减速机构中最重要的部件之一，见图 3-28。因为批量不大，考虑成本问题，没有预制锻模。用自由锻造制成一个具有台阶的大铁饼，加工量大，虽然已经普通车床粗车，仍有很大

余量待加工,齿圈支架毛坯见图3-29。齿圈支架加工简图见图3-30。

a)   b)

图3-28 齿圈支架实体照

a)正面图 b)侧面图

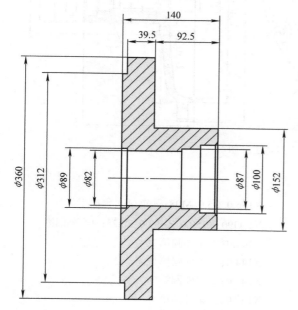

图3-29 齿圈支架毛坯

1. 工件装夹方式

以大端ϕ312mm外圆及端面为装夹基准,用液压自定心卡盘装夹工件加工。

2. 工艺内容

车小端型面及内孔。

3. 使用机床

CK1463数控车床,FANUC 0i-T数控系统。

4. 使用刀具

T230——外圆端面车刀(刀号为2号,用30号刀补值)。

T731——外圆精车刀(刀号为7号,用31号刀补值)。

T1020——内孔车刀(刀号为10号,用20号刀补值)。

T421——3mm车槽刀(刀号为4号,用21号刀补值)。

5. 工艺分析和编程方法

1)由于小端外径ϕ152mm留有较大余量,若使用一般编程方法加工外圆,编程如下:

N1 G00 X156.0 Z5.0 M08;(刀具定位在预加工处)

N2 X150.0 Z1.0;(定位在加工起始位置)

N3 G01 Z−93.0 F0.25;(车外圆第一刀)

N4 X154.0;(X轴方向退刀)

N5 Z1.0;(Z轴定位至加工起始位置)

N6 X147.0;(X轴进刀)

N7 G01 Z−93.0;(车外圆第二刀)

……(第三刀)

……(第四刀)

……

如此编程比较麻烦,且浪费时间。现使用G90外径固定循环功能加工。

2)背面的大型面,有端面、圆弧和斜面,如果一刀一刀编程加工,程序将很长,而且都是重复指令。现使用G72端面粗车循环加工,程序简单,使用方便,见图3-30。

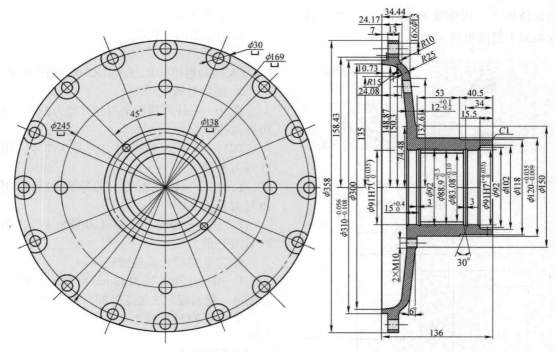

图3-30 齿圈支架加工简图

3）加工另一侧大端面时，用上述加工后的φ118mm外圆和端面作为定位基准加工。大端盘状内腔加工余量较大，用一般编程方法加工需多次反复指令相同的程序段，编程麻烦，费时费力，现使用一小段宏程序，用Z轴变量值解决多次指令进刀问题。

6. 实际使用的加工程序

O0018

M03 S280；（主轴正转，280r/min）

T230；（换2号刀同时调用30号刀补）

G00 X200.0 Z150.0；（定位到换刀点）

X156.0 Z5.0 M08；（定位在预加工处）

N1 G90 X150.0 Z-93.0 F0.25；（车外圆第一刀）

X147.0；（车外圆第二刀）

X144.0；（车外圆第三刀）

X141.0；（车外圆第四刀）

X138.0；（车外圆第五刀）

X135.0；（车外圆第六刀）

X132.0；（车外圆第七刀）

X129.0；（车外圆第八刀）

X126.0；（车外圆第九刀）

X123.0；（车外圆第十刀）

X120.5；（车外圆第十一刀）

G00 X122.0 Z2.0；（定位至车端面处）

G01 X94.0 F0.2；（车小端面第一刀）

G00 X122.0 W2.0；（退刀）

Z1.0；（Z轴进刀）

G01 X94.0 F0.2；（车小端面第二刀）

G00 X122.0 W1.0；（退刀）

Z0；（Z轴进刀）

G01 X94.0；（车小端面第三刀）

G00 Z50.0；（Z轴正向退刀）

X370.0；（X轴正向提刀）

Z−92.0；（定位至预加工大背面处）

G72 W1.5 R1.0；（使用G72端面粗车循环功能，同时指定每次端面切入量和退刀量）

G72 P10 Q70 U1.0 W0.5 F0.2；（指令起始程序段和终止程序段，同时指令X轴精加工预留量和Z轴精加工预留量）

N10 G00 Z−116.0；（Z轴定位至最左边端面）

N20 G01 X317.0 F0.2；（车大端面）

N30 G03 X301.0 W4.17 R10；（车凹 *R*10mm）

N40 G02 X266.0 W10.37 R25；（车凸 *R*25mm）

N50 G01 X151.0 W8.05；（车大斜面）

N60 G03 U−2.0 W2.0 R2.0；（车凹 *R*2mm）

N70 G01 U5.0 W2.0；（工进退刀）

G00 X370.0 Z150.0 M09；（退到换刀点）

N2 T731；（换外圆精车刀）

G00 X365.0 Z2.0 M08；（定位至预加工位置）

G70 P10 Q70；（重新执行N10~N70程序段）

G00 X200.0 Z2.0；（退刀）

X116.0 Z1.0；（定位至车 ϕ118mm倒角处）

G01 X118.0 Z−1.0 F0.2；（倒角）

Z−40.5 F0.3；（精车 ϕ118mm外圆）

X120.0；（车台阶面）

Z−93.5 F0.2；（精车 ϕ120mm外圆）

X154.0；（精车 ϕ150mm圆端面）

G00 X200.0 Z150.0 M09；（回换刀点）

M05；（停主轴）

N3 T1020；（换10号内孔车刀）

M03 S360；（换主轴转速，360r/min）

G00 X86.0 Z10.0；（快移靠近工件）

Z2.0 M08；（定位至工件Z轴零点附近）

Z−15.0；（快进至 ϕ91mm内孔台阶处）

G01 X101.0 F0.2；（车 ϕ102mm内孔台阶面）

G00 U−5.0；（X轴退刀）

Z2.0；（Z轴退刀）

X101.5；（定位至车内孔处）

G01 Z−15.5；（车 ϕ102mm内孔第一刀）

X90.5；（X轴退刀）

Z−34.0；（车 ϕ91mm内孔第一刀）

X80.0；（车内孔第二个端面）

G00 U−3.0 Z1.0；（退刀至孔外）

X104.0；（X轴重新定位至倒内孔角处）

G01 X102.0 Z−1.0 F0.2；（倒孔角）

Z−15.5；（车 ϕ102mm内孔第二刀）

X93.0；（退刀车端面）

X91.0 Z−17.0；（倒孔角）

Z−34.0；（车 ϕ91mm内孔第二刀）

U−4.0 W−1.10；（粗车15°斜面）

G00 U−2.0 Z2.0；（退刀至孔外）

X200.0 Z150.0 M09；（定位至换刀点）

N4 T421；（换4号车槽刀）

G00 X80.0 Z10.0；（快进靠近工件）

S150；（换主轴转速）

Z−34.0 M08；（Z轴定位车槽处）

G01 X92.4 F0.15；（车槽）

X82.4 W−1.35；（精车15°斜面）

G00 U−3.0 Z2.0；（退刀至孔外）

X200.0 Z150.0 M09；（回换刀点）

T230；（换刀准备加工下一件）

M05；（停主轴）

M30；（程序结束，返回开头）

7. 加工程序的说明

（1）各把刀具的工艺内容和程序段

T200——外圆端面车刀，负责加工外圆和背面型面的粗加工，具体程序见 N1 和 G72 端面粗车循环之间所有程序段。

T700——外圆精车刀，负责精加工外圆和背面型面，具体程序见 N2 所有程序段。

T1000——内孔车刀，负责加工内孔和台阶端面，具体程序见 N3 所有程序段。

T400——3mm 车槽刀，负责加工内孔型槽及15°斜端面，具体程序见 N4 所有程序段。

（2）G90 外径固定循环功能加工程序的特点 在指令 G90 的第一条程序中，除给出外圆尺寸外，还要给出所车外圆的长度和进给量（见 N1 程序段），接下来的所有程序段只给出每次车削的外圆尺寸即可。

G90 指令的进刀路径是沿工件外圆一层一层地车削（每次都切削给定的长度 Z−93.0），直到切削到最后一个程序段给出的 X120.5 完成为止，循环取消。

在编程时应注意每次给定的外圆尺寸的梯度要合理，不能忽大忽小，以保持切削加工时的稳定性。

（3）G72 端面粗车循环功能加工程序的特点 G72 编制程序虽然是从工件最左边的大端面开始加工，即从 N10 程序段开始至 N70 程序段结束，完成一次精加工过程。但是在实际加工时却不是这样的。

实际切削加工路径是：先在工件右端台阶面（Z−92.0位置）一刀一层地切削端面，每次 Z 轴负向进给量是程序指定值1.5mm。当切削接近 R25mm 圆弧时，刀具以不伤及圆弧表面 Z 轴继续负向分层加工，直至加工到不够循环加工量为止。刀具沿 N10 程序段从左端面开始半精车至 N70 程序段（循环一次），同时留出精加工量。

当换上 T731 外圆精车刀后，机床再次执行 N10～N70 程序段（只循环一次），完成精车大背面的加工。

3.4.4　齿圈支架大端面的加工（另一面的数控车加工）

1. 工件装夹方式

以小端 φ118mm 外圆和右端面为装夹基准，用液压自定心卡盘装夹加工。

2. 工艺内容

车大外圆、内型、内孔。

3. 使用机床

CK1463数控车床，FANUC 0i-T数控系统。

4. 使用刀具

T230——外圆车刀（加工止口端面和外圆）。

T1020——内孔车刀（加工内孔和盆形型面）。

T421——3mm 车槽刀（加工内孔槽和

15°斜面)。

5. 工艺分析和编程方法

大端形状如同一个浅盆，若使用普通车床加工比较费事，且不容易达到质量要求。虽然已经粗车，盆形状内腔仍留有较大余量，需用数控车床来完成加工。

"浅盆"内腔由"平面""斜面""圆弧""内微圆锥面"等几何要素组成。如果只考虑精车一刀，则可编制如下程序：

G01 W-2.0 F0.2；（Z轴进刀至"盆底"平面处）

X150.0；（车平面）

X271.0 W6.42；（车大斜面）

G02 X297.74 W13.35 R15.0；（车R15mm内圆弧）

G01 X300.5 W12.0；（车内圆锥面）

G00 Z30.0；（Z轴退刀）

X76.0；（X轴重新定位）

Z0；（Z轴重新定位）

但在实际加工中，"浅盆"形状留有很大余量，仅靠一两刀是加工不出来的。所以将上述程序段写成一个子程序（如O0007），然后再多次调用，就可以满足加工要求。编程如下：

例 M98 P0007；（完成一次加工）

G00 W-2.0；（Z轴负向移进一个背吃刀量）

M98 P0007；（执行子程序加工）

G00 W-4.0；（再次进刀）

M98 P0007；（执行子程序加工）

直至Z轴负向进到Z-28.0，才能完成粗加工，需要编写很长一段多次重复的程序，这不仅麻烦，还要占据数控系统的内存空间。解决办法是编制一段宏程序，通过设定Z轴变量值实现Z轴递增进给量，达到循环加工的目的。

宏程序如下：

#1=2；（设#1为Z轴每次进给量）

N10 G00 Z-#1；（Z轴负向进刀2mm）

G01 X150.0 F0.1；（车平面）

X271.0 W6.42；（车大斜面）

G02 X297.74 W13.35 R15.0；（车R15mm内圆弧）

G01 X300.5 W12.0；（车内圆锥面）

G00 Z30.0；（Z轴退刀）

X76.0；（X轴重新定位）

Z0；（Z轴重新定位）

#1=#1+2；（计算Z轴增量值）

IF［#1 LE 28］GOTO10；（如果Z轴小于或等于28，继续执行N10程序段循环加工，直到Z轴超过28mm循环结束）

6. 实际使用的加工程序

O0006

M03 S100；（主轴正转）

T230；（换外圆车刀）

G00 X366.0 Z10.0；（刀具定位在工件上方）

Z-7.0 M08；（Z轴移至车大端面处，同时开切削液）

G01 X313.0 F0.2；（车大端面）

G00 U5.0 W3.0；（退刀）

Z0；（Z轴定位至工件零点）

G01 X296.0；（车止口圆端面）

G00 X308.0 W1.0；（定位至车止口外圆处）

G01 X310.0 Z-1.5；（倒止口圆角）

Z-7.0；（车止口圆）

G00 X354.0 W1.0；（定位至车ϕ358mm大外圆处）

G01 X358.0 Z-9.0；（倒大外圆角）

Z-22.0；（车ϕ358mm大外圆）

G00　U5.0；（X轴退刀）

Z20.0；（Z轴退刀）

X300.0　Z200.0　M09；（回换刀点）

T1020；（换10号刀及调用20号刀补）

S160；（变换转速）

G00　X200.0　Z150.0；（刀具前移定位）

X76.0　Z2.0　M08；（刀具靠近工件）

Z0；（定位至Z轴零点）

#1=2；（设定#1变量为2mm）

N10　G00　Z-#1；（Z轴负向进刀2mm）

G01　X150.0　F0.2；（车平面）

X271.0　W6.42；（车大斜面）

G02　X297.74　W13.35　R15.0；（车R15mm内圆弧）

G01　X300.5　W12.0；（车内圆锥面）

G00　Z30.0；（Z轴退刀）

X76.0；（X轴重新定位）

Z0；（Z轴重新定位）

#1=#1+2；（为#1变量重新赋值）

IF［#1　LE　28］GOTO10；（如果Z轴小于或等于28mm，继续执行N10程序段循环加工，直到Z轴超过28mm循环结束）

G00　Z-30.5；（Z轴重新进刀至最终加工位置）

G01　X150.0　F0.2；（精车平面）

X271.0　W6.42；（精车大斜面）

G02　X297.74　W13.35　R15.0；（精车R15mm内圆弧）

G01　X300.5　W11.0；（精车内圆锥面）

G00　Z10.0；（Z轴退刀）

X76.0；（X轴退刀）

Z-45.5；（Z轴定位至ϕ83mm内孔端面处）

G01　X89.0　F0.2；（车ϕ83mm内孔端面）

G00　U-5.0　Z-29.5；（刀具退出孔外）

X90.4；（X轴定位至ϕ91mm孔处）

G01　Z-45.5；（粗车ϕ91mm内孔）

X85.0；（车端面）

X82.1　Z-49.5；（倒ϕ83mm孔端面角）

Z-104.0　F0.3；（粗车ϕ83mm内孔）

G00　U-5.0　Z-29.5；（刀具退出孔外）

X96.0；（X轴重新定位至倒内孔角处）

G01　X91.0　W-2.5　F0.1；（ϕ91mm孔倒角）

Z-45.5　F0.2；（精车ϕ91mm孔）

X85.0；（X轴退刀）

X83.08　Z-49.0；（ϕ83.08mm孔倒角）

Z-104.0；（精车ϕ83.08mm孔）

G00　U-5.0；（X轴退刀）

Z20.0；（刀具退至孔外侧）

X200.0　Z150.0　M09；（定位至换刀点）

T421；（换4号车槽刀）

S150；（变换转速）

G00　X78.0　Z10.0；（刀具靠近工件）

Z-45.5　M08；（刀具定位至加工槽的位置）

G01　X92.4　F0.15；（切3mm内孔槽）

X82.4　W-1.35；（精车15°斜面）

G00　U-5.0；（X轴退刀）

Z20.0　M09；（刀具退至孔外侧）

X200.0　Z150.0；（定位至换刀点）

T200；（换2号刀）

M05；（停主轴）

M30；（程序结束，返回程序开头）

至此，齿圈支架零件经数控车削加工完毕。

3.4.5 G72 的特殊用法

正常的 G72 端面粗车循环的编程方法是从工件最里边往外编程，实际加工时刀具是从右向左依次粗加工，这样的进刀方式只适用于加工左端外径大、右端外径小的工件。当加工左端外径小于右端外径的工件时，用正常编程方式无法实现，如图 3-31 左端 ϕ30mm 外圆用 R5mm 与右端 ϕ40mm 外圆连接。

加工此 R5mm 与 ϕ30mm 轴径连接部分的程序是从左往右编写的，所以加工时刀具是从内侧（里边）开始循环，待粗车后刀具从右往左再精车一刀。

加工程序如下（使用设备为 CAK6150 平床身数控车床，系统为 0i-T）：

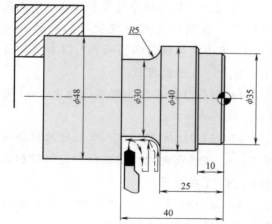

图 3-31　G72 端面粗车循环特殊用法

O0008

M44；

M03；

T404；

G00 X50.0 Z−40.0；（定位至循环起刀点最里边）

G72 W1.5 R0；（W 用正值，Z 轴从里向外车端面，不设退刀量）

G72 P10 Q20 U0.4 W0.2 F0.2；

N10 G01 Z−28.0；（本应车到 Z−25.0，现加上刀宽 3mm）

X40.0；（退刀到 ϕ40mm 外圆处）

G02 X30.0 Z−34.0 R5.0；（从右向左车 R5.0mm）

G01 Z−40.0；（车 ϕ30mm 外圆）

N20 X50.0；（车最里边的大端面）

G70 P10 Q20；

G00 X100.0；

Z50.0；

M30；

说明： 此编程方式与正常 G72 编程有所不同，它不是在工件最左边开始编写加工程序，而是从右向左编写程序。在实际加工时，粗加工路径也与正常相反，是从最左边往右一层一层地加工；精加工时又反过来从右先车 R5.0mm 再车 ϕ30.0mm，此种方法也可称为"倒切法"。

3.5 G73 轮廓加工循环

G73 轮廓加工循环与 G71 外径粗车循环所不同的是刀具运动的轨迹和加工方法不同。G71 在去掉毛坯余量时，每次进给都是一个直线面；G73 在去掉毛坯余量时，每次进给都是沿工件的实际外形一层一层地加工，所以 G73 更适合加工经铸造或锻造后的成形毛坯。

G73 轮廓加工循环刀具轨迹见图 3-32。切削轨迹为 $A \to A' \to B$。

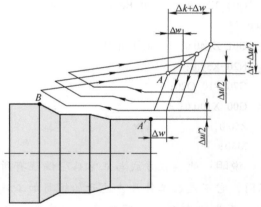

图 3-32 G73 轮廓加工循环刀具轨迹

3.5.1 G73 指令格式

G73 U（Δi）W（Δk）R（d）；
G73 P（ns）Q（nf）U（Δu）W（Δw）F（f）；

符号解释：

U（Δi）——X 轴的退刀量及方向，即 X 轴总切削量（半径）。

W（Δk）——Z 轴的退刀量及方向，即 Z 轴总切削量。

R（d）——粗切重复次数。

P（ns）——起始程序段号。

Q（nf）——终止程序段号。

U（Δu）——X 轴精加工预留量（半径）。

W（Δw）——Z 轴精加工预留量。

F（f）——切削进给速度。

注意：

1）在 P（起始程序段号）和 Q（终止程序段号）其间所有程序段中所指令的任何 F、S、T 功能都被忽略，而在 G73 本程序段中的 F、S、T 功能有效。

2）用 G73 粗车后，可用 G70 P（ns）Q（nf）指令精加工。

3）在 G71、G72、G73 所执行的程序段中 F、S、T 功能无效，但在执行 G70 精加工时 F、S、T 功能有效。

4）当 G70 循环加工结束时，刀具返回到起始点并读下一个程序段。

5）在执行 G73 到 G70 程序段时不能调用子程序。

3.5.2　G73 编程实例

G73 编程练习图见图 3-33。

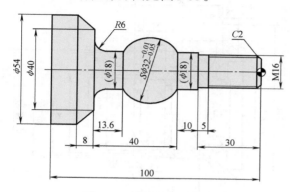

图 3-33　G73 编程练习图

使用刀具：

T100——粗球头车刀。

T200——精球头车刀。

T300——60°螺纹车刀。

加工程序如下：

O0009

G28 U1.0 W1.0；

G00 U−240.5 W−310.5；

G50 X100.0 Z150.0；

M03 S540；

T100；

G00 X60.0 Z0 T101；

G01 X−0.5 F0.2；

G00 X60.0 Z2.0；

G73 U16.0 W2.0 R5.0；

G73 P10 Q120 U0.5 W0.2 F0.25；（F 值粗车时有效）

N10 G00 X12.0；（定位至螺纹倒角处）

N20 G41 G01 Z0 D01 F0.4；（精车时有效）

N30 X16.0 Z−2.0 F0.3；（精车时有效）

N40 Z−30.0；

N50 X18.0；

N60 Z−40.0；

N70 G03 X18.0 Z−66.4 R16.0；（车 $S\phi32$mm 外球面）

N80 G01 Z−74.0；

N90 G02 X30.0 Z−80.0 R6.0；（车 R6mm）

N100 G01 X40.0；

N110 X54.0 Z−88.0；（车倒角）

N120 Z−90.0；

G00 G40 X100.0 Z150.0；

T202 S600；（换 2 号精球头车刀）

G70 P10 Q120；（精车）

G00 X100.0 Z150.0；

T303 S400；（换 3 号 60°螺纹车刀）

G00 X30.0 Z2.0；

G92 X15.1 Z−25.0 F2.0；（车螺纹

　　X14.5；

　　X14.1；

　　X14.0；

G00 X100.0 Z150.0；

T100 M05；

M30；

3.5.3　G73加工实例

（1）工件名称　前轮轮毂。

（2）使用设备　CKS6145数控车床（前轮轮毂装夹加工图见图3-34）。

图3-34　前轮轮毂装夹加工图

（3）数控系统　FANUC 0i-T。

（4）工艺分析及编程思路

1）工艺分析。矿用车前轮轮毂是前桥中最重要的零部件之一，毛坯由球墨铸铁铸造成形。

内孔经粗车，加工余量不大，外轮廓加工余量较大，适宜用G73轮廓循环加工，见图3-35。

2）编程思路。

① 为保证两端内孔的同轴度，需一次装夹加工。

② 外轮廓先用粗车刀使用G73轮廓循环功能粗加工，再用精车刀加工。

③ 左端内孔及端面使用长刀杆安装35°尖嘴车刀加工，右端内孔及端面用短杆内孔车刀加工。

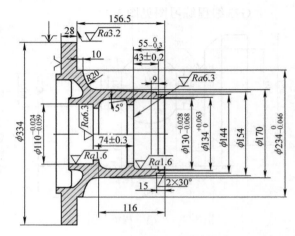

图3-35　前轮轮毂加工简图

（5）使用刀具

T200——外圆粗车刀（用22号刀补）。

T500——外圆精车刀（用25号刀补）。

T900——短杆内孔车刀（用29号刀补）。

T1200——长杆内孔车刀（用30号刀补）。

这里使用自动设定工件坐标系加工。

（6）加工程序

O0116
T222；（换2号刀及刀补）
M03 S190；（主轴正转）
G00 X335.0 Z10.0 M08；（快移定位至工件坐标位置）
X155.0 Z0；（定位至Z轴零点）
G01 X128.0 F0.20；（车右端面）
G00 X160.0 Z6.0；（退刀）

G73 U10.0 W3.0 R4.0；（调用循环指令执行4次）

G73 P10 Q110 U0.5 W0.25 F0.25；（指令循环加工功能）

N10 G00 G42 X140.5 Z1.0 D22；（刀具半径补偿）

N20 G01 X144.0 Z−2.0；（车2×30°倒角）

N30 Z−15.0；（车ϕ144.0mm外圆）

N40 X154.0；（车台阶面）

N50 X170.0 Z−116.0；（车锥面）

N60 G02 X210.0 W−20.0 R20.0；（车R20mm）

N70 G01 X230.0 W−8.5；（车斜面）

N80 X234.0 W−2.0；（车倒角）

N90 Z−156.5；（车ϕ234mm外圆）

N100 X336.0；（车大端面）

N110 G00 G40 X360.0 Z20.0；（取消刀具半径补偿，退回安全位置）

X400.0 Z200.0 M09；（回换刀点）

T525；（换外圆精车刀）

S210；（换转速）

M08；（开切削液）

G70 P10 Q110；（精车外轮廓）

G00 X400.0 Z300.0 M09；（回换刀点）

T929；（换短杆内孔刀）

S240；（提高转速）

G00 X105.0 Z10.0 M08；（前移定位）

Z−54.5；（进内孔车端面处）

G01 X127.0 F0.2；（车右侧内端面第一刀）

G00 X105.0 W1.0；（退刀）

Z−55.0；（Z轴进刀）

G01 X127.0；（车右侧内端面第二刀）

G00 U3.0 Z1.0；（退刀）

X133.5；（X轴定位预车孔）

G01 Z−12.0；（粗车ϕ134mm内孔）

X129.5；（车台阶面）

Z−55.0；（粗车ϕ130mm内孔）

G00 U−2.0 Z1.0；（退刀）

X136.5；（定位至倒孔角处）

G01 Z0；（Z轴进刀）

X134.05 W−2.0；（车内孔倒角）

Z−12.0；（精车ϕ134mm内孔）

X131.6；（X轴退刀，同时靠端面）

X130.0 W−9.0；（车5°锥面）

Z−55.0；（精车ϕ130mm内孔）

U−3.0；（X轴退刀）

G00 Z20.0 M09；（Z轴退出孔外）

G00 X300.0 Z350.0；（回换刀点）

T1230；（换长杆内孔车刀）

G00 X90.0 Z10.0 M08；（靠近工件）

Z−129.5；（定位至左侧内端面）

G01 X108.0 F0.2；（车内端面第一刀）

G00 X90.0 W−1.0；（退刀）

W1.5；（Z轴正向进刀）

G01 X108.0；（车内端面第二刀）

G00 U−1.0 Z−171.0；（Z轴定位车ϕ110mm孔位置）

S240；

G01 X109.5；（X轴进刀）

Z−129.0；（粗车ϕ110mm左侧内孔）

G00 U−1.0 Z−173.0；（Z轴定位至倒孔角处）

G01 X113.0；（X轴定位至倒孔角处）

X110.0 W4.0 F0.15；（倒ϕ110mm孔角）

G01 Z−129.0 F0.2；（精车ϕ110mm内孔）

G00 X90.0 W−2.0；（刀具退出加工面）

Z50.0 M09；（刀具退出孔外）

X300.0 Z350.0；（回换刀点）

M05；（停主轴）

T200；（换2号刀）

M30；（程序结束，返回开头）

3.6 G74端面车槽循环

G74指令可实现工件端面多个槽的加工。进刀路径是：刀具先定位在一个槽的位置，然后以啄进方式车槽。即工进一段距离后，退刀断屑，然后再切入的方法加工。

用X轴方向移动量确定槽间距，见图3-36。

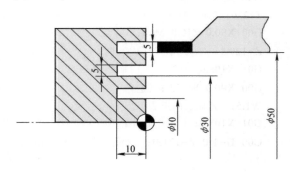

图3-36　车槽加工示意图

G74指令格式：

G74 R（e）；

G74 X（U）Z（W）P（Δi）Q（Δk）R（Δd）F（f）；

符号解释：

R（e）——每次啄进后的退刀量（一般取0.5~1.0mm）。

X（U）——X轴的向量（最后一个槽的X向终点坐标值）。

Z（W）——槽深的终点坐标值。

P（Δi）——X向每次的移动量，也是槽间距离。

Q（Δk）——Z向啄进每次切入量。

R（Δd）——在Z轴端点的让刀量（可以默认）。

F（f）——切削进给量。

注意：Δi值和Δk值要以μm为单位指定。

加工程序：

O0010

/G00 G28 U1. W1.；

G50 S650 T100；

G96 S70 M03；

G00 X50.0 Z2.0 T0101；

G74 R1.0；

G74 X10.0 Z−10.0 P10000 Q2000 F0.1；

G00 X200.0 Z150.0；

M30；

说明：G74指令若不指定X轴地址和轴移动量，还可以实现断面深孔钻削循环。指令格式如下：

G74 R（e）；

G74 Z（W）Q（Δk）F（f）；

3.7 G75 外径车槽复合循环

G75 指令可实现工件外径等距或不等距槽的加工，还可以在外径上循环车出一定宽度的长槽。

G75 指令格式：

G75 R（e）；

G75 X（U）Z（W）P（Δi）Q（Δk）R（Δd）F（f）；

符号解释：

R（e）——径向分层切削每次的退刀量。

X（U）——X 轴终点坐标值（槽深）。

Z（W）——最终槽位置的 Z 向坐标值。

P（Δi）——X 轴每次进给量。

Q（Δk）——Z 轴每次移动量。

R（Δd）——切削到终点时的退刀量。

F（f）——切削进给量。

注意： Δi、Δk 值要以 μm 为单位指定。

3.7.1 等间距槽的加工

车等间距槽加工示意见图 3-37。

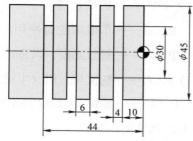

图 3-37 车等间距槽加工示意图

加工程序：

O0011

G00 G28 U1. W1.；

S540 M03 T100；

G00 X60.0 Z10.0 T0101；

X48.0 Z−14.0；（以左侧切削刃为刀位点）

G75 R1.0；

G75 X30.0 Z−44.0 P3000 Q10000 F0.15；

G00 X60.0；

X200.0 Z150.0；

M30；

3.7.2 宽槽的循环加工

车宽槽加工示意见图 3-38。

加工程序：

O0012

G00 G28 U1. W1.；

S450 M03 T100；

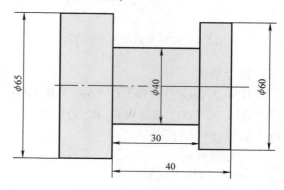

图 3-38 车宽槽加工示意图

```
G00 X80.0 Z10.0 T0101;                                    G00 X70.0;
X68.0 Z-10.0;（以右侧切削刃为刀位点）                      X200.0 Z150.0;
G75 R1.0;                                                 M30;
G75 X40.0 Z-40.0 P3000 Q3500 F0.15;
```

3.8　G76 大螺距螺纹车削循环

G76 大螺距螺纹车削循环的进刀方式与 G92 单一螺纹切削循环有所不同。G92 车削螺纹时，刀尖直接对准螺纹牙型中间位置，沿径向分层切削。而 G76 螺纹切削循环的进刀方式是沿牙沟一侧逐渐向沟底（螺纹小径）分层切削，见图3-39。

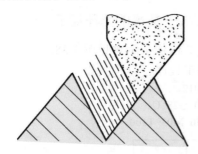

图3-39　G76 车螺纹进刀示意图

指令格式：

G76 P（m）（r）（α）Q（$\Delta d_{\min}$）R（d）；

G76 X（U）Z（W）R（i）P（k）Q（Δd）F（L）；

符号解释：

m——精加工次数。

r——终端倒角值。

α——螺纹角度。

例：

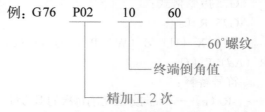

G76　P02　10　60

- 60°螺纹
- 终端倒角值
- 精加工 2 次

Q（$\Delta d_{\min}$）——一次背吃刀量，一般大于 0.1mm，以 μm 为单位指定。例如，Q100 表示背吃刀量为 0.1mm。

R（d）——精加工预留量，也以 μm 为单位指定。例如，R200 表示精加工预留量为0.2mm。

X（U）——螺纹小径。

Z（W）——螺纹长度。

R（i）——车锥螺纹时使用。

P（k）——螺纹高度，以 μm 为单位。

Q（Δd）——初次切入值（半径指令）。

F（L）——螺距（双线以上指令导程）。

加工实例见图3-40。

螺距 $P=2mm$，双线螺纹，导程 $Ph=4mm$。

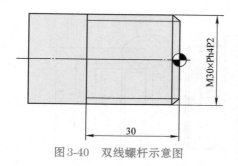

图3-40 双线螺杆示意图

加工程序：
O0013
N1 T300;
G00 X200.0 Z150.0 T303;
S300 M03;
G00 X35.0 Z3.0;
G76 P02 12 60 Q100 R100;（加工第一条螺纹）
G76 X26.972 Z-30.0 R0 P1510 Q300 F4.0;
N2 G00 Z5.0;
G76 P02 12 60 Q100 R100;（加工第二条螺纹）
G76 X26.972 Z-30.0 R0 P1510 Q300 F4.0;
X200.0 Z150.0;
M30;

3.9 编程操作试题选编

3.9.1 拟订加工工艺

1. 粗车件2椭圆头（图3-41）

车 M22×1.5-6h 螺纹及退刀槽 ϕ26mm 留精车余量 0.3mm。

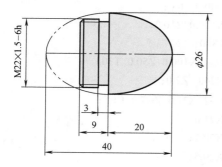

图3-41 粗车件2椭圆头

2. 粗精车件1异形轴（图3-42）

车 40°V 形槽和 ϕ40mm 外圆及内螺纹 M22×1.5-6H，与件2旋合在一起，精车椭圆头和 R24mm。

3. 调头粗精车另一端

用铜皮垫 $\phi40^{\ 0}_{-0.016}$mm 外圆装夹加工，先车端面后钻中心孔、一顶一夹加工，用 G90 单一循环功能加工 ϕ35mm、ϕ40mm 外圆，最后使用圆弧车刀，用 G72 循环功能，采用"倒切法"加工 ϕ30mm 外圆和 R5mm。

3.9.2 加工程序

1. 件2椭圆头加工程序（粗车，装夹坯料右端）

O0011
T100;（外圆车刀）
S500 M03;
G00 X100.0 Z50.0 T101;
X32.0 Z2.0;
G90 X30.0 Z-31.0 F0.2;（车 ϕ26mm 外圆）
X29.0;
X28.0;

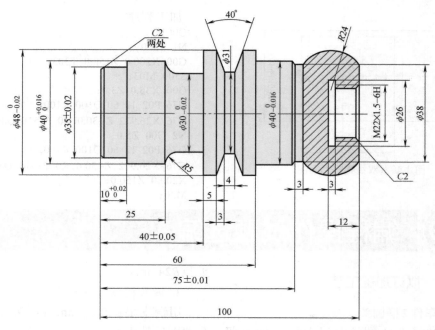

图 3-42　粗精车件1异形轴

X27.0；

X26.5；

G00 X27.0 Z2.0；

G90 X26.0 Z-9.0；（车 M22×1.5-6h 外圆）

X25.0；

X24.0；

X23.0；

X22.5；

G00 X18.0 Z1.0；

G01 X21.8 Z-1.5 F0.15；（倒角）

Z-9.0；

X26.3；

Z-31.0；（精车 φ26.3mm 外圆）

G00 U20.0；

X100.0 Z50.0；

T300；（外螺纹车刀）

G00 X100.0 Z50.0 T303；

X24.0 Z2.0；

G92 X21.5 Z-7.0 F1.5；

X21.0；

X20.7；

X20.5；

G00 X100.0 Z50.0；

T200；（换 3mm 车槽刀）

G00 X100.0 Z50.0 T202；

X40.0；

Z-9.0；

G01 X19.0 F0.2；（车槽）

G00 X50.0；

Z-31.0；

G01 X2.0；（车断）

G00 X50.0；

X100.0 Z50.0；

M30；

2. 件1异形轴加工程序

O0012

M43 T100；（35°外圆车刀）

M03；

G00 X100.0 Z50.0 T101；

X52.0 Z0；

G01 X-0.5 F0.15；

G00 X52.0 Z2.0；

G73 U13.0 W1.0 R6.0；（R6.0为粗车重复次数）

G73 P10 Q90 U0.5 W0.2 F0.25；

N10 G00 X26.0 Z0.1；

N20 G03 X38.0 Z-22.0 R24.0；

N30 G01 W-3.0；

N40 X40.0 W-1.0；

N50 Z-40.0；

N60 X46.0；

N70 X48.0 W-1.0；

N80 Z-60.0；

N90 X52.0；

G70 P10 Q90；

G00 X100.0 Z50.0；

T200；（4mm车槽刀，以左侧切削刃对刀）

X45.0 Z2.0 T202；

Z-25.0；

G01 X38.0 F0.2；

G00 X52.0；

Z-52.0；（40mm+5mm+3mm+4mm刀宽=52mm）

G01 X31.0；

G00 X52.0；

Z-55.0；（定位至V形槽起点）

G01 X48.0；

X31.0 W3.0；（车V形槽，用左侧切削刃加工）

G00 X50.0；

X48.0 Z-49.0；（40mm+5mm+4mm刀宽=49mm）

G01 X31.0 W-3.0；（用右侧切削刃加工）

G00 X60.0；

X100.0 Z50.0；

T300；（ϕ19.5mm钻头）

G00 X0 Z4.0 T303；

G01 Z-20.0 F0.25；

G00 Z50.0；

X100.0；

T400；（3mm内孔车槽刀）

G00 X20.30 Z5.0 T404；

G01 Z-15.0 F0.2；

X26.0；

G00 X16.0；

Z20.0；

X100.0 Z50.0；

T500；（内螺纹车刀）

G00 X20.0 Z3.0 T505；

M41；

M03；

G92 X21.0 Z-13.5 F1.5；

X21.5；

X22.0；

X22.2；

X22.3；

X22.36；

G00 X100.0 Z50.0；

M30；

3. 件2与件1旋合后加工程序

1）将件2与件1旋合在一起（中间可加纸垫）加工椭圆头。

加工程序（宏程序）：

O0013（加工件2椭圆头）

M43 T100；（35°外圆端面车刀）

M03（S600）；

G00 X30.0 Z1.0 T101；

G90 X26.20 Z−20.0 F0.2；

X26.0；

#1=13；（为X轴赋半径值26/2=13）

N10 #1=#1−2；（X轴每次切入量递减）

N20 #2=SQRT［400−2.37*#1*#1］；（根据椭圆方程计算Z轴步进值）

N30 G90 X［2*#1+0.5］ Z［#2−20.0+0.2］；

N40 IF［#1GT0］GOTO10；（如果#1大于0，返回N10继续加工）

N50 G01 X0.5 Z0.2；

N60 #1=0；

N70 #1=#1+0.2；

N80 #2=SQRT［ABS［400−2.37*#1*#1］］；

N90 G01 X［2*#1+0.5］ Z［#2−20.0+0.2］；

N100 IF［#1LT13］ GOTO70；（如果#1小于13，返回N70继续加工）

N110 G01 Z0；

N120 X0；

N130 #1=0；

N140 #1=#1+0.05；

N150 #2=SQRT［ABS［400−2.37*#1*#1］］；

N160 G01 X［2*#1］ Z［#2−20.0］ F0.15；

N170 IF［#1LT13］ GOTO140；

N180 G01 Z−20.0；

N190 X32.0；

G00 X100.0 Z100.0；

M30；

2）调头装夹，车另一端外圆ϕ35mm、ϕ40mm、ϕ30mm和R5.0mm，装夹$\phi40_{-0.016}^{0}$mm外圆、钻中心孔后，用顶尖顶紧端面加工。

编程如下：

O0014

M43 T100；

M03（S600）；

G00 X100.0 Z50.0 T101；

X52.0 Z2.0；

Z0；

G01 X−0.5 F0.15；

G00 X52.0 Z2.0；

G90 X50.0 Z−39.80 F0.2；（粗车ϕ40mm外圆）

X48.0；

X46.0；

X44.0；

X42.0；

X40.8；

G00 X45.0 Z2.0；

G90 X39.0 Z−9.9；（粗车ϕ35mm外圆）

X37.0；

X35.6；

G00 X29.0 Z1.0；（定位至倒角处）

G01 X35.0 Z−2.0 F0.15；（倒角）

Z-10.0；

X38.0；

X40.0 W-1.0；

Z-39.8；

X50.0；

G00 X100.0 Z50.0；

T200；（调用2号刀）

G00 X100.0 Z50.0 T202；（调用2号刀补）

X50.0 Z-40.0；（定位至工件左侧起始处）

G72 W1.5 R0；（进刀每层1.5mm，退刀量为0）

G72 P10 Q20 U0.2 W0.1 F0.2；（循环段号和精车预留量）

N10 G01 Z-28.0；（向右退到R5.0mm的加工起始点）

X40.0；（X轴进到φ40mm处）

G02 X30.0 Z-34.0 R5.0；（从右向左车R5.0mm）

G01 Z-40.0；（车左端φ30mm细轴径）

N20 X50.0；（车φ48mm端面）

G70 P10 Q20；（从右向左加工R5mm及φ30mm精车一刀）

G00 X100.0；（X轴退刀）

Z50.0；（Z轴退刀）

M30；

第4章　数控车床典型零件编程加工实例

4.1 用一支刀杆装两把刀的加工实例

产品名称：7t车后桥主减速器壳。

使用设备：CAK6180平床身数控车床（沈阳第一机床厂生产）。

数控系统：FANUC 0-TD。

后桥主减速器壳在CAK6180数控车床上装夹加工，见图4-1。

在加工此工序前，已由其他机床将两端内孔加工成 $\phi 150^{+0.046}_{0}$ mm，本工序只对螺纹底孔 $\phi 151.0$ mm 和 M153×2 的内螺纹进行加工。

在加工前，首先将特定刀座固定在中托板中间位置与电动刀架等高平行（电动刀架

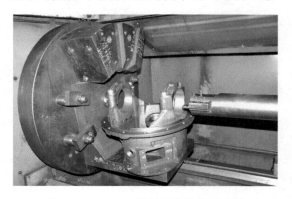

图4-1　CAK6180数控车床装夹加工图

省去不用），并将刀杆置入刀座内，用螺钉拧紧。将T101螺纹车刀装在刀杆外侧，T103内孔车刀反装在刀杆内侧（切削刃朝下），以适应两把刀用M03正转都可以切削加工，见图4-2。

加工程序：

O0100

N1 G53 X94.24 Z-3.2；（直线偏移选择机械坐标）

N2 G50 X150.0 Z150.0；（设定工件坐标系）

N3 M45（S100）；（设定转速）

N4 M03；

N5 T100；

N6 G00 X105.8 Z8.0 T103；（代3号刀补并移到加工内孔位置）

N7 G01 Z-27.0 F0.3；（车内螺纹底孔）

N8 G00 X110.0；（X轴正向退刀）

N9 Z-322.0；（Z轴快移定位）

N10 G01 X105.8 F0.2；（X轴进给）

N11 Z-349.0 F0.3；（车内侧螺纹底孔）

N12 G00 X110.0；（X轴正向退刀）

N13 Z15.0；（Z轴快退至工件外）

N20 T100；（取消3号刀补）

N21 G00 X145.0 Z8.0 T101；（移至车内螺纹循环起点）

N22 G92 X152.4 Z-26.0 F2；（车内螺纹第一刀）

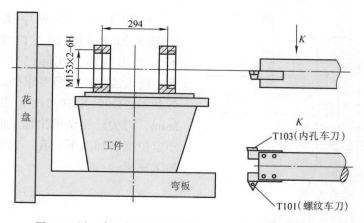

图4-2 用一支刀杆装夹两把刀具加工内孔及车螺纹示意图

X153.0;（车内螺纹第二刀）

X153.2;（车内螺纹第三刀）

N23 G00 Z−322.0;（Z轴定位至另一侧螺孔位置）

N24 G92 X152.4 Z−354.0 F2;（车内螺纹第一刀）

X153.0;（车内螺纹第二刀）

X153.2;（车内螺纹第三刀）

N25 G00 Z100.0;（快退至工件外）

N26 X150.0 Z150.0 T100;（回起刀点）

M05;

M30;

此程序用T101螺纹车刀作为对刀时的基准刀，同时设定工件坐标系，其刀具形状补偿X轴为零。程序中显示的绝对坐标值与T101号刀移动的位置相符，而程序中显示的绝对坐标值与T103号刀移动的位置不符。

如N6程序段：N6 G00 X105.8 Z8.0 T103

按程序X轴指令，刀具应移到孔径ϕ105.8mm处，而要加工的螺孔底径为ϕ151.0mm，从程序上看根本无法加工，实际却可以加工ϕ151.0mm螺纹底孔。

程序中的105.8是T101号刀指定的位置，此位置也正是T103号刀予加工ϕ151.0mm孔的位置，这个"位置"通过对刀实现。具体办法如下：

当T101号刀完成对刀后，将刀杆沿X轴负向移动并靠近螺孔另一侧位置，查看绝对坐标显示为X105.8，将相对坐标U值清零，然后继续沿负向移动刀杆，直到T103切削刃贴到ϕ150.0mm孔壁为止，此时查看相对坐标显示值为−7.1，此值即为T103的X轴刀补值，将此值再加上要增大的孔直径值。

例如本程序：−7.1＋（150.0−151.0）=−8.1

把−8.1输入到X轴刀补偏置存储器中，T103号刀对刀位置见图4-3。

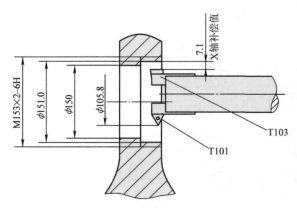

图4-3 T103号刀对刀位置

在加工中，当程序执行到 N6 G00 X105.8 Z8.0 T103 时，T103 号刀由于加入了 03 号刀补值，实际已移到 $\phi 151.0$ mm 位置，所以能加工出所要求的螺纹底孔。当执行到 N8 G00 X110.0 时，刀杆正向移动近 5mm，刀尖已完全退出加工面，可以快速移动定位准备加工下一孔。直至两个螺纹底孔加工完毕。

4.2 较大内球面零件的加工实例

零件名称：左壳（中型货车中后桥差速器）。

使用机床：CKS6145 数控车床（沈阳第一机床厂生产）。

数控系统：FANUC 0i-T。

使用刀具：

T200——外圆车刀（95°主偏角）。

T700——短内孔车刀（93°主偏角）。

T1000——长内孔车刀（93°主偏角）。

工艺内容：精车大端外圆、内球面、内孔及端面，见图4-4。

加工程序：

O0061

T200；

S320 M03；

T202；（换外圆车刀）

G00 X240.0 Z10.0；

Z0. M08；

G01 X170.0 F0.2；（车小端面）

G00 X226.0 W1.0；（退刀）

Z0.；

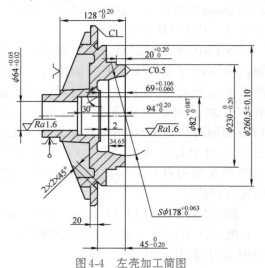

图4-4 左壳加工简图

G01　X230.0　W−0.5　F0.15；（倒角）

Z−20.0　F0.2；

G00　X395.0；

Z−45.0；

G01　X264.0；（车大端面）

G00　U3.0　Z−23.0；

X260.6；

G01　Z−43.0；（车大外圆）

G02　U4.0　W−2.0　R2.0　F0.1；（车端面根部 R2mm 圆角）

G00　U5.0　W2.0；

Z20.0　M09；

X300.0　Z260.0；

T707；（换 7 号刀及刀补）

S460　M03；

G00　X75.0　Z0；

Z−68.60　M08；

G01　X125.0　F0.2；（车内端面第一刀）

G00　X75.0　W1.0；

Z−69.1；

G01　X125.0；（车内端面第二刀）

G00　X86.0　W1.0；

G01　X81.5　Z−72.0　F0.1；（倒内孔角）

Z−94.2　F0.3；（车内孔第一刀）

G00　U−3.0；

Z−67.0；（Z轴退刀）

X82.05；

G01　Z−94.2　F0.2；（车内孔第二刀）

G00　U−3.0；

Z2.0；

G00　X181.0；

G01　Z0.1；

X176.0　W−2.0　F0.1；（倒内球面角）

G00　U−3.0；

Z2.0；

G00　X177.0；

G01　Z0　F0.2；（以进给速度靠近工件零点）

G03　X163.3　Z−34.598　R89.0；（车内球面第一刀）

G00　X160.0；

Z4.0；

X180.0；

G41　X178.0　Z1.0　D07；（刀具半径左补偿）

G01　Z0；

G03　X164.08　Z−34.65　R89.0；（车内球面第二刀）

G00　G40　X160.0；

Z20.0　M09；

G00　X300.0　Z200.0；

T1010；（换 10 号刀及刀补）

S500；

G00　X63.0　Z0；（X轴定位）

Z−98.0；（Z轴定位至加工处）

X63.5　M08；

G01　Z−168.0　F0.2；（车内孔第一刀）

G00　U−3.0；

Z−98.0；（Z轴退刀）

X64.02；

G01　Z−168.0；（车内孔第二刀）

G00　U−3.0；

Z20.0　M09；

X300.0　Z150.0；

T200；（换 2 刀号）

M05；

M30；

注意：

1）此机床已在 No.1240 参数中设定值，X600.00　Z680.00 采用自动设定工件坐标系方法编程加工。

2）零件经其他机床粗加工，此工序只做精车。

3）球面加工容易出现以下质量问题：

① 球面轮廓 *SR* 超差。排除程序指令的坐标值和球面半径值输入错误外，主要原因是刀具半径补偿值 *R* 输入有误。在加工凹球面时，轮廓半径 *SR* 大于公差要求时，应加大刀具半径补偿值；轮廓半径 *SR* 小于公差

要求时，应减小刀具半径补偿值。在加工凸球面时与上述方法相反。

② 球面中心位置超差（指凹半球）。排除对刀误差较大外，主要原因是球深尺寸（Z轴指令值）输入有误。当球心低于工件中心平面时，应适当减小Z轴负向指令值；当球心高于工件中心平面时，应适当加大Z轴负向指令值，以达到球面中心与工件端面重合。

4.3　轴间差速器前壳的加工实例（中心钻对刀问题）

零件名称：前壳（中型货车轴间差速器）。

使用机床：SSCK20/500 数控车床（沈阳第一机床厂生产）。

数控系统：FANUC 0 TD。

使用刀具：

T400——外圆车刀（95°主偏角）。

T500——外圆车刀（95°主偏角）。

T300——内孔车刀（93°主偏角）。

T100——ϕ6.3mm 中心钻。

工艺内容：精车大端外圆、端面、内球面、内端面、中心孔，见图4-5。

加工程序：

```
O0015
/G28 U1.0 W1.0;
/G00 U-94.406 W-97.408;
G50 X300.0 Z50.0;
M03 S230;
T400;（换刀）
G00 X202.0 Z-56.0 T404;
M08;
X194.0;
G01 Z3.0 F0.25;（从左向右车外圆）
M09;
G00 X300.0 Z50.0 T400;（回换刀点）
T500;（换刀）
S300;（变转速）
G00 X198.0 Z0 T505;（定位到工件零点）
M08;
G01 X142.0;（车大端面）
G00 X190.5 W1.0;
G01 Z0;
X194.5 W-2.0;（倒大外圆角）
G00 X300.0 Z50.0 T500;
T300;（换刀）
M03 S230;
G50 S650;（设定最高转速）
G96 S140;（主轴恒线速）
```

G00 X66.0 Z10.0 T303；

Z-53.5 M08；

G01 X107.5 F0.3；（车内端面第一刀）

G00 X66.0 W1.0；

Z-54.05；

G01 X107.5；（车内端面第二刀）

G00 U-2.0；

Z1.0；

X150.5；

G01 G41 X149.0 Z0；（靠近内球面）

X147.907 W-0.5 F0.25；（倒角）

G03 X136.30 Z-29.192 R74；（精车内球面）

G01 Z-35.9；（车过渡圆）

G03 X107.0 Z-54.0 R77.0；（车 SR77mm 内球面）

G00 G40 X56.0 W2.0；

Z-77.0；

G01 Z-80.5 F0.2；（靠近内端小面）

X70.0；（车小端平面）

G00 U-6.0；

Z-53.0；

X71.4；

G01 Z-80.4；（车 ϕ72mm 内孔第一刀）

G00 U-2.0 Z-53.0；

X75.0；

G01 Z-54.0；（靠近内孔端面）

X72.08 W-2.0；（倒内孔角）

Z-80.5；（车 ϕ72mm 内孔第二刀）

G00 U-2.0 G97；（X 轴退刀，同时取消恒线速）

Z10.0 M09；

X300.0 Z50.0 T300；

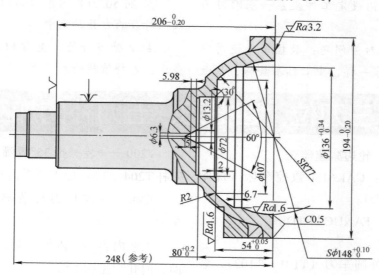

图 4-5　前壳加工简图

M05；

T100；（换刀）

M04 S450；（主轴反转）

G00 X0 T101 M08；（定位至工件X轴零点）

Z−80.0；

G01 Z−104.0 F0.1；（钻中心孔）

G04 X2.0；（停2s）

M09；

G00 Z10.0 S100；（降低转速）

X300.0 Z50.0 T100；（回换刀点）

M05；

T400；（换刀）

M30；（程序结束）

注意：

1）此工序只做精车加工。

2）采用G50设定工件坐系，基准刀为T300。

3）中心钻对刀问题：数控车床使用中心钻与普通车床一样，中心钻不旋转，只做轴向移动（进给），靠工件旋转切削加工。这就要求中心钻的轴线必须与工件旋转中心一致，才能顺利钻出中心孔，否则中心钻就会折断，严重时会造成工件报废。因此对刀时，需要使中心钻与工件同轴，具体操作如下：

① 在用基准刀设定完工件坐标系之后（相对坐标值与工件坐标值产生相互关系），将ϕ6.3mm中心钻调到加工位置。

② 手动移动刀架使中心钻外圆接触到工件外圆（基准刀对刀时用的外圆），此时查看相对坐标显示值，如显示U56.50，用相对坐标值减去中心钻直径值，即56.50−6.3=50.20。

③ 将50.20作为中心钻的X轴刀补值输入到对应的刀补单元中。

④ Z轴刀补值，查看相对坐标值W是多少，刀补值就输入多少。

4.4 三刀位、四把刀、五刀补的加工实例

零件名称：轮边减速器壳。

使用机床：CAK6180数控车床（沈阳第一机床厂生产）。

数控系统：FANUC 0-TD。

使用刀具：

T100——外圆车刀（T101、T102），装正反两把90°车刀。

T200——装一把35°鹰嘴尖刀，用两个刀补T204、T206加工两个内孔。

T300——加长刀杆装夹一把90°内孔车刀。

工艺内容：车内外端面、后背外圆、端面、内孔，见图4-6。

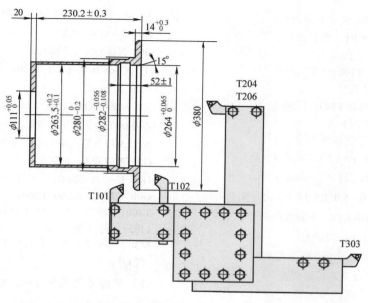

图4-6 轮边减速器壳加工示意图

加工程序：

O0110

/G28 U1.0 W1.0；

/G53 X68.515 Z−44.113；

G50 X475.0 Z20.0；

M41；（低速档）

M03（S128）；

T100；（换1号刀）

G00 X378.0 Z0. T102；（定位至大外圆端面处）

G01 X257.0 F0.2；（车端面）

G00 X371.0 W1.0；（退刀）

Z0；（定位至端面零点）

G01 U6.0 W−3.0；（φ380mm 倒角）

G00 X475.0 W1.0；（退刀）

N1 X500.0 Z−170.0 T100；（退刀至 T101 不干涉处）

X378.0 Z−14.0 T101；（定位至后端面）

G01 X286.0；（车后端面）

G00 Z−57.0；（Z轴负向快进加工位置）

X279.90；（X轴定位至加工位置）

G01 Z−25.0；（车φ280mm 外圆）

G03 U4.0 W2.0 R2.0；（车 R圆角）

G01 X282.5；（正向提刀车端面）

Z−16.0；（粗车φ282mm 外圆）

G03 U4.0 W2.0 R2.0；（车第二台阶 R圆角）

G00 U1.0 Z−25.0；（Z轴退刀至加工起始位置）

X282.0；（X轴定位至加工位置）

G01 Z−16.0；（精车φ282.0mm 外圆）

G03 U4.0 W2.0 R2.0；（车根部 R圆角）

G01 U4.0；（车背端面）

G00 X366.0 W−1.0；（退刀）

Z-14.0；（Z轴定位至背端面处）

G01　U12.0　W6.0；（倒背面角）

G00　Z20.0；（正向退刀）

X475.0　Z20.0　T100；（定位至换刀点）

T300；（换3号刀）

G00　X268.0　Z5.0　T303；（定位至大端面内孔处）

Z1.0；（靠近端面）

G01　Z0；（进给至端面零点）

X263.7　W-7.0　F0.1；（车内孔15°角）

Z-225.0.　F0.2；（车ϕ263.7mm内孔）

G03　U-10.0　W-5.0　R5.0；（车内端面R圆角）

U-2.0　W-1.0　R1.0；（车过渡圆）

G00　Z-225.0；（正向退刀）

X105.0；（X轴退刀至小内孔处）

Z-229.5；（定位至内端面附近）

G01　X225.0；（车内端面第一刀）

G00　X105.0　W1.0；（退刀至小内孔处）

G01　Z-230.2；（Z轴进刀）

X225.0；（车内端面第二刀）

G00　X100.50　W1.0；（定位至预车小内孔处）

G01　Z-250.0；（粗车ϕ111.0mm小内孔）

G00　U-2.0　Z1.0；（正向退刀至大端面处）

X268.5；（X轴定位）

G01　Z0；（进给至大端面零点处）

U-4.0　W-2.0；（倒孔角第一刀）

G00　Z0；（定位至Z轴零点）

G01　X267.75　F0.2；（进给至车倒角处）

U-4.3　W-8.0；（倒孔角第二刀）

G00　Z20.0；（Z轴正向退刀）

X475.0　Z20.0　T300；（退至换刀点）

T200；（换2号刀）

G00　X264.0　Z5.0　T206；（定位至大孔处）

Z0；（定位至工件Z轴零点处）

G01　Z-52.0　F0.20；（车ϕ264mm内孔）

G00　X105.0；（X轴退刀）

N2　X-68.0　Z-60.0　T200；（取消T206刀补退至安全位置）

X105.　Z-56.0　T204；（调用T204刀补重新定位）

Z-288.0；（Z轴定位至小内孔端面处）

X111.03；（X轴定位至小孔处）

G01　Z-252.0；（精车ϕ111.0mm小内孔）

G00　U-2.0　Z20.0；（刀具退出工件）

G00　X475.0　Z20.0　T200；（回换刀点）

T400；（换空刀号，便于装卸工件）

M05；（停主轴）

M30；（程序结束，返回开头）

说明：

1）此件是用三个刀位、四把车刀、五个刀补单元号（刀补值）完成的。这里虽然也是采用G50设定工件坐标系，但坐标位置X475.0 Z20.0是假设的换刀点，不是用哪一把刀具做基准时通过对刀得到的。在此位置所有使用的刀具，换刀时不与工件发生干涉，各刀具的刀补值是在该点进行补偿的。因此在执行N1 G00　X500.0　Z-170.0　T100时，由于是一支刀杆装了两把刀，两把刀的几何形状和长度尺寸差值较大，在加工时，使用两个刀补值T101和T102才能达到加工要求，所以此程序段要考虑刀杆上的两把刀都处在安全位置（不与工件发生干涉）。要保证这一要求，刀具应在工件外侧沿X轴正向移动，使两把刀同时离开工件，所移动的X500.0值不是两把刀中的任何一把距工件的位置，而是消除两把刀补后，假想刀具距工件X轴零点的位置，这个位置恰好使两把刀都与工件不发生干涉。Z轴负向移动Z-170.0是考虑刀杆已处在工件零点负方向加工。为了减少刀具空运行的时间，就近换刀，所以指令了假想刀具与工件Z轴零点的负向距离（即-170.0），实际加工时机床移动不大，只是到达T101号刀要加工工件后面，φ280mm和φ282mm外圆的位置。

2）N2 X-68.0 Z-60.0 T200是为在加工时随时调整两孔孔径尺寸方便和保证孔的精度，对同一把刀进行两种补偿值的切换。所执行的坐标值X-68.0 Z-60.0也是清除

T200号刀补后，假想刀具所在工件内的位置，而这个位置是刀具既不与工件内壁干涉又可以方便地定位到精车φ111.0mm小内孔的位置。

综合考虑，为满足方便加工，人为地选择N1、N2两个点。

3）G53指令是设定机床坐标系，用它指令的程序段必须用绝对坐标值编写，不可用增量值编写。用G53指令编程还有一个优点：刀具在任何位置只要不干涉都可以起动机床加工，不用再回到起刀点。其对刀方法及设定工件坐标系与G50相同。

第5章 数控车床的操作

5.1 方式键或方式旋钮

5.1.1 编辑方式

编辑方式是输入、修改、删除、查询、呼叫工件加工程序的操作方式。在输入、修改、删除工件加工程序操作前，应将程序保护开关打开。在这种方式下，工件程序不能运行。英文缩写为 EDIT。

5.1.2 手动数据输入方式 MDI

在这种方式下，可以通过操作面板输入一段程序，然后按循环启动键予以执行。这种方式用于简单的测试操作。

具体操作如下：

1）将旋钮转到 MDI 方式。

2）按 PRGRM 程序显示键。

3）按 PAGE 翻页键显示出 MDI 画面。

4）通过字符键输入程序指令字，按 INSRT 键。

5）待全部指令输入完毕后按下输入执行键 START，程序进入执行状态。执行完毕，指示灯灭，程序指令随之删除（也有不删除的，要根据参数设定）。

6）同一程序段的指令若要再次执行，必须重新输入，一次只能执行一个程序内容。

7）被执行程序中，如含有位移指令，必须先执行返回参考点操作。

注意： 系统参数的修改必须在这个方式下进行。

5.1.3 自动操作方式

英文显示 AUTO。系统自动操作方式是指按照程序的指令控制机床连续自动加工。

5.1.4 手动操作方式（点动）JOG

按下此键，机床进入手动操作方式。在这种方式下可以实现机床所有手动功能的操作：X 轴及 Z 轴点动和点动速率。

1. 进给速率开关（图 5-1）

刀架的移动速率由进给速率开关的位置决定。10% 对应最低速率 2mm/min，150% 对应最高速率 1260mm/min。

如在编程中，G01 X200 Z100 F20 进给速率开关转到 120% 就等于 20mm/min×1.2=24mm/min，如转到 150% 就等于 20mm/min×1.5=30mm/min。

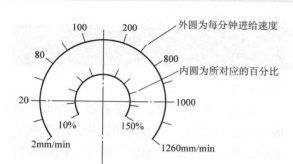

图5-1　进给速率开关

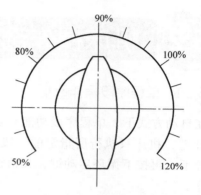

图5-2　主轴倍率开关

2. 快速点动及快速倍率

同时按下某一方向的点动键与快速选择键 ▄▄ 时，刀架快速移动，放开快速选择键，只按点动键恢复成点动速度。

按下 1% 25% 50% 100% 四键其中一个，该键下的百分数就是当前的快速倍率（实际就是快速倍率分解成四个档）。

快速倍率对程序中指定的指令如G00、G27、G28、G30，还有固定循环的快移程序段同样有效，对手动返回参考点的快移行程也有效。

3. 主轴倍率开关（图5-2）

旋转主轴倍率开关至80%处执行程序S100，主轴实际转速等于100r/min×0.8=80r/min；当主轴倍率开关转到120%处时，主轴实际转速等于100r/min×1.2=120r/min。

5.1.5　手摇脉冲进给方式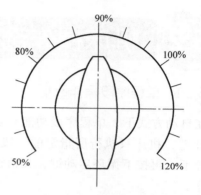

按下此键，机床处于手摇脉冲进给操作方式。操作者可以摇动手摇轮（手摇脉冲发生器）令刀架前后左右移动，其速度可调节，最小移动值0.001mm，非常适合于近距离对刀、调整机床等操作。

5.1.6　返回参考点方式

按下此键，机床处于手动返回参考点操作方式。

通过按移动键，可以分别将X轴、Z轴返回参考点，灯亮以后参考点为原点的机床坐标系建立，机床的软超程保护功能和螺距补偿功能才能有效。

只要数控系统断电后重新启动，就必须执行返回参考点操作。

通过自动、MDI方式，用G28指令也可完成返回参考点操作。

5.2 机床操作选择键

5.2.1 单程序段操作 ⇥

在自动方式下，单程序段功能有效，按一下此键，机床只执行所指定的一段程序，然后停下，再按下循环启动键，又执行下一段程序。

功能用途：主要用于测试程序和试运行，可以同机床锁住、程序段跳过功能组合使用。

5.2.2 选择程序段跳过 ⌀

按下此键，程序段跳过功能有效，再按一下，此功能无效。

在自动方式下，在程序段跳过功能有效期间，凡是在程序段前面冠以"/"斜杠符号（也称为删节符号）的程序段，全部跳过不予执行。当再按一下此键（灯灭）后，所有程序段全部照常执行。

功能：在程序中编写若干特殊的程序段（如试切、测量、对刀等），将这些程序段的前面冠以"/"符号，此程序段跳过功能就可以控制机床有选择地执行这些程序段。

5.2.3 选择停 M01 ⌀

在自动方式下按下此键，当机床执行到写有 M01 的程序段时，机床运动停止，再按下循环启动键，机床恢复运动，继续执行下面程序。

功能：在停机时，测量检查工件加工正确与否，以及时调整刀具和机床。如不按下此键，机床将忽略"M01"指令，继续执行下面程序。

5.2.4 空运行功能 ⤳

此功能为试运行操作，也可称为空运行，是在不切削的条件下试验，检查新输入的工件加工程序的操作。为了缩短调试时间，在空运行期间进给速率被系统强制在最大值上。

操作步骤如下：

1）选择自动方式，调出要试验的程序。

2）按下空运行键，此时空运行键上指示灯亮，以示空运行状态有效。

3）按下循环启动键，该键指示灯亮，试运行操作开始执行。

注意： 试运行操作时，进给速率受快速进给键控制。

试运行时一定要将工件拆下，并把机床工作台上的障碍物清理干净，在确保安全的情况下才可以开机试验。

5.2.5 机床锁住功能 ⇥

按下此键，机床锁住状态有效。再按一

次，机床锁住状态解除。

在机床锁住状态下，手动方式下的各轴移动操作（点动、手摇进给）只能使位置显示值变化，而机床各轴不移动，但主轴冷却、刀架照常工作。

在机床锁住状态下，自动和 MDI 方式下的程序照常运行，虽然各轴不移动，但坐标位置显示值却在变化，可以观察所编写的程序坐标值是否有误。自动方式下主轴冷却、刀架照常工作。

5.3　功能键 POS（位置键）

按功能键 POS 可显示当前刀具位置，有三种画面可以显示当前的刀具位置。

1）绝对坐标位置显示，ABS（英文缩写）。

2）相对坐标位置显示，REL（英文缩写）。

3）综合坐标位置显示，ALL（英文缩写）。

5.3.1　绝对坐标位置显示——ABS

操作步骤如下：

1）按下功能键 POS。

2）按软键 ABS 或汉字"绝对"键，显示绝对坐标位置画面，见图 5-3。

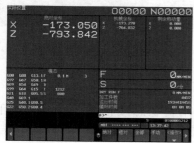

图 5-3　绝对坐标位置画面

5.3.2　相对坐标位置显示——REL

操作步骤如下：

1）按下功能键 POS。

2）按软键 REL 或汉字"相对"键，显示相对坐标位置画面，见图 5-4。

3）在相对坐标位置画面上输入一个轴地址（如 U 或 W），即按下字符 U 或 W 键，指定轴的地址闪烁，如果此时按下 CAN 取消键，原坐标值被清成 000.000。这时要预置一个坐标值，现在位置即为这个坐标系的零点。

图 5-4　相对坐标位置画面

注：U 代表 X 轴，W 代表 Z 轴。

5.3.3 综合坐标位置显示——ALL

操作步骤如下：

1）按下功能键 POS。

2）按下软键ALL或汉字"综合"键，显示综合坐标位置画面，见图5-5。

3）显示在相对坐标系中的当前位置（相对坐标）。

4）显示在绝对坐标系中的当前位置（绝对坐标）。

5）显示在机械坐标系中的当前位置（机械坐标）。

6）显示剩余移动距离，如果机床在自动方式或在 MDI 方式下，显示的是当前程序段中的刀具尚须移动的距离。

5.3.4 运行时间和零件数显示

按下功能键 POS，显示当前位置画面。在画面的下部，显示运行时间和已加工的零件数。这里以图5-5为例介绍。

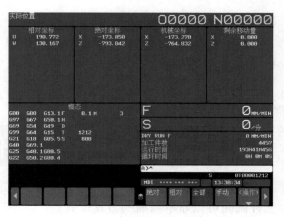

图5-5 综合坐标位置画面

（1）"运转时间16H 34M" 表示在自动运行期间全部运转时间为16小时34分钟，但不包括停止和进给暂停时间。按下复位键或断电时它被预置零。

（2）"加工部品数168" 每当执行完M02或M30一次，数量就增加1。

该画面还可以显示实际的进给速度，即在程序中设定进给速度倍率值和实际运行值。

5.4 功能键 PROG（程序键）

本节说明在自动方式或在 MDI 方式下，按功能键 PROG 所显示的5个画面：

1）程序内容。

2）当前执行的程序段及其模态数据。

3）程序检查画面（检视画面）。

4）MDI操作程序画面。

5）内存和程序清单。

5.4.1 程序内容

在编辑状态或自动方式下，按下功能键 PROG，显示程序内容，见图5-6。

通过翻页键可以将O3000号程序内容

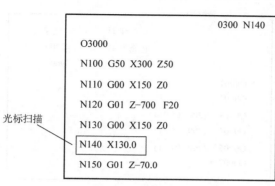

图5-6　程序内容

全部显示出来。若在自动方式下，则执行到哪段程序，该段程序即被光标扫描。若在编辑状态下，则可以通过此画面对程序内容进行修改或删除。

5.4.2　当前执行的程序段及其模态数据

按下功能键PROG，再按软键CURRNT（出现单节），显示当前执行的程序段内容及其模态数据，见图5-7。该画面最多可显示22个模态G代码和11个当前程序段指定的G代码，它所显示的这些G代码功能被指定时有效。

```
O1000N0100

G01X200.000G18G00  F          G40wx0.000

Z100.00G50G97  M              G25wz0.000

G69  S                        G22

G99  T                        G54

G21
```

图5-7　模态指令显示

5.4.3　程序检查画面（检视画面）

按下功能键PROG，再按软键CHECK（检视软键），显示出当前所执行的程序，见图5-8，包括刀具的当前位置和模态数据：

1）从当前正在执行的程序段开始，最多可以显示4个程序段，当前正在执行的程序段以黑色背景显示，如同光标一样逐段下移。

2）显示工件坐标的位置和剩余移动距离，它随刀具的移动而变化，操作者可通过软键ABS和REL来切换绝对位置和相对位置。

3）显示当前有效的几个模态G代码。

4）在自动运行期间，显示所用刀具T号、进给速度、主轴实际转速和重复次数，此外，还显示键输入的提示符"＞"。

```
O1000  O1000N0130

G00X100.0Z5.0

X500.0Z0

G01Z_100.0F0.2

G00U2Z0

（绝对坐标）  （剩余距离）   G00 G94 G80

X 50.000    X 000.000     G18 G21 G90

Z 00.000    Z 20.000

T      S

F
```

图5-8　检视画面

5.4.4　MDI操作程序画面

按下功能键 PROG ，再按软键MDI，显示MDI画面和模态数据，见图5-9，此时即可编写输入需要执行的程序段，例如：

G00 X200 Z100 T500；

输入完成后，按下START（输入执行）键或操作面板上的循环启动按钮，机床将一次执行所输入的程序内容。当执行完毕后，机床停止运行，此画面输入的程序内容消失。

此功能主要用于手动换刀和调整机床用。

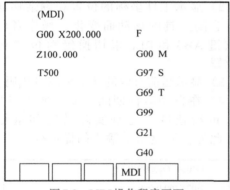

图5-9　MDI操作程序画面

5.4.5　内存和程序清单

1）选择EDIT（编辑）方式。

2）按下功能键PROG（程序显示键）。

3）按下软键LIB显示内存和程序清单，见图5-10，包括存储的全部程序号和子程序号，存储的总程序数，剩下的空位数，已存数据的程序存储容量和剩余存储容量以字符数来表示。

5.4.6　0i系统有关使用小括号"（　）"的参数说明

在编辑程序时往往要使用小括号"（　）"，

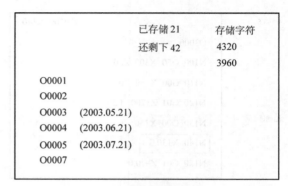

图5-10　程序清单显示

以对编程内容进行注解和增加记忆，故有必要把这些辅助内容写在小括号内。例如当把参数 No.3204.10（PAR）和 No.3204.2（EXK）同时设定为"1"时，就可以使用扩展功能——［C-EXT］小括号功能。有关小括号功能的具体操作如下：

1）在MDI状态下，先把参数写入开关PWE打开（设定成1）。

2）将参数 No.3204.10、No.3204.2同时设成"1"。

3）将功能开关打到EDIT（编辑状态）。

4）按软键OPRT。

5）持续按菜单键▶直到出现［C-EXT］软键。

6）按［C-EXT］软键，即可显现［(］［)］小括号软键。

7）用上档键SHIFT配合，即可使用［(］［)］软键进行编辑。

8）将参数写入开关PWE置为"0"，不然无法对程序进行编辑。

5.5 补正键

$\boxed{\text{MENU} \atop \text{OFFSET}}$ $\boxed{\text{OFFSET} \atop \text{SETING}}$ 显示的画面有以下
两个:

1) 刀具偏置（补正画面、几何形状、磨损补偿）。

2) 工件坐标系偏移值G54~ G59画面。

5.5.1 刀具偏置画面

1) 按下 OFFSET 刀补功能键，再按下形状软键，显示刀具形状补偿画面，见图5-11，形状刀补值输入操作如下:

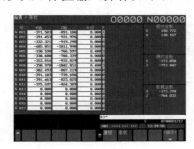

图5-11　刀具形状补偿画面

① 按光标移动键，使光标移到需要补偿的刀具号位置上。

② 按字符键输入刀补值，再按 INPUT 输入键即可完成刀补值输入。还可以输入正负 U、W 增量值，对已存在的刀补值进行修正，以便获得较高的工件加工精度。

2) 按下 OFFSET 刀补功能键，再按下磨损软键，显示刀具磨损补偿画面，见图 5-12。

图5-12　刀具磨损补偿画面

磨损刀补值输入方法与形状刀补值输入操作方法相同。

5.5.2 G54~G59工件坐标系偏移值

按下功能键OFFSET，再按下坐标系软键 WORK，显示工件坐标系设定画面，见图5-13。工件坐标系设定画面共有两页，可

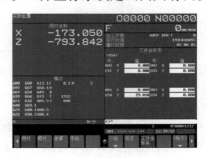

图5-13　工件坐标系设定画面

以通过翻页键PAGE获得。

设定工件坐标系的步骤如下：

1）打开数据保护键以便允许写入。

2）移动光标到所需要改变的工件坐标系号的地址上。

3）用数字键输入所需值，然后按下软键INPUT把工件坐标系的值输入到位，如输入X−190.0。

 5.6 系统参数键、故障资料键及图形显示键

5.6.1 系统参数键PARAM

按下系统参数键PARAM（0-TD系统）或SYSTEM（0i系统），显示设定参数画面，见图5-14。

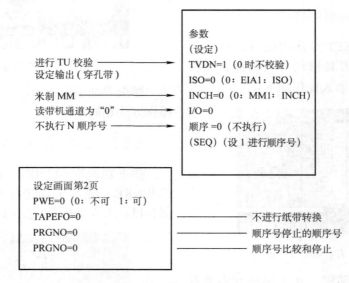

图5-14 设定参数显示

写入参数的方法与步骤如下：

1）按下系统参数键PARAM，再按翻页键PAGE，显示设定画面第2页。

2）将光标移至PWE（写入开关），按数字键"1"，再按输入键INPUT，系统进入报警状态（P/S No.100号报警），显示可以写入参数，再按翻页键，显示参数画面。

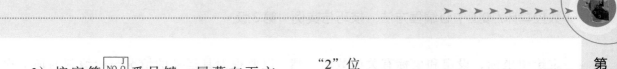

3）按字符 $\boxed{^{\text{NO}}_{\vee}\,^{\text{J}}_{\text{P}}\,^{\text{Q}}}$ 番号键，屏幕左下方"番号"两字闪烁（0-TD系统）。

4）用数字键按出需要调出的参数号，再按 INPUT 输入键，画面即可显示需要的参数号码，光标也自动锁定在此参数上，此时即可修改该参数。

5）重新将 PWE 参数写入开关置为"0"，然后按下复位键 RESET，报警被解除。如果报警不取消，并显示 No.0000 号报警，则要断开电源。然后再通电，即可解除报警。

系统参数位型的解释和说明：

显示格式：0013　00001000

解释：

| 0 | 0 | 1 | 3 | 参数 No.0013 号 |

| 0 | 0 | 0 | 0 | 1 | 0 | 0 | 0 | → 参数位型 |

7　6　5　4　3　2　1　0 → 位数顺序号

说明：

"0"位

如设1：在 JOG 方式中，手摇脉冲发生器有效。

如设0：在 JOG 方式中，手摇脉冲发生器无效。

"1"位

如设1：用 T 代码2个高位数指定刀具形状补偿号。

如设0：用 T 代码2个低位数指定刀具形状补偿号。

"2"位

如设1：刀具形状补偿随刀具的移动进行。

如设0：由坐标系的偏移进行刀具形状补偿。

"3"位

如设1：刀具偏置号为零时，刀具几何形状补偿被取消。

如设0：刀具偏置号为零时，刀具几何形状不被取消。

5.6.2　故障资料键 ALARM

按下故障资料键 ALARM，可以显示报警和报警履历，用代码和信息指出报警的起因。为了从报警状态恢复正常运行，应排除起因后，再按 RESET 复位键，报警得以解除。

5.6.3　图形显示键 GRAPH

图形显示键 GRAPH 在 0-TD 系统中没有，在 0i-T 系统中有，如：

1）沈阳第一机床厂生产的 CK6145 数控车床。

2）南京数控机床有限公司生产的 CK1463 数控车床。

3）韩国起亚公司生产的 H63 卧式加工中心。

要想显示图形画面，首先要用参数设

定绘图坐标，设定和坐标有关的数值，然后才可以显示加工时刀具运动的轨迹，描绘出所加工的工件形状，通过图形显示可以监视刀具运动的情况与所编制的加工程序是否吻合。

 ## 5.7 编辑程序键

5.7.1 插入键 INSRT

在 EDIT（编辑）方式下，用此键将所有编程内容输入到系统的存储器中。

5.7.2 修改键（替换键）ALTER

它的功能是将不合适的程序内容改成需要的内容。在编辑方式下，把光标移到要修改的 X50.40 处，输入需要的 X45.5 字符（在左下角缓冲器中），然后按下修改键，显示修改后的 X45.5 字符，见图 5-15。

图5-15　修改程序显示画面

5.7.3 删除键 DELET

它的功能是将不需要的程序内容删掉。

在编辑方式下，按下 PROG 键显示程序内容，将光标移至想要删除的字符上，然后按下删除键，此字符被删除。如果想要删除一段程序内容，将光标移到程序段号上，然后输入一个 EOB 分隔符，再按 DELET 删除键，这段程序被删除。如果想要删除多个程序段内容，将光标移至第一个要删除的程序段号上（N40），输入要删除部分的最后一个程序段的顺序号（如N80），再按下删除键，这部分程序内容被删掉，见图 5-16。

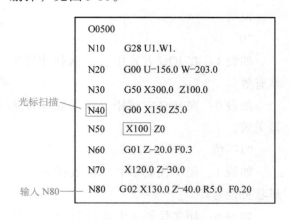

图5-16　删除程序示意图

5.7.4　分号键EOB

分号键也称为分隔符，用"；"或"*"表示。

此键用于每段程序的结束符。在编辑方式下，当编写完一个程序段后（注意：程序段的概念是描述机床一个完整动作和可以整合的复合动作），按下此键屏幕显示"；"或"*"，再按下 INSRT 插入键，结束符写入程序段末尾，表示此程序段结束，可以编写下一段程序。

5.7.5　取消键CAN

此键用于删除已输入到缓冲寄存器中的数字或符号。

例如，缓冲器显示为（屏幕下行）X50.0，按下 CAN 键，50.0 被取消，再按一下，地址 X 也被取消。

此键主要为编程时修改不正确的字符或者在 MDI 状态下输入各种数据有误时提供的一种快捷的处理方法。所有字符和数据一旦输入了存储器中，CAN 键将无能为力。

5.7.6　数据输入键INPUT

此键用于在 MDI 状态下各种指令数据的输入，还用于各种参数和偏置值及 G54~G59 工件坐标设定值的输入。

5.7.7　翻页键PAGE

翻页键有两个：

顺向翻——从前到后↓。

反向翻——从后向前↑。

按一下画面翻过一页，直至找到需要的页面为止。

5.7.8　复位键RESET

用于解除报警和系统复位，在编辑状态下按下此键，系统自动返回起始位置。

5.7.9　操作软键

操作软键可根据用途提供各种功能。其提供的功能是 CRT 画面最下方显示的内容，见图5-17。软键与显示的内容上下位置对正，按下软键，画面即显示所对应的相关内容。

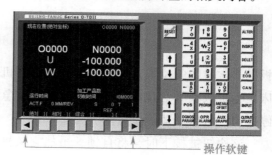

图5-17　操作软键显示画面

最左端的（◀）为返回最初状态。

最右端的（▶）用于本画面未显示完的功能。

5.7.10　急停按钮

机床操作面板见图5-18，急停按钮在面

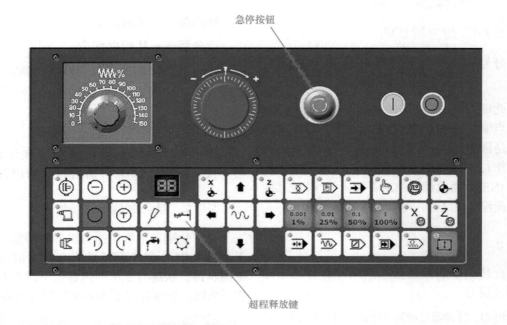

急停按钮

超程释放键

图5-18　机床操作面板

板上非常显眼的位置，呈红色蘑菇状。当机床发生事故及异常现象时，为了安全应按急停按钮，机床立即停止运动。

该按钮被按下时，将自锁，虽然它随机床制造厂而异，但通常是顺时针旋转按钮即可释放（解除自锁），在释放按钮之前须先排除故障。

5.7.11　超程释放键

当机床处于软超程时，手动往相反的方向退回一段距离，即可解除超程。

当发生硬超程时，即刀架在某一方向的移动压倒限位开关，数控系统会立即进入急停状态，并发出报警信号，刀架停止移动。此时应当按着超程释放键（图5-18），并手摇脉波手轮沿着反方向移动刀架退出禁区，释放被压倒的限位开关，急停状态得以恢复。

5.7.12　操作面板示例

CK7620/500数控车床操作面板见图5-19。

CK7620/500数控车床辅助操作面板见图5-20。

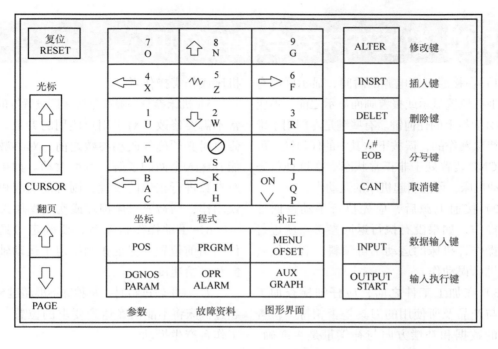

图 5-19 CK7620/500 数控车床操作面板

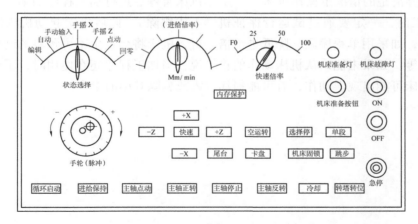

图 5-20 CK7620/500 数控车床辅助操作面板

5.8 数控车床安全操作须知

1）在接通机床电源的瞬间，显示屏没有出现坐标位置显示或报警画面显示之前，不应碰MDI面板上的任何键。有些键是专门用于维护和特殊操作的，误按下这其中的任何键，可能使CNC装置处于非正常状态。在这种状态下起动机床，可能引起机床的误动作。

2）接通电源后，应先执行手动返回参考点操作，如果没有执行返回参考点就进行其他操作，机床的运动不可预料，有可能会出现机床误动作。

3）在加工工件之前，应仔细检查加工程序与产品及所使用的刀具是否相符，检查输入的数据和补偿方向与补偿量是否准确。如发现有误或有疑问应立即查清并改正，决不允许在没弄清楚的情况下操作机床。

4）加工前，一定要通过试运行保证机床正确工作，如采用单程序段、降低进给倍率或空运行等。如果未能确认机床动作的正确性，则机床可能出现误动作，有可能损坏机床或伤害操作者。

5）机床参数一般都是机床厂设置好的，通常不需要修改。对于用户使用的参数，需要修改时必须确保改动参数之前，对参数的功能有深入全面的了解，方可改动。如果不能对参数进行正确的设置，则可能引起机床的误动作，则造成机床损坏或伤及操作人员。

6）手动操作机床时，要确定刀具和工件的当前位置并保证正确指定了运动轴的方向和进给速度。

7）在手轮进给时，每秒钟不准超过5r，如超过机床将不能精确达到要求的位置，并使工作台产生振动。

8）机床在程序控制下运行时，如果在机床暂停后进行加工程序的编辑（修改、插入或删除），此后再次起动机床恢复自动运行，机床将会发生不可预料的动作。一般来说，当加工程序还在使用时，不要修改、插入或删除其中的指令。

第二部分 加 工 中 心

第6章 加工中心编程基本知识

6.1 编程概述

将切削加工工件的所有动作，用数字和符号根据规定的格式编写出指令，让数控机床按照指令进行运动，完成加工工件之目的。这些指挥数控机床运动的指令序列称为加工程序。编写这些指令的工作称为编程。

6.1.1 加工程序的组成

一个完整的加工程序由程序号、程序内容（程序段）和程序结束三部分组成。

例6-1 H63型卧式加工中心（数控系统为FANUC 18i-M）加工行星轮架的程序如下：

```
O1000   程序号
G40 G80 G49；
G91 G30 Z0 M19；
G30 X0 Y0 T03；
G90 G10 L2 P3 X0 Y256.13 Z-800.74 B0；
G90 G10 L2 P5 X0 Y256.13 Z-761.2 B180；
N100 M98 P6；
T03 M06；
G54 G90 G00 B0；
X51.76 Y159.3 S210 M13 T04；
G43 Z20.0 H03 M08；
……
M30；   程序结束
```

程序内容

（1）程序号　也称为程序的名，是程序开始部分。以英文字母"O"打头，后边允许有四位数字，例如O0001，为1号程序，共有（O0001~O9999）9999个程序号供选用。一般情况下O9000~O9999程序是制造厂家为某种特定功能编制设定的，不允许用户改动，并将其内锁，一般调不出来。

（2）程序内容　程序内容是程序的核心，它由程序段组成，每一个程序段由一个或多个指令构成。它表示数控机床要完成的动作。

（3）程序结束　用M02或M30作为程序结束符号。

6.1.2　程序段格式

N	G	X	Y	Z	F	S	T	M	;
程序段号	准备功能	坐标值	坐标值	坐标值	进给功能	主轴功能	刀具功能	辅助功能	分隔符

例 6-2　韩国大宇立式加工中心加工 13t 车中桥圆柱齿轮壳程序如下：

O3080

N1 G90 G00 G54 X0 Y0 G43 Z50.0 H01 S200 M13 T02;

G01 Z3.0 F2000;

Z-45.0 F80;

G00 Z50.0;

G91 G30 Z0;

M06 T02;

6.2　准备功能 G 代码

G 代码又称为 G 功能或准备功能，它是按照 ISO 标准设定的。实际上，G 功能都已由机床系统设定好，操作者只要按 G 代码列表所提示的具体功能使用即可。

G 代码有 G00~G99 共 100 种，在 FANUC 0i 数控系统中，G 代码超过 100 种，如 G54.1、G30.1、G113 等，这些 G 代码一般都有特定的功能，将在以后的章节予以说明。

G 代码主要分成两大类：模态 G 代码和非模态 G 代码。

6.2.1　模态 G 代码

它也称为连续有效 G 代码，在未指定同组其他 G 代码之前一直有效。如 G00、G01、G02、G03、G94、G97 等都是模态 G 代码，这些指令一经在程序段中指定就一直有效，直到以后程序段中出现同一组的另一个 G 代码后才失效。

例如：

G00 X50.0 Y0 Z20.0;

Z0;

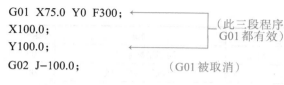

```
G01 X75.0 Y0 F300;
X100.0;
Y100.0;
G02 J-100.0;
```
（此三段程序
G01都有效）

（G01被取消）

6.2.2 非模态G代码

它也称为一次性G代码，只有在该程序段中有效，在G代码表中 "00" 组为非模态G代码，如G04、G27、G28、G30。

例如：

G04 X5;（机床停顿5s后取消）

6.2.3 特殊用途G代码

（1）G10可编程资料输入 指令G10后可将坐标系资料自动输入到机床参数中，无须先寄存。

（2）G54.1选择附加工件坐标系 指令G54.1后可选择P1～P48，48个附加工件坐标系供加工使用。

G54.1启用格式：

O0002

G90 G10 L20 P1 X-100.0 Y400.0 Z-100.0 B0;

G90 G10 L20 P48 X-300.0 Y300.0 Z-300.0

B180;

G54.1 P1 G90 G00 X0 Y0 S1500 M03;

G54.1 P48 G90 G00 X100.0 Y160 Z50.0;

M01;

（3）G15、G16极坐标指令

G15——极坐标功能关（OFF）。

G16——极坐标功能开（ON）。

（4）G50、G51比例缩放功能

G50——比例缩放取消（OFF）。

G51——比例缩放有效（ON）。

6.2.4 G代码的说明

1）有 "▲" 标记的G代码是开机就有效的G代码。

2）"00" 组的是一次有效的G代码。

3）G代码在一个程序段里不能超过5个。

4）当指定G代码列表以外的G代码时，系统会出现报警。

5）在同一程序段里不能同时使用同一组的G代码，如果使用了，则后指定的G代码有效。G代码列表见表6-1 。

表6-1 G代码列表

G代码	功能	组别	G代码	功能	组别
▲G00	快速定位	01	G04	暂停	00
G01	直线插补	01	G07	圆柱面插补	00
G02	（顺时针）方向圆弧插补	01	G09	准停	00
G03	（逆时针）方向圆弧插补	01	G10	可编程资料输入打开	07

（续）

G代码	功能	组别	G代码	功能	组别
G11	可编程资料输入关闭	07	G52	局部坐标系设定	00
G15	极坐标取消	16	G53	机械坐标系生效	00
G16	极坐标开	16	G54	工件坐标系1	11
▲G17	XY平面选择	02	G55	工件坐标系2	11
G18	XZ平面选择	02	G56	工件坐标系3	11
G19	YZ平面选择	02	G57	工件坐标系4	11
G20	寸制输入	08	G58	工件坐标系5	11
▲G21	米制输入	08	G59	工件坐标系6	11
▲G22	工作保护区打开	04	G60	单方向定位	00/01
G23	工作保护区关闭	04	G61	准停	12
G25	可编程镜像	24	G65	宏程序调用，一次调用	00
G26	切断主轴速率涨落检测	24	G66	调用模态宏程序	12
G27	参考点返回检测	00	G67	模态宏程序取消	12
G28	返回第一参考点	00	G68	旋转变换	05
G29	从参考点返回	00	G69	取消旋转变换	05
G30	返回到第2、3、4参考点	00	G73	啄进式钻孔循环	06
G33	螺纹切削，等螺距	01	G74	攻螺纹循环（左旋）	06
G37	刀具长度自动测量	17	G76	精密镗孔循环	06
G39	拐角偏移圆弧插补	17	▲G80	固定循环消除	06
▲G40	刀具补偿/刀具偏置注销	09	G81	钻孔循环	06
G41	刀具补偿—左	09	G82	钻孔循环镗阶梯孔	06
G42	刀具补偿—右	09	G83	深孔啄进式钻孔循环	06
G43	刀具长度补偿（＋方向）	10	G84	攻螺纹循环（右旋）	06
G44	刀具长度补偿（－方向）	10	G85	镗孔循环	06
G45	刀具半径补偿增加	00	G86	镗孔循环	06
G46	刀具半径补偿减少	00	G87	反镗孔循环	06
G47	刀具半径补偿二倍增加	00	G88	镗孔循环	06
G48	刀具半径补偿二倍减少	00	G89	镗孔循环	06
▲G49	取消刀具长度补偿	09	▲G90	绝对值指令编程	13
G50	取消比例缩放	04	G91	增量值指令编程	13
G51	比例缩放	04	G92	设定工件坐标系	00

（续）

G代码	功能	组别	G代码	功能	组别
G94	每分钟进给	14	▲G98	返回到起始点	15
G95	每转进给	14	G99	返回到R点	15

注：有▲的G代码是开电源有效。

6.3 辅助功能M代码和其他代码S、F、T

M代码又称为辅助功能代码，它是控制机床或系统开关的一种命令，如主轴正转、主轴反转、主轴停止和程序结束等。M代码有M00~M99共100种，但是由于数控机床制造厂家很多，在G代码表和M代码表中有不指定功能的和永不指定功能的，这些都给制造厂家预留了指定专项功能的空间，以便他们设定专项特定功能时使用。所以在使用G代码和M代码功能时，除按标准规定使用外，还必须根据制造厂家规定的功能使用。

6.3.1 常用的M代码

（1）M00——程序停止 程序开始执行后，当执行到M00时，机床将停止一切动作，再按启动按钮机床将恢复工作，继续执行下面的程序指令。M00一般都是单独成为一个程序段。

（2）M01——选择停止 此功能与M00基本相同，所不同的是由操作面板上的选择按钮来控制使用，当按钮转到开的位置（ON）且程序执行到M01时，机床停止；当按钮转到关的位置（OFF）且程序执行到M01时，指令被忽略，机床不停止，继续执行下面的程序指令。

（3）M02——程序结束 此指令表示程序加工结束，系统停留在此一单节上，如果要使系统回到程序开头，须将模式旋钮转到编辑位置（EDIT），再按一下复位键（RESET）即可。

（4）M03——主轴正转 面对工件，主轴以顺时针旋转。

（5）M04——主轴反转 面对工件，主轴以逆时针旋转。

（6）M05——主轴停止 命令主轴停止转动。

（7）M06——自动换刀 将所需要的刀具交换到机床主轴上。

（8）M08——切削液开 打开切削液。

（9）M13——主轴正转和切削液开 主轴正转和切削液开同时进行。

（10）M19——主轴定向停止 此功能主要用于交换刀具和特殊加工功能。

（11）M30——程序结束 此指令与M02不同的是，程序结束后，系统自动返回程序开头，以利于同一程序继续加工。

（12）M98——子程序调用　当系统读到此指令时，机床执行所指定的子程序。

（13）M99——子程序结束并返回主程序　当子程序执行完毕后，必须以此指令来返回主程序，以便机床继续执行下面的程序。

加工中心机床M功能，见表6-2。

表6-2　加工中心机床M功能列表

代码	功能	代码	功能
M00	程序停止	M19	主轴定向停止
M01	选择停止	M30	程序结束并返回开头
M03	主轴正转	M60	交换工作台
M04	主轴反转	M70	镜像取消
M05	主轴停止	M71	X轴镜像
M06	自动换刀	M72	Y轴镜像
M07	2号切削液开	M73	第四轴镜像
M08	切削液开	M98	子程序调用
M09	切削液关	M99	子程序结束并返回主程序
M13	主轴正转和切削液开			

6.3.2　其他辅助功能S、F、T代码

（1）S功能　又称为主轴转速功能，具体指令格式如下：

S200 M03；

表示主轴以200r/min的速度正向旋转。用切削速度求主轴转速公式如下：

$$S=\frac{1000v_c}{\pi D}=\frac{1000 \times 120}{3.14 \times 100} \text{（r/min）}$$

$$=382\text{r/min}$$

式中　S——主轴转速（r/min）；

v_c——切削速度（m/min）；

π——圆周率，按π=3.14计算；

D——刀具直径（mm），设D=100mm。

（2）F功能　又称为进给速度功能，主要是指令工具的进给量，指令格式如下：

F100；

表示每分钟进给100mm。根据工件材料性质和其他加工数据而定。

F功能一经指定后，如未被重新指定数据，则此进给量持续有效，直到被改变为止。

（3）T功能　又称为刀具功能。T后边的数字代表刀具的号码，当在程序段里使用T代码时，被呼叫的刀具转至换刀位置。例如：

G54 X0 Y0 Z0 S200 M03 T02；

表示2号刀转到换刀位置，准备换刀。

6.4　绝对值指令和增量值指令

6.4.1　绝对值指令

用终点位置的坐标值来指令编程（即从编程零点算起）。

指令格式：G90 X____ Y____ Z____;

6.4.2 增量值指令

用当前位置与终点位置的坐标值来指令编程。

指令格式：G91 X____ Y____ Z____;

例6-3 如图6-1所示，在立式加工中心上使刀具从编程零点至 *A* 点→ *B* 点→ *C* 点→ *D* 点→ *A* 点后返回零点。

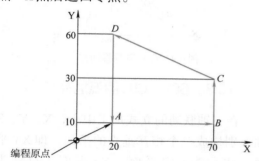

图6-1　点坐标值例一

（1）用G90绝对值编程

O0001

G90 X0 Y0；（设定工件零点）

G00 X20.0 Y10.0 Z−10.0；（定位到加工起点 *A* 点）

G01 X70.0 F80；（切削加工至 *B* 点）

Y30.0；（至 *C* 点）

X20.0 Y60.0；（至 *D* 点）

Y10.0；（至 *A* 点）

G00 X0 Y0 Z20.0；（返回到工件零点）

（2）用G91增量值编程

O0001

G91 X0 Y0；（设定工件零点）

G00 X20.0 Y10.0 Z−10.0；（定位到加工起点

A 点）

G01 X50.0 F80；（切削加工至 *B* 点）

Y20.0；（至 *C* 点）

X−50.0 Y30.0；（至 *D* 点）

Y−50.0；（至 *A* 点）

G00 X−20.0 Y−10.0 Z20.0；（返回到工件零点）

例6-4 如图6-2所示，在立式加工中心上使刀具从编程零点至 *A* 点→ *B* 点→ *C* 点→ *D* 点→ *F* 点后返回零点。

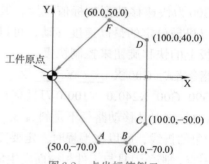

图6-2　点坐标值例二

（1）用G90绝对值编程

G90 G00 G54 X0 Y0；

G01 X50.0 Y−70.0 F100；

X80.0；

X100.0 Y−50.0；

Y40.0；

X60.0 Y50.0；

X0 Y0；

M30；

（2）用G91增量值编程

G90 G00 G54 X0 Y0；

G01 G91 X50.0 Y−70.0 F100；

X30.0；

X20.0 Y20.0；

Y90.0；

X−40.0 Y10.0；

X−60.0 Y−50.0；

M30；

6.5 插补功能

插补功能是G功能中最常用的也是最主要的功能。

6.5.1 G00快速定位

G00为快速移动到坐标值位置，其最快速度以机械设定的最高速度移动，可以用操作面板上的快移旋钮来控制快慢。

指令格式: G00 X＿＿＿ Y＿＿＿ Z＿＿＿;

G90 G00 X240.0 Y100.0刀具移动路径见图6-3。该刀具移动路径不是斜直线，而是成45°角的折线，所以在编程时一定要充分考虑这一点，避免刀具与工件相撞而发生危险。

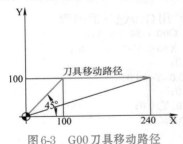

图6-3 G00刀具移动路径

6.5.2 G01直线插补

G01为直线切削至坐标值位置，其进给速度以指令的F值为准，单位为mm/min。

指令格式：G01 X＿＿＿ Y＿＿＿ Z＿＿＿ F＿＿＿;

G90 G01 X200.0 Y100 F200刀具移动路径见图6-4。该刀具移动路径是一条斜直线。

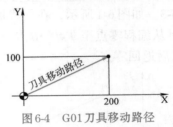

图6-4 G01刀具移动路径

6.5.3 G02、G03圆弧插补

在三轴联动的立式加工中心，X、Y、Z轴分别构成三个相互垂直的平面，即XY平面，也称为G17平面，XZ平面，也称为G18平面，YZ平面，也称为G19平面，具体位置见图6-5，圆弧插补指令方法见图6-6~图6-8。

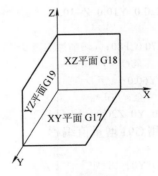

图6-5 三轴方位图

图 6-6　XY 平面 G17

图 6-7　XZ 平面 G18

图 6-8　YZ 平面 G19

对 X_P、Y_P 及 Z_P 轴，圆弧中心分别用地址 I、J、K 来指定，但 I、J、K 后边的数值是有方向的矢量值，是从起点至圆心的。不管是 G90 还是 G91，总是把它规定为增量值。具体形式见图 6-9~图 6-11。

图 6-9　G17 平面

图 6-10　G18 平面

当 I、J、K 值都是零时，可忽略不写。当 X、Y、Z 值被省略时，相当于圆弧起点与终点相同，圆弧中心就必须用 I、J、K 来指定，指定的是一个 360°的整圆。

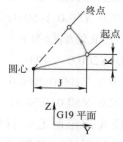

图 6-11　G19 平面

圆弧插补的指令格式：（G17 平面）

G02（G03）X__ Y __ R __ I __ J__ F__；

对于 G17 平面，I 值是 X 轴的矢量值，J 值是 Y 轴的矢量值，K 值是 Z 轴的矢量值。

在 G17 平面中，用 X、Y 两轴确定圆弧终点位置，用 I、J 确定圆心位置，也可用 R 值编程。

例 6-5　编制如图 6-12 所示 $A{\to}B{\to}C$ 圆弧的加工程序。

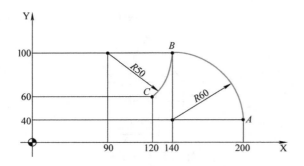

图6-12 G02、G03圆弧插补示意图

（1）用I、J值编程如下：

G54 G00 X200.0 Y40.0；

G03 X140.0 Y100.0 I−60.0 F300；

G02 X120.0 Y60.0 I−50.0；

（2）用半径R值编程如下：

G54 G00 X200.0 Y40.0；

G03 X140.0 Y100.0 R60.0 F300；

G02 X120.0 Y60.0 R50.0；

当用半径R指定圆心位置时，由于在同一半径R的情况下，从圆弧的起点到终点有两个圆弧的可能性，见图6-13。为区别二者，规定圆心角 $\alpha \leqslant 180°$ 时用 "+R" 表示，$\alpha > 180°$ 时用 "−R" 表示。

例6-6 编制如图6-13所示两圆弧的加工程序。

（1）铣圆弧2（凸）编程如下：

N10 G00 G54 X−35.355 Y−35.355 Z0；

N20 Z−10.0；

N30 G02 X35.355 Y35.355 R−50.0 F200；

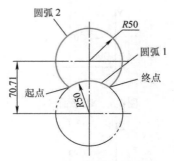

图6-13 圆心角大小示意图

（2）铣圆弧1（凹）编程如下：

N10 G00 G54 X−35.355 Y−35.355 Z0；

N20 Z−10.0；

N30 G02 X35.355 Y−35.355 R50.0 F200；

6.5.4 用I、J矢量值指令加工圆弧（G17平面）

在G17平面加工大于180°的圆弧，虽然用R半径指令可以加工，但会加大圆度误差，尤其是加工一个360°的整圆，X轴、Y轴起点与终点是同一个点，用半径R指令加工无法实现。所以在加工整圆弧（360°）时必须用I、J值指令，对于大于180°的圆弧也尽可能采用I、J值指令，以减小圆度误差。在使用I、J值时一定注意正负方向，不然容易出错，在判断I、J正负值之前，首先要搞清X轴、Y轴四个象限的正负值指令，见图6-14。

如果把O点作为坐标原点，在第Ⅰ象限X轴、Y轴都取正值；在第Ⅱ象限X轴取负

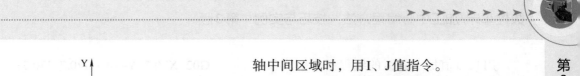

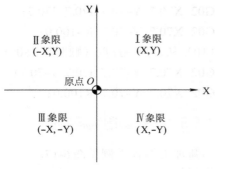

图 6-14 象限示意图

值，Y 轴取正值；在第Ⅲ象限 X 轴、Y 轴都取负值；在第Ⅳ象限 X 轴取正值，Y 轴取负值。

　　根据 I 值是 X 轴的矢量和 J 值是 Y 轴的矢量，可作 X、Y 坐标与 I、J 值正负方位图，见图 6-15。

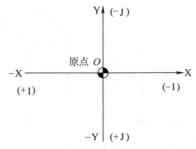

图 6-15 I、J 值正负方位图

　　为了编程时便于记忆，归纳以下四条（G17 平面）：

　　1）从刀具起点看圆心（原点），起点在 X 轴上时，用 I 值指令；起点在 Y 轴上时，用 J 值指令。

　　2）从刀具起点看圆心，起点在 X 轴、Y 轴中间区域时，用 I、J 值指令。

　　3）从刀具起点看圆心，圆心在起点上方和右方时，I、J 都用正值指令；圆心在起点下方和右方时，I 用正值指令；J 用负值指令。

　　4）从刀具起点看圆心，圆心在起点上方和左方时，I 用负值指令，J 用正值指令；圆心在起点下方和左方时，I、J 都用负值指令。

　　为了能充分理解以上四条，现以图 6-16 举例说明。同时说明圆弧插补 G02、G03 在整圆中点与点间编程方法和指令格式。

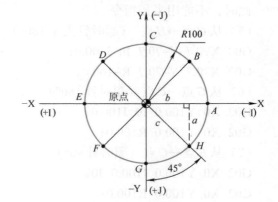

图 6-16 圆弧插补 I、J 值编程图

先求 a、b 坐标值：

$a=100×\sin\alpha$

　　$=100×0.707$

　　$=70.7$

$b=a=70.7$

用I、J值加工圆弧的编程指令格式和用半径R值编程指令格式如下：

（1）从A点→C点　（逆时针90°）

G03　X0　Y100.0　I−100.0　J0；

G03　X0　Y100.0　R100.0；

（2）从A点→G点　（逆时针大于180°）

G03　X0　Y−100.0　I−100　J0；

G03　X0　Y−100.0　R−100.0；

（3）从H点→E点　（逆时针大于180°）

G03　X−100.0　Y0　I−70.7　J70.7；

G03　X−100.0　Y0　R−100.0；

（4）从A点→A点　（逆时针整圆）

G03　X100.0　Y0　I−100.0　J0；

此时，不能用半径指令。

（5）从G点→H点　（顺时针大于180°）

G02　X70.7　Y−70.7　I0　J100.0；

G02　X70.7　Y−70.7　R−100.0；

（6）从G点→C点　（顺时针180°）

G02　X0　Y100.0　I0　J100.0；

G02　X0　Y100.0　R100.0；

（7）从E点→C点　（顺时针90°）

G02　X0　Y100.0　I100.0　J0；

G02　X0　Y100.0　R100.0；

（8）从B点→F点　（逆时针180°）

G03　X−70.7　Y−70.7　I−70.7　J−70.7；

G03　X−70.7　Y−70.7　R100；

（9）从F点→H点　（顺时针大于180°）

G02　X70.7　Y−70.7　I70.7　J70.7；

G02　X70.7　Y−70.7　R−100.0；

（10）从D点→H点　（顺时针180°）

G02　X70.7　Y−70.7　I70.7　J−70.7；

G02　X70.7　Y−70.7　R100.0；

6.5.5　圆弧切削编程实例

圆弧加工编程举例见图6-17。

编程如下：

G90　G54　G00　X125.0　Y40.0；

G01　Y60.0　F240；

G03　X110.0　Y75.0　I0　J15.0；（G03　X110.0　Y75.0　R−15.0；）

G02　X80.0　Y75.0　I−15.0　J0；（G02　X80.0　Y75.0　R15.0；）

G00　X0　Y0；

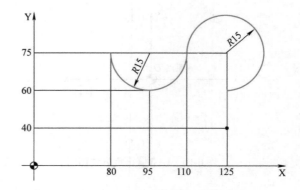

图6-17　圆弧加工编程举例

6.5.6　圆弧切削加工实例（刀具移动轨迹坐标图）

圆柱齿轮壳铣平面刀具移动轨迹，见图6-18。

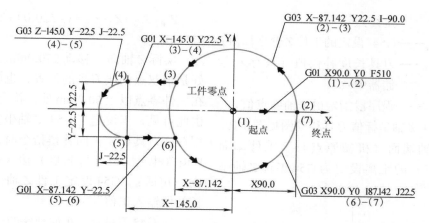

图6-18　圆柱齿轮壳铣平面刀具移动轨迹

注：刀具从（1）点→（2）点→（3）点→（4）点→（5）点→（6）点→（7）点回（2）点
（刀具轨迹坐标分别标于图示点位置）。

图6-18所示为在G17平面内。程序中X、Y用于确定圆弧终点的位置，I、J用于确定圆心的坐标（采用I、J矢量值加工圆弧）。

6.6 刀具补偿功能

刀具补偿功能又称为刀具偏置功能。在加工中心上将不同长度、不同直径的刀具差值存入刀补存储器中，待加工工件时通过指令调用这些刀具偏置值，使所有刀具都能按照统一的工件坐标系进行加工的功能。

6.6.1 刀具长度补偿

G43——刀具长度正向补偿（正偏置）。

G44——刀具长度负向补偿（负偏置）。

G49——刀具长度补偿取消。

H——刀具长度补偿的存储地址（H后边的数字是补偿单元号码）。

1. G43刀具长度正向补偿的第一种用法

当G43被指定时，系统会将H号码指定的刀长偏置值与程序中指定的终点坐标值和工件坐标系设定的G54 Z轴坐标值相加，然后机床Z轴按照运算后的最终坐标值移动，Z移动由下式求得

$$Z_{移} = Z_{设} + Z_{H} + Z_{程}$$

式中　$Z_{移}$——Z轴从机械原点至程序指

定终点；

$Z_设$——G54 设定的工件Z轴坐标值；

Z_H——刀具长度补偿值（被存入存储器中）；

$Z_程$——程序段指定的Z轴终点值。

设G54 Z轴坐标值刀具移动图见图6-19。图中把主轴端面（机械原点）至工件端面（工件零点）的距离设定为G54工件Z轴坐标值。

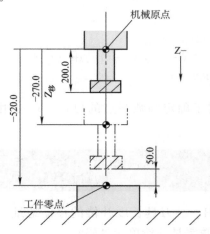

图6-19　设G54 Z轴坐标值刀具移动图

即 G54　X—

　　　　Y—

　　　　Z—−520.0

将刀长200.00输入到H01存储器中，执行下列程序：

G90 G00 G54 G43 X0 Y0 Z50.0 H01；

根据G43刀具长度正向补偿原理

$Z_移=Z_设+Z_H+Z_程=（−520.0）+200.0+50.0=−270.0$

实际Z轴向下移动270.0mm，此位置正好是细双点画线刀具的位置，也就是刀具停在工件零点以上50.0mm处，符合程序要求。由此可见，当设定了G54 Z轴坐标值后，采用G43刀具长度正向补偿指令时，刀长补偿H值（也就刀具实际长度）输入正值，总结成一句话："G54设定工件Z轴坐标值，刀长补偿输入正值"。

2. G43刀具长度正向补偿的第二种用法

如果将G54 Z轴工件坐标系设成"0"，即 G54 Z=0，等于Z轴机械原点就是工件零点。

当执行G90 G00 G54 Z0时，机床不会移动。此时要把刀长补偿值200.0加入到程序中，执行如下程序：

G90 G00 G54 G43 Z0 H01；

$Z_移=Z_设+Z_H+Z_程=0+200.0+0=200.0$

得出的是正值，刀具要向上移动200.0mm，实际Z轴已经在机床最高点，再向上移动必然超越行程，因此刀长补偿值输入正值是行不通的，见图6-20。

得出结论：不设定G54 Z轴工件坐标系，用G43指令时，刀长补偿值H不能输入正值。

如果将刀长补偿值输入负值，即H01=−200.0，执行如下程序：

G90 G00 G54 G43 Z0 H01；

$Z_移=0+（−200.0）+0=−200.0$

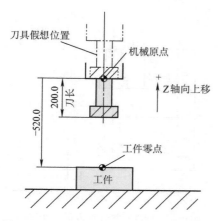

图6-20 不设 G54 Z轴坐标值刀具移动图

Z轴向下移动200.0mm（一个刀长），见图6-21。

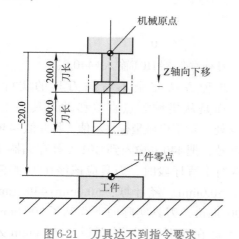

图6-21 刀具达不到指令要求

虽然刀具移动的方向正确，但仍然没有达到程序要求的工件零点位置。

那么怎样才能使刀具移动与程序要求相符呢？在现场实践中，工人师傅总结出了一个好的对刀方法，即将刀具下端面至工件零点的距离作为刀长补偿值，输入到刀长补偿存储器中，见图6-22。

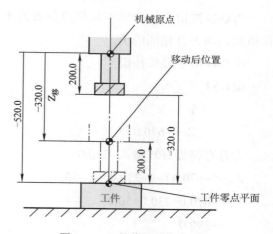

图6-22 刀具移动与指令重合

刀长补偿值 H01=−320.0（刀具位置与程序符合）。

如图6-22所示，通过对刀，机械坐标向下移动了−320.0mm（此值已将刀长含在其中），将−320.0输入到 H01 刀长补偿存储器中。执行下列程序：

G90 G00 G54 G43 Z0 H01；

$Z_{移}=0+(−320.0)+0=−320.0$

Z轴向下移动320.00mm，正好达到工件零点平面，与程序指定的终点坐标相符，符合编程要求。因此得出结论：在不用 G54 设定Z轴坐标系（G54 Z=0），只用G43指令刀长补偿时，刀补输入负值，而且此值是刀具下端面至工件Z轴零点的距离。

3. G44刀具长度负向补偿

当G44被指定时，等于从终点位置的坐标值减去与刀补相同的值。

用G44指令刀长补偿。

设 G54　X＿＿

　　　　Y＿＿

　　　　Z—–670.0

刀补存储器H01输入–230.0。

$Z_{移}$=（–670.0）–（–230.0）–（–50.0）

　　=–670.0+230.0+50.0

　　=–390.0

执行 G90　G00　G54　G44　Z50.0　H01时，如图6-23所示，Z轴实际移动了–390.0mm，符合编程要求。如果将H01输入+230.0刀补值，则

$Z_{移}$=（–670.0）–230.0–（–50.0）=–850.0

Z轴超出工件零点平面，发生撞刀，不可使用，所以当设定了 G54工件Z轴坐标值（G54 Z≠0）后，且用G44指令刀长补偿时，补偿值必须是负值。

如果将G54 Z轴设成"0"，即 G54 Z=0，然后仍然指令G44刀长补偿值（刀补值取正值）。

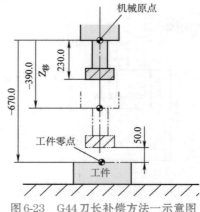

图6-23　G44刀长补偿方法一示意图

执行 G90　G00　G54　G44　Z50.0　H01时，用G44指令刀长补偿。

设 G54　X—

　　　　Y—

　　　　Z—0

刀补存储器H01输入+440.0。

此种方法完全不考虑刀具的实际长度，而是从机械零点直接移动刀具到工件零点处，记下机械坐标显示值，将此值–440.0去负号，把440.0输入到H01刀补存储器中。当执行上程序段时，刀具应该停在工件零点以上50.0mm。经计算：50.0mm–440.0mm=–390.0mm，刀具实际向下移动了390.0mm，正好是在工件零点平面以上50.0mm处，符合编程要求，见图6-24。

4. G43、G44的实际使用经验

G43、G44的实际使用经验有两条：

1）在设定了 G54~G59工件坐标系Z轴

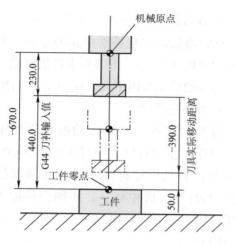

图 6-24　G44 刀长补偿方法二示意图

偏置后（G54 Z≠0）：

　　用 G43 指令时，刀长补偿 H 值输入正值。

　　用 G44 指令时，刀长补偿 H 值输入负值。

　　2）不设定 G54~G59 工件坐标系 Z 轴偏置（G54 Z=0），而是采用直接对刀取得刀长补偿值的方法：

　　用 G43 指令时，刀长补偿 H 值输入负值。

　　用 G44 指令时，刀长补偿 H 值输入正值。

　　这两条一定要记住（两种方法正负相反）！

5. G49 取消刀具长度补偿

　　指令 G49 时，H 代码存储值不被加减到程序中，刀长补偿值被取消。

　　具体应用在程序段开头或退刀，例如：

O0001

G40 G49 G80；

G91 G28 Z0；（定位至 Z 轴零点）

M06 T01；

G90 G00 G54 G43 X0 Y0 Z20.0

H01 S360 M03；（调用刀补）

G01 Z−36.0 F100.0；（带刀长补偿加工）

G00 Z20.0；（带刀补）

G49；（刀长补偿被取消）

G91 G28 Z0；（回 Z 轴零点）

6.6.2　刀具半径补偿

　　G41——刀具半径左补偿。

　　G42——刀具半径右补偿。

　　G40——刀具半径补偿取消。

　　D——刀具半径补偿值存储地址（D 后边的数字是补偿单元号码）。

1. 刀具半径补偿的目的

　　在加工中心上进行外轮廓加工时，因为所使用的铣刀直径大小不一样，在编程时，都是用铣刀的中心（也是主轴回转中心）作为编程的基点，如果不做刀具半径补偿（刀具偏置），则刀具中心运动轨迹与工件外轮廓重合，如图 6-25 所示。

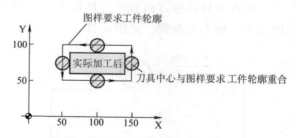

图 6-25　不用刀具半径补偿时加工示意图

　　如按图 6-25 所示加工，必然将工件外轮廓多铣一部分，造成废品。刀具半径补偿功能，就是让刀具中心偏移一个刀具半径值。

使铣刀外圆切削刃与工件外轮廓重合，达到加工的目的。但在具体编程时，仍然用刀具中心轨迹编程，当指令 G41 时，刀具向左移动一个刀具半径值；当指令 G42 时，刀具向右移动一个刀具半径值。当然在执行 G41、G42 时，要预先在刀具半径存储器中存入刀具半径值。

2. G41 刀具半径左补偿

顺着刀具前进方向看，刀具位于工件左边加工，称为左补偿，见图 6-26。

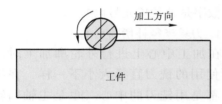

图 6-26 G41 刀具半径左补偿示意图

3. G42 刀具半径右补偿

顺着刀具前进方向看，刀具位于工件右边加工，称为右补偿，见图 6-27。

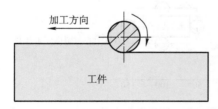

图 6-27 G42 刀具半径右补偿示意图

4. G40 刀具半径补偿取消

指令 G40 时，刀具取消半径补偿。

5. D 刀具半径补偿值的存储地址

D 后边的数字是补偿单元的号码。例如 D23、D01、D18 等，把刀具半径值存储在相对应的补偿单元号码中，以便加工时调用。

6. 具体使用格式及应用

刀补的建立必须在运动的程序段中完成。因此，在编程格式中写入 G00 或 G01 移动指令，刀具半径补偿不可以在圆弧插补 G02、G03 程序段中建立，否则会使加工的圆弧错误，另外在程序结束前应取消刀具半径补偿。

刀具半径补偿的指令格式：

G00 G41 X ＿＿＿ Y ＿＿＿ D＿＿＿；或
G01 G41 X ＿＿＿ Y ＿＿＿ D ＿＿＿ F＿＿＿；
G00 G42 X＿＿＿ Y ＿＿＿ D ＿＿＿；或
G01 G42 X＿＿＿ Y ＿＿＿ D ＿＿＿ F＿＿＿；

例 6-7 加工如图 6-28 所示工件外轮廓。

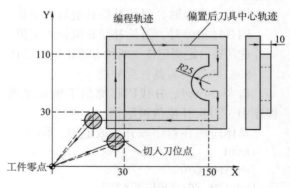

图 6-28 铣外轮廓（一）

注：用 φ20mm 立铣刀在 40 号半径补偿单元中输入 10.0。

编程如下：

G90 G00 G54 X0 Y0；

G43 Z−10.0 H08 S450 M03；

G41 X30.0 Y18.0 D40；

G01 Y110.0 F60；

X150.0；

Y95.0；

G03 X150.0 Y45.0 R25.0 F40；

（或 G03 X150.0 Y45.0 J−25.0；）

G01 Y30.0 F60；

X10.0；

G00 G40 X0 Y0；

M30；

例 6-8 用 G42 铣外圆弧，见图 6-29。

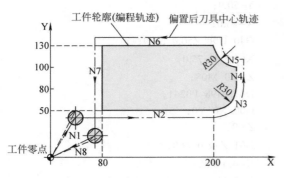

图 6-29　铣外轮廓（二）

注：用 φ20mm 立铣刀在 20 号半径补偿单元中输入 10.0。

编程如下：

N1 G90 G00 G54 G42 X60.0 Y50.0 D20；

N2 G01 X200.0 F80；

N3 G03 X230.0 Y80.0 R30.0 F60；

N4 G01 Y100.0 F80；

N5 G02 X200.0 Y130.0 R30.0 F60；

N6 G01 X80.0 F80；

N7 Y35.0；

N8 G00 G40 X0 Y0；

M30；

注意：N7 程序段中如果 Y 轴不经过加工表面就直接退刀，加工后的工件形状与要求不符。因此必须延长一个刀具直径以上的距离，取消刀具半径补偿后再退刀。

7. 关于 G41、G42 刀具半径补偿的特殊用法

在正常情况下，刀补值输入的都是正值，即（+）；如果刀补值输入了负值，即（−），那么会使 G41、G42 指令发生根本的变化。就等于把 G41、G42 互换，即 G41 左补偿变成了右补偿，G42 右补偿变成了左补偿。

图 6-30 所示为 G42 刀具半径右补偿的正常加工情况，刀具向右移动了补偿值 10mm，铣刀外圆切削刃正好与 φ100mm 编程圆相切，可以加工出符合要求的外圆工件。如果刀具半径补偿值输入 "−10.00"，则加工发生了根本的变化，如图 6-31 所示，相当于指令了 G41 左补偿，刀具相对 φ100mm 向左移动了 10mm。

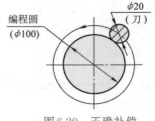

图 6-30　正确补偿

如果照此加工一个整圆，那么是一个ϕ100mm的圆孔。由于这一特殊性，当使用指令G41、G42时，要特别注意刀具半径补偿值的正负。

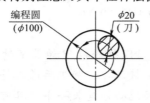

图6-31 错误补偿

8. 编程实例

用刀具半径补偿功能铣内圆及外形，见图6-32。

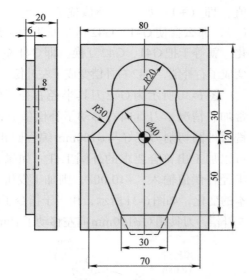

图6-32 模具零件图

使用刀具：T1——ϕ20mm键槽刀，刀具半径补偿号D01。

T3——ϕ20mm立铣刀，刀具半径补偿号D03。

使用机床：VX500加工中心，数控系统为FANUC 0i-A。

加工程序：

```
O0240
G40 G80 G49；
G91 G28 X0 Y0 Z0；
M06 T01；
N1 G90 G00 G54 X-50.0 Y-80.0；
G43 Z50.0 H01 M03 S360 T03；
Z-6.0 M08；
G01 G41 X-35.0 Y-62.0 D01 F500；
Y50.0 F120；
X35.0；
Y-50.0；
X-45.0；
G40 G00 Z50.0 M09；
X60.0 Y-75.0；
Z-6.0 M08；
D01 M98 P0241；
G00 X0 Y0；
Z3.0；
G01 Z-8.0 F60；
X-4.0 F80；
G03 I4.0；
G01 X-8.0；
G03 I8.0；
G01 X-12.0；（考虑T03刀下刀安全，这里
```
扩孔）
```
G03 I12.0；
G00 Z50.0 M05；
G91 G28 Z0；
M06；
```

N2 G90 G00 G54 X0 Y0;
G43 Z50.0 H03 M03 S450;
Z0;
G01 Z-8.0 F500 M08;
G00 G41 X-10.0 Y10.0 D03;
G03 X-20.0 Y0 R10.0 F120;
I20.0;
G03 X-10.0 Y-10.0 R10.0;
G00 G40 Z50.0;
X60.0 Y75.0;
Z-6.0;
D03 M98 P0241;
G91 G28 X0 Y0 Z0;
M06 T01;
M30;
　子程序：
O0241
G00 G41 X42.0 Y-50.0;
G01 X-15.0 F120;
X-35.0 Y0;
G03 X-20.0 Y30.0 R30.0;
G02 X20.0 Y30.0 R20;
G03 X35.0 Y0 R30.0;
G01 X9.0 Y-65.0;
G40 G00 Z50.0;
M99;

9. 使用刀具半径补偿应注意的问题

1）建立刀具半径补偿要在刀具切入工件轮廓之前，而且刀具必须在所补偿的平面内有坐标轴移动指令，即在 G00 或 G01 程序段内，移动值必须大于刀具半径补偿值。

2）G41、G42 不能重复使用，即在一个程序段已经有了 G41 指令或正在执行 G41 的程序段，不能在下一个程序段直接使用 G42 指令，若要使用，则必须先用 G40 取消刀具半径补偿后，再使用 G41 或 G42 功能，否则补偿就不正常了。

3）取消刀具半径补偿也要在切出工件轮廓之后，不能在刚好切完轮廓终点后，马上取消刀具半径补偿，应使刀具沿工件轮廓多离开一段距离再取消刀具半径补偿，以免刀具切不出正确的轮廓外形（如图 6-32 中的虚线延长部分）。

4）避免产生过切现象。在建立刀具半径补偿程序段后，如果有两个以上程序段内无坐标轴移动指令，将会导致过切现象。

如下程序段：

N1 G90 G00 G54 X0 Y0;
N2 G43 Z100.0 H01 S360 M03;
N3 G41 X-50.0 Y-80.0 D01;（建立了刀具半径左补偿）
N4 G00 Z0;
N5 G01 Z-6.0 F80;　　←　（两个程序段都有 Z 轴移动）
N6 Y50.0 F120;
N7 X35.0;

由于 N4、N5 连续两个程序段都没有 X、Y 轴平面内坐标移动，系统无法判断下一步补偿的矢量方向，所以将产生过切现象，应避免出现这样的程序。把上程序段改成：

N2 G43 Z3.0 H01 S360 M03;（直接快进到工件上方 3mm）
N3 G41 X-50.0 Y-80.0 D01;
N5 G01 Z-6.0 F80;（将 N4 程序段取消即可）

6.7 加工中心安全操作须知

6.7.1 机床开动与工件加工前的准备工作

1）机床通电后，检查各开关、按键是否正常、灵活，机床有无异常现象。

2）检查电压、油压、气压是否正常，有需手动润滑的部位要进行手动润滑。

3）将各坐标轴手动归零（机床参考点），若某轴在回零点位置前已在零点位置，则必须先将该轴移动到距离零点100mm以外的位置，然后再进行手动回零点。

4）在进行工作台回转交换时，台面上、导轨上、护罩上不得有异物。

5）为了使机床达到热平衡状态，需使机床空运转15min以上。

6）工件加工程序输入完毕后，需认真校对代码指令、地址、数值、正负号、小数点及格式，以保证程序准确无误。

7）按工艺安装找正好夹具，确定工件坐标系的零点位置。

8）将工件坐标系的数值输入到工件坐标系设定页面，注意正负号和小数点的正确。

9）测量刀具长度和直径，将刀长和半径补偿值输入到所对应的补偿刀具号码页面中，注意正负号和小数点的正确。

10）在未装夹工件前，需空运行一次程序，检查程序能否顺利执行，是否存在错误和换刀干涉、超越行程等现象。有图形显示功能的机床，可查看各刀具的移动轨迹与加工要求是否相符。

11）安装工件后，要注意螺钉压板等夹辅具与刀具及运动轨迹是否有干涉现象，如发生干涉应立即改正。

12）检查所有参加加工的刀具是否符合工艺要求，注意刀头的安装方向与旋转方向是否符合程序要求，查看每把刀柄在主轴锥孔中是否都能拉紧。

6.7.2 工件在加工中应注意的事项

1）在开始加工前要根据工艺图样、加工程序和刀具调整卡片进行程序段的试切。单段试切削时，快移倍率开关必须置于较低速档。

2）每把刀首次使用前，必须先验证它的实际长度与所给定的补偿值是否相符。

3）在程序运行中，要重点观察以下几种显示：

① 坐标显示：观察目前刀具运动点在机床坐标系及工件坐标系中的位置，了解这一程序段的移动量，还剩余多少移动量等。

② 寄存器和缓冲寄存器显示：可看出正在执行程序段各状态指令和下一程序段的内容。

③ 主程序和子程序：可了解正在执行

程序段的具体内容。

4）试切进刀时，在刀具运行至工件表面30~50mm处，应在进给保持状态下，验证Z轴剩余坐标值和X、Y轴坐标值与加工图样是否一致。

5）对一些有试刀要求的刀具可采用渐进进刀法，如镗孔刀可先试镗一小段长度，检测合格后，再镗到整个长度。使用刀具半径补偿功能的刀具数据，可由大到小，边试切边修改。

6）试切和加工中，刃磨刀具和更换刀具辅具后，一定要重新测量刀长并修改好刀补值和刀补号。

7）程序检索时，应注意光标所指位置是否合理、准确，并观察刀具与机床运动是否正确。

8）程序修改后，对修改部分一定要仔细计算和认真核对。

9）手动操作时，必须注意各种开关的位置是否正确，弄清正负方向，认准按键，然后再进行操作。

6.7.3 加工完毕应注意事项

1）全批零件加工完毕后，应核对刀具号、刀补值，使其刀具偏置页面、调整卡及工艺中的刀具号、刀补值完全一致。

2）从刀库中卸下刀具，按调整卡或程序清单编号入库。

3）录入磁带、软盘与工艺刀具调整卡成套入库。

4）卸下夹具，某些夹具应记录安装位置及方法，并做记录、存档。

5）清扫、擦洗、保养机床。

6）将各坐标轴停在中间位置。

第7章 工件坐标系的设定

7.1 坐标系的确定

加工中心是受系统发出的指令来控制和移动的，为了确定机床的运动方向和移动距离，有必要在机床上建立一个坐标系，这个坐标系称为机床坐标系。

机床坐标系是由坐标轴组成的，一般加工中心都有三个坐标轴，即X轴、Y轴、Z轴，这三个相互在空间垂直的坐标轴，构成了一个完整的坐标系。

国家标准规定无论是工件移向刀具，还是刀具移向工件，都永远假定刀具对工件运动。为了便于区分运动方向还规定：工件相对刀具运动的机床（刀具是静止的），以程序轴X、Y、Z字母右上角加"′"来表示，见图7-1。不带"′"表示刀具相对工件移动（工件是静止的），见图7-2。

方式的不同，X轴、Y轴正负方向正好相反。对于编程人员可不考虑这些，直接以工件是静止的、刀具相对工件做切削进给进行编程。

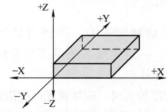

图7-2　刀具相对工件移动

对于操作人员来说，一般是以图7-1判断正负。操作者站在机床前，面对工作台和机床主轴，工作台向左手方向移动为正向（+X），工作台向右手方向移动为负向（–X），即左正右负；

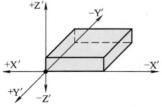

图7-1　工件相对刀具移动

由图7-1和图7-2可知，由于运动（进给）

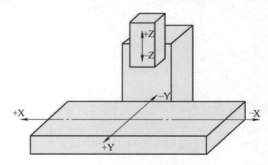

图7-3　坐标轴正负示意图

工作台向前方移动为负向（–Y），工作台向后方移动为正向（+Y），即前负后正；Z轴向下移动为负（–Z），向上移动为正（+Z），即上正下负，见图7-3。

7.2 机床坐标系的零点位置

7.2.1 第1参考点

机床上某一特定的点可作为该机床的参考点，也称为机床零点。机床制造厂家为每台出厂机床设定了零点。

机床的零点一般都设定在坐标轴的正向极限位置处，也有的机床将零点设在X轴正负中间处，还有的机床将零点设定在X轴负向极限位置处。

机床通电后，可以用手动返回参考点，或者用G91 G28 X0 Y0 Z0指令返回参考点。当机床返回参考点后，X轴、Y轴、Z轴的零点指示灯全部亮起，表示机床已回零完毕。此时查看显示屏机械坐标显示值，X轴、Y轴、Z轴都应是零，此点也被称为第1参考点。它是设定工件坐标系的起始点，也是其他参考点的基准点。各点的坐标值，由此点算起。

7.2.2 第2参考点

第2参考点用G91 G30 X0 Y0 Z0指令，此点在一般机床上是换刀点，也是由厂家设定好的。除了Z轴设定值不可以更改外，其他两轴允许现场改动。

7.2.3 第3、第4参考点

第3、第4参考点一般是工作台交换时的位置，也是由厂家设定好的。1~4参考点在机床参数No.1240~No.1243中设定。

7.3 建立工件坐标系

为加工工件而设定的坐标系，称为工件坐标系。

设定工件坐标系的目的是使工件在机床上有一确定的位置，机床各轴移动值都与工件尺寸相符，以便加工出合格的工件。

工件坐标系的设定通过对刀来完成（也称为工件偏置），它有6个坐标系G54~G59，供选择使用，在FANUC 18*i*-M系统中，又增加了48个坐标系供选用。

7.3.1 G54~G59工件坐标系的设定方法

不设Z轴偏置的方法。

首先将机床各轴返回参考点（清零），移动 X、Y 轴使机床主轴与工件的加工零点或工件加工的起始点重合，查看机械坐标值，将此值连同正负号一同输入到 G54 所对应的各轴存储器中。

1. 以工件两侧面设定工件坐标系的方法

例 7-1 加工图 7-4 所示的正方形，以 A 点为工件加工起始点（工件零点）。

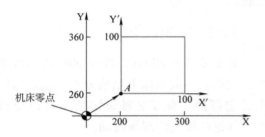

图7-4 G54设定工件坐标系示意图

（1）设定工件坐标系的操作步骤

1）手动机床回零，X 轴、Y 轴、Z 轴坐标显示值都是零，见图 7-5。

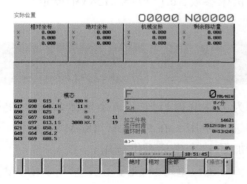

图7-5 机床回零坐标显示

2）在没有寻边器的情况下，在机床主轴装入一个检验棒或铣刀，手动移动工作台使检验棒外圆轻轻接触工件左侧面，记下机械坐标 X 轴显示值：X-200.0，再移动工作台使检验棒外圆轻轻接触工件下平面，记下机械坐标 Y 轴显示值：Y-260.0，见图 7-6。

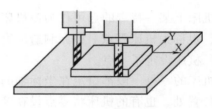

图7-6 对刀示意图

3）用 X 轴机械坐标值减去检验棒半径 10mm，即 200.0-10.0=190.0；用 Y 轴机械坐标值减去检验棒半径，即 260.0-10.0=250.0。

4）把 X-190.0、Y-250.0 输入到 G54 工件坐标系存储器中，输入完毕后，G54 工件坐标显示见图 7-7。

5）对刀完毕，移动机床主轴离开工件表面，重新回零，以 A 点为工件零点的坐标系建立完成。

当执行 G90 G00 G54 X0 Y0 程序段时，不管机床在什么位置，都会以 G00 快速移动到 A 点，并以此点作为工件零点开始加工。

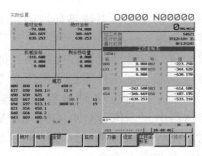

图 7-7 G54 工件坐标显示

（2）加工程序

G01 X100.0 F80;

Y100.0;

X0;

Y0;

2. 以工件中心设定工件坐标系的方法

例 7-2 镗孔和钻四孔（法兰盘），以法兰盘 ϕ50mm 内孔中心作为工件零点，见图 7-8。

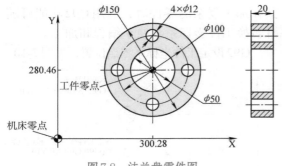

图 7-8 法兰盘零件图

（1）设定工件坐标系的操作步骤

1）将工件固定在机床工作台上，将机床 X、Y、Z 三轴回零，查看机械坐标显示都是零。

2）在机床主轴装入一个杠杆指示表，

移动机床使杠杆指示表测头接触工件内孔壁，手动转动主轴找正内孔与机床主轴同轴（主轴转一周，表针移动不超过 0.02mm）。

3）查看机械坐标显示值：X-300.28 Y-280.46，将此值连同正负号一同输入到 G55 工件坐标系存储器中，见图 7-9。

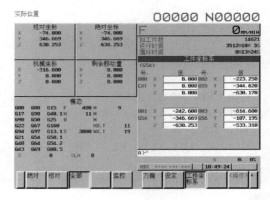

图 7-9 G55 工件坐标显示

4）对刀完毕，移动机床主轴离开工件表面，重新回零。以工件中心为零点的工件坐标系建立完成。

当执行 G90 G00 G55 X0 Y0 程序段时，机床以 G00 快速定位在工件中心。

（2）具体使用刀具

T1——ϕ50mm 精镗刀，刀补值 H01=-375.0。

T2——ϕ12mm 钻头，刀补值 H02=-481.50。

（3）工件坐标系

G54 X-300.28

Y-280.46

Z0

（4）工艺内容　精镗孔，钻4个φ12mm孔。

（5）加工程序

O0001

G40 G80 G49；（取消各种补偿）

G91 G30 Z0；（返回参考点）

M06 T01；（换1号刀）

G90 G00 G55 X0 Y0；（定位到工件零点）

G43 Z50.0 H01 S500 M03；（Z轴定位，开主轴）

G01 Z3.0 M08 F2000；（至工件上平面）

Z-23.0 F80；（Z轴进刀）

G00 Z50.0 M09；（Z轴提刀）

G91 G30 X0 Y0 Z0；（回第2参考点）

M06 T02；（换2号刀）

G90 G00 G55 X50.0 Y0；（定位到工件一孔位置）

G43 Z50.0 H02 S750 M03；（Z轴定位，开主轴）

Z20.0 M08；（Z轴定位至工件上面20mm处）

G81 G99 Z-24.0 R3.0 F100；（执行钻孔循环功能）

X0 Y50.0；（钻2孔）

X-50.0 Y0；（钻3孔）

X0 Y-50.0；（钻4孔）

G80 G00 Z50.0 M09；（取消钻孔循环，Z轴提刀）

G91 G30 X0 Y0 Z0；（回第2参考点）

M06 T01；（换1号刀）

M30；（程序结束）

7.3.2　G92预置寄存工件坐标系的设定方法

在程序段中，G92后面标定数值就可以设定工件坐标系。但G92的功能是寄存功能，而非移动功能，系统是如何确认工件坐标系零点的呢？

前面讲过G54设定工件坐标系，即机床返回参考点后，把工件零点与机床参考点的距离（X轴、Y轴、Z轴坐标值）输入到G54存储器中。当执行G00 G54 X0 Y0 Z0指令时，工作台即可移动到工件坐标系的零点（刀位点与零点重合）。

G92的基本功能与G54一样，所不同的是G54的对刀起点必须是参考点，而G92的对刀起点却是任意的，也就是说机床在任何位置都可以通过G92指令设定工件坐标系。只要使用G92指令功能，在它后边标定的X轴、Y轴、Z轴坐标值就将被系统寄存，而这些坐标值就是刀具位置坐标与工件坐标系零点坐标的差值。

由于这一功能使G92使用非常方便，尤其在加工复杂的零件时，利用G92功能可随意转换工件坐标系，便于编程和加工。

G92设定工件坐标系零点位置，见图7-10。

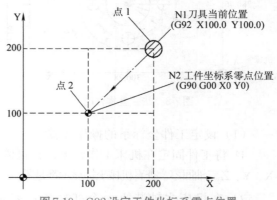

图7-10　G92设定工件坐标系零点位置

编程指令：

N1 G92 X100.0 Y100.0；

N2 G90 G00 X0 Y0；

当系统执行 N1 G92 X100.0 Y100.0 时，不管原来显示屏显示的绝对坐标值是多少，此刻变为X100.0 Y100.0，但工作台不移动。

当系统执行 N2 G90 G00 X0 Y0 时，工作台快移到点2处（工件零点）。由此可见，G92 设定的工件坐标值是这一点至工件零点的绝对坐标值。也就是通过设置某一点相对工件零点的坐标值来设定工件坐标系。

执行返回工件零点时，工作台移动的方向与G92的标定值正负相反，即标定是"正值"则向"负向"移动，标定是"负值"则向"正向"移动。

例 7-3 铣正四边形。

（1）设定工件坐标系 图7-11所示没用G54 设定工件坐标系，而是将工件零点至主轴刀位点的三轴（X轴、Y轴、Z轴）距离用G92指令设定，即G92 X260.0 Y340.0 Z420.0，以此来确定工件零点的位置，以方便编程加工。

（2）刀具半径补偿 为保证切线进给加工，刀具半径补偿开始于刀具预加工位置（图7-12），并与加工起点离开一段距离，即指令 G90 G00 G41 X120.0 Y120.0 D30，以保证铣刀直接进刀不发生碰撞。

（3）使用刀具 T12——ϕ18mm立铣刀，刀具半径补偿值+9.0。

（4）加工程序

O0046

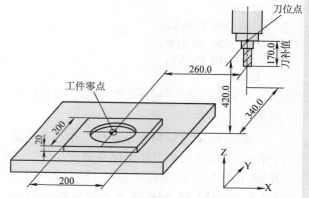

图7-11 G92设定工件坐标系示意图

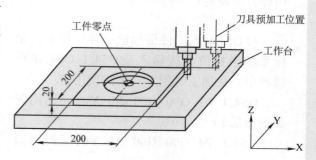

图7-12 正方形加工示意图

```
G40 G80 G49；
G91 G30 Z0；
M06 T12；
S400 M13；
G92 X260.0 Y340.0 Z420.0；
G90 G00 G41 X120.0 Y120.0 D30；
G44 Z-20.0 H12；
G01 X100.0 F120；
G01 Y-100.0 F100；
X-100.0；
Y100.0；
```

X120.0；

G00 G40 Z100.0；

G91 G30 Z0 M09；

G91 G30 X0 Y0；

M30；

7.3.3 G54.1~G54.48附加工件坐标系的设定方法

在FANUC 18i-M系统的加工中心上，除了有G54~G59六个工件坐标系供使用外，还有48个附加工件坐标系供选择使用，指令为G54.1~G54.48。这48个工件坐标系可用两种方法设定：

1. 第一种方法

与G54输入工件坐标值一样，将工件坐标系的坐标值直接输入至G54.1~G54.48存储器中。在加工时用下列格式调用：

G54.1 P1 G90 G00 X0 Y0；（调用附加坐标系1）

G54.1 P4 G90 G00 X0 Y0；（调用附

加坐标系4）

……

G54.1 P48 G90 G00 X0 Y0；（调用附加坐标系48）

用以上程序段就可以将机床移到工件中心原点位置。

2. 第二种方法

用G10可编程资料输入的方法输入工件坐标系的坐标值，使用格式如下：

G90 G10 L20 P1 X–100.0 Y400.0 Z–100.0；

G90 G10 L20 P48 X–300.0 Y300.0 Z–200.0；

使用以上程序段就可以将P1和P48后边的X、Y、Z轴坐标值输入到对应的存储器中，在加工时直接用G54.1 P1或G54.1 P48指令调用，与G54~G59一样非常方便。

第8章　常见件基本编程方法

8.1　铣普通方形槽的编程方法

用 φ10mm 键槽铣刀加工如图 8-1 所示方形槽零件，刀长补偿号为 H05。

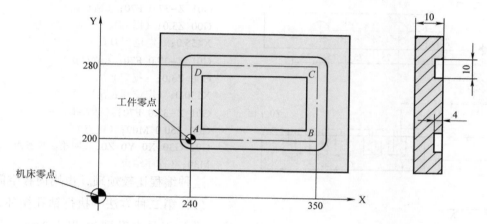

图 8-1　方形槽零件

设 G56 存储器中的值为 X-240.0 Y-200.0 Z0。

编程如下：

O0003
G40 G80 G49；
G91 G30 X0 Y0 Z0；（定位至换刀点）
M06 T05；（换刀）
G90 G00 G56 X0 Y0；（定位到 A 点）
G43 Z20.0 H05 S700 M03；（主轴正转，调用刀长补偿）

G01 Z1.0 M08 F2000；（Z 轴下降至距工件上平面 1mm 处）
Z-4.0 F80；（Z 轴进给至槽深）
X110.0；（A→B）
Y80.0；（B→C）
X0；（C→D）
Y0；（D→A）
G00 Z50.0 M09；（Z 轴退刀）
G91 G30 X0 Y0 Z0；（回第 2 参考点）
M30；（程序结束）

8.2 在平面上连续钻多个孔的编程方法

在平面上连续钻多个孔（从 A 孔连续钻至 E 孔），见图 8-2。

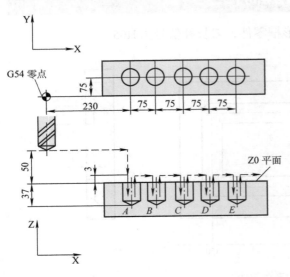

图 8-2 连续钻孔示意图

注：实线为 G01 进给速度，虚线为 G00 快进速度。

（1）第一种方法 每钻完一孔，重新指定另一孔的坐标值，然后再钻、再指定，直至钻完。

编程如下：

G90 G00 G54 X230.0 Y75.0 Z50.0 S650 M03；

G01 Z2.0 F2000 M08；

Z-37.0 F70；（钻 A 孔）

G00 Z3.0；（提刀至 Z0 以上 3mm）

X305.0；（定位到 B 孔）

G01 Z-37.0 F70；（钻 B 孔）

G00 Z3.0；（提刀）

X380.0；（定位到 C 孔）

G01 Z-37.0 F70；（钻 C 孔）

G00 Z3.0；（提刀）

X455.0；（定位到 D 孔）

G01 Z-37.0 F70；（钻 D 孔）

G00 Z3.0；（提刀）

X530.0；（定位到 E 孔）

G01 Z-37.0 F70；（钻 E 孔）

G00 Z50.0 M09；（提刀）

G91 G30 X0 Y0 Z0；（回第 2 参考点）

M30；（程序结束）

这种编程比较烦琐，占用内存空间多。

（2）第二种方法 执行钻孔循环，每钻完一孔后刀具上升到 Z0 以上 3mm，用增量值循环四次完成加工。

编程如下：

G90 G00 G54 X230.0 Y75.0 Z50.0 S650 M13；

G81 G99 Z-37.0 R3.0 F70；（指令钻孔循环功能）

G91 X75.0 K4；（以 X75.0 等距钻 4 孔）

G80 G00 Z50.0 M09；

G91 G30 X0 Y0 Z0；

M30；

这种编程简单明了，节省内存空间。

8.3 用圆弧插补 G02、G03 加工整圆的编程方法

8.3.1 外圆轮廓加工

外圆轮廓（圆柱）加工，按进刀方式不同，可分为三种切入方法：直线切入法、切线切入法和圆弧切入法。

具体使用如下：

1. 直线切入法

铣刀轴线与工件轴线平行（处在同一平面内），并以直线进给切入工件外圆，然后再执行圆弧插补的加工方法称为直线切入法，见图8-3。

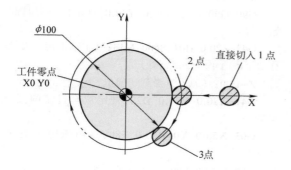

图8-3 直线切入法铣整圆

刀具路径：铣刀沿X轴直线进给，从1点 —直线→ 2点 —圆弧→ 3点 —圆弧→ 2点 —直线→ 1点（退出加工）。

编程如下：

O0004

G40 G49 G80;

G91 G28 X0 Y0 Z0;

M06 T01;

G90 G00 G54 X65.0 Y0;（定位到刀具起始位置）

G43 Z20.0 H01 S600 M13;（主轴正转，刀具移动至Z0平面上20mm处）

Z-12.0;（刀具下降到切削位置）

G01 G41 X50.0 D20 F80;（调用刀具半径补偿，径向切入）

G02 I-50.0 F90;（铣圆弧一周）

G01 Y-15.0;（脱离工件）

G00 G40 X65.0 Y0;（取消刀补，回到起始点）

Z20.0 M09;（Z轴提刀20mm）

G91 G28 Z0;（回零点）

M30;（程序结束）

2. 切线切入法

铣刀沿工件外圆切线切入工件，然后再执行圆弧插补的加工方法称为切线切入法，见图8-4。

刀具路径：铣刀沿平行于Y轴的直线进给，从1点 —直线→ 2点 —圆弧→ 3点 —圆弧→ 2点 —直线→ 4

点（退出加工）。

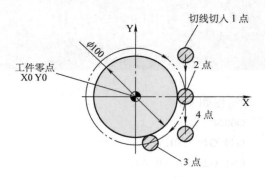

图8-4　切线切入法铣整圆

编程如下：

O0004
G40 G80 G49；
G91 G28 X0 Y0 Z0；
M06 T01；
G90 G00 G54 X65.0 Y15.0；
G43 Z20.0 H01 S600 M13；
Z−12.0；
G01 G41 X50.0 D20 F80；
Y0；
G02 I−50.0 F90；
G01 Y−15.0；
G00 G40 X65.0；
Z20.0 M09；
G91 G28 X0 Y0 Z0；
M30；

　3. 圆弧切入法

　铣刀以过渡圆弧切入工件外圆，然后再执行圆弧插补的加工方法称为圆弧切入法，见图8-5。

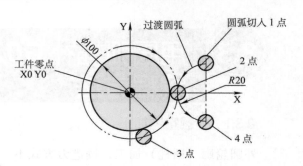

图8-5　圆弧切入法铣整圆

刀具路径：铣刀沿过渡圆弧进给，从1点 $\xrightarrow{圆弧}$ 2点 $\xrightarrow{圆弧}$ 3点 $\xrightarrow{圆弧}$ 2点 $\xrightarrow{圆弧}$ 4点（退出加工）。

编程如下：

O0004
G40 G80 G49；
G91 G28 X0 Y0 Z0；
M06 T1；
G90 G00 G54 X90.0 Y30.0；（定位至刀具起始位置）
G43 Z20.0 H01 S600 M13；（主轴正转，刀具移动至Z0平面上20mm处）
Z−12.0；（刀具下降到切削位置）
G41 X70.0 Y20.0 D20；（定位至过渡圆弧1点处）
G03 X50.0 Y0 R20.0 F80；（圆弧切入工件外圆）
G02 I−50.0 F90；（铣圆弧一周）
G03 X70.0 Y−20.0 R20.0；（圆弧插补退出加工到4点）
G00 G40 X100.0 Y30.0；（取消刀具半径补偿）
Z100.0 M09；（Z轴上升）
G91 G28 X0 Y0 Z0；（回参考点）
M05；（停主轴）

M30；（程序结束返回开头）

通过观察分析刀具的加工路径，不难看出，采用直线切入法会给已加工表面留下刀痕，不利于提高工件的加工精度，当用切线切入方法加工时，刀具是由一侧面逐渐进入切削，切削方式得到了改善，而且切削阻力小，不易留下较深刀痕，所以切线切入方法优于直线切入方法。圆弧切入法是使刀具沿过渡圆弧逐渐切入工件外圆，切削平稳且不留刀痕，应该大力提倡使用圆弧切入法加工。

8.3.2　内孔圆弧加工

加工内孔时，刀具在孔内无法实现切线切入，只能使用直线切入法和圆弧切入法。

1. 直线切入法

刀具首先定位在工件零点处，然后沿 X 轴（Y 轴不移动）直线进给至 $\phi 100$mm 内孔切点处，刀具再以圆弧切削方式（G02 或 G03）切削加工一周（360°）回到切点处加工完毕，见图 8-6。由于切进、切出都在一个点上，而且都是直线切入加工，其加工表面肯定留下刀痕，因此直线切入法只适用于精度要求不高的孔加工。

编程如下：

```
O0005
G40 G49 G80；
G91 G28 Z0；
M06 T4；
G90 G00 G54 X0 Y0；
G43 Z20.0 H04 S600 M13；
G00 Z-18.0；
G01 G42 X50.00 Y0 D20 F100；
```

```
G02 I-50.0；
G01 G40 X0 F500；
G00 Z20.0 M09；
G91 G28 Z0；
M30；
```

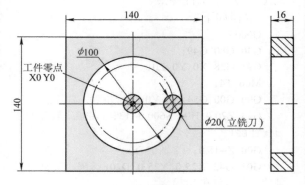

图 8-6　直线切入法铣内孔

2. 圆弧切入法

圆弧切入加工内孔与圆弧切入加工外圆一样，铣刀以过渡圆弧切入内孔，加工一周以后，又以过渡圆弧切出，刀具切削平稳且不留刀痕，所以被大量采用，见图 8-7。

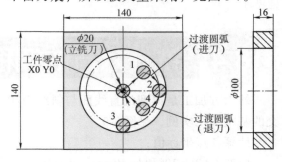

图 8-7　圆弧切入法铣内孔

刀具路径：$\phi 20$mm 立铣刀首先定位在工件零点处，快进至 1 点圆弧切入的起点，以圆弧插补方式工进至2点，再以圆弧插补方式工进铣削一周（360°）回到2点，最后以圆弧插补方式退出切削至4点，快速回到工件零点，即从工件零点→1点→2点→3点→2点→4点→工件零点。

编程如下：

O0005

G40 G80 G49;

G91 G28 X0 Y0 Z0;

M06 T4;

G90 G00 G54 X0 Y0;（定位到工件零点）

G43 Z20.0 H04 S600 M13;（主轴正转并调用刀长补偿）

G00 Z−18.0;（Z轴进刀）

G01 G42 X25.0 Y25.0 D20;（调用刀具半径补偿，并定位在1点）

G02 X50.0 Y0 R25.0 F80;（切过渡圆弧至ϕ100mm切点2点）

G02 I−50.0;（铣内孔一周，过3点至2点）

G02 X25.0 Y−25.0 R25.0;（调用刀走过渡圆弧4点）

G00 G40 Z20.0 M09;（取消刀具半径补偿，Z轴提刀）

G91 G28 Z0;（Z轴回零）

G91 G28 X0 Y0;（X轴、Y轴回零）

M30;（程序结束）

关于过渡圆弧的确定：过渡圆弧直径应根据被加工孔的直径大小而定，主要以不产生干涉为准。为了减少空刀时间，可选取较小一点的角度，如45°或30°。本程序选用过渡圆直径，见图8-8，$D_{过}=\phi50$mm，$\angle_过=45°$。

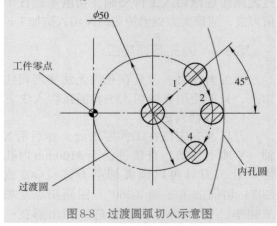

图8-8　过渡圆弧切入示意图

8.4　铣外六方的编程方法

外六方加工是典型的直线面与斜线面相交的基本加工实例，见图8-9。

计算各点坐标值：

根据$\angle ABC=30°$和$b=40$mm，求a边长？

因为$a/b=\tan30°$，所以$a=b\tan30°=40$mm×0.57735=23.1mm。

点"1"坐标值：X23.1 Y40.0

点"2"坐标值：X−23.1 Y40.0

点"3"坐标值：X−46.2 Y0

点"4"坐标值：X−23.1 Y−40.0

点"5"坐标值：X23.1 Y−40.0

点"6"坐标值：X46.2 Y0

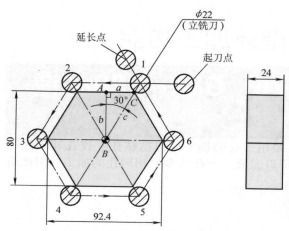

图8-9　铣外六方刀具路径图

编程如下：

O0006

G40 G80 G49；

G91 G30 Z0；

M06 T11；

G90 G00 G54 X50.0 Y30.0；

G43 Z50.0 H11 S550 M13；

G00 G42 X50.0 Y40.0 D23；（定位到起刀点，并建立刀具半径补偿）

G01 Z-26.0 F2000；（Z轴下到加工深度）

G01 X-23.1 F80；（由起刀点→1点→2点）

X-46.2 Y0；（2点→3点）

X-23.1 Y-40.0；（3点→4点）

X23.1；（4点→5点）

X46.2 Y0；（5点→6点）

X23.1 Y40.0；（6点→1点）

N1 X17.33 Y50.0；（1点→延长点）

G00 Z50.0 M09；（Z轴提刀）

G00 G40 G90 X0 Y0；（取消刀具半径补偿，回工件零点）

G91 G30 Z0；

M30；

说明：类似方形的外轮廓加工，在加入刀具半径补偿后，最主要的是选择好加工起始点和加工后的退刀点。

对于只有垂直线形的加工面，起刀点可选在与加工面平行的、稍离开加工点一段距离的位置。退刀点也需选沿直线再延长一段距离（一般要超过刀具半径补偿值的两倍）的位置。

如果加工的是斜面，就要计算延长点X轴、Y轴坐标值，然后编程指令此点，如上面程序段N1，切削到终点时，在保持原斜面加工路径脱离工件后，再消除刀具半径补偿。若在加工终点就取消刀具半径补偿而退出加工，则被加工表面切削不充分，将有余量存留在工件上面，如图8-9所示1点处。

第9章 固定循环加工功能

9.1 G73、G74、G76、G81~G89 钻镗孔固定循环

加工中心机床设定的固定循环功能，主要用于孔的加工，包括钻孔、镗孔和攻螺纹等。用固定循环功能，只编写一个程序段就可以完成一个孔和多个相同孔的加工。因此简化了编程，节省了系统内存空间。

9.1.1 固定循环功能表

固定循环功能表见表9-1。

表9-1 固定循环功能表

G代码	孔加工动作（−Z方向）	在孔底的动作	刀具返回方式（+Z方向）	用途
G73	间歇进给	—	快速退刀	高速深孔往复排屑钻
G74	切削进给	暂停→主轴正转	切削速度退刀	攻左旋螺纹
G76	切削进给	主轴定向停→刀具移位	快速	精镗孔（不刮伤表面）
G80	—	—	—	取消固定循环
G81	切削进给	—	快速	钻孔循环
G82	切削进给	在孔底暂停	快速	锪孔、镗阶梯孔
G83	间歇进给	—	快速（每次回起）	深孔往复排屑钻
G84	切削进给	暂停→主轴反转	反转进给速度退回	攻右旋螺纹
G85	切削进给	—	以进给速度退回	精密镗孔
G86	切削进给	主轴停止	快速退回	镗孔（易刮伤一直线）
G87	主轴定位快速至孔底	主轴位移后正转	切削进给反镗孔	反镗孔
G88	切削进给	暂停→主轴停止	手动操作	镗孔（手动操作返回）
G89	切削进给	暂停	以进给速度退回	精镗阶梯孔

9.1.2 固定循环基本动作

孔加工固定循环由六个基本动作组成，见图9-1。

动作（1）——X轴、Y轴快速定位。

动作（2）——快速移到 R 点。

动作（3）——工进加工孔。

动作（4）——在孔底其他动作。

动作（5）——快速退回到 R 点位置。

动作（6）——快速返回到初始点位置。

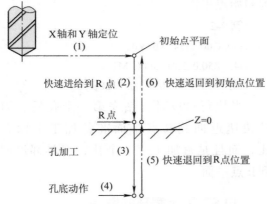

图 9-1　固定循环基本动作示意图

注：1.—··—双点画线为 G00 快速移动。

2.——实线为 F 值进给移动。

3.初始点平面—刀具准备开始循环的 Z 轴位置。

4.R 点位置—刀具由初始点快进到距工件零点平面上 3~5mm 处（由此点向下执行 F 值指令的进给速度）。

9.1.3　G90 和 G91 的坐标计算

在固定循环指令中，地址 R 和地址 Z 的数据指定与 G90 或 G91 的方式选择有关。

当指令 G90 方式时，R 与 Z 一律取其终点坐标值。当指令 G91 方式时，R 指初始点到 R 点的距离，Z 指 R 点到孔底平面 Z 点的距离，见图 9-2 和图 9-3。

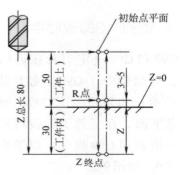

图 9-2　G90 绝对值指令示意图

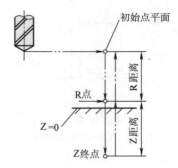

图 9-3　G91 增量值指令示意图

例如 G90 绝对值指令编程：

N1　G90　G00　G54　X0　Y0；

N2　G43　Z50.0　H01　S600　M13；

N3　G81　G98　Z-30.0　R3.0　F100；

初始点在工件上 50mm 处，至工件下 30mm 始终与绝对坐标值保持一致。

当执行 G91 增量值指令时就不同了，R 是初始点至 R 点的距离，由 R 点向下全由 Z 值指令，此时地址 Z 就是 Z-33.0。

G91 指令在固定循环中应用较少。

9.1.4 G98、G99 返回平面

由 G98 和 G99 决定刀具在返回时到达的平面，如果指令了 G98，则刀具返回到初始点平面；如果指令了 G99，则刀具返回到 R 点平面。在工件上面没有障碍的情况下，一般都用 G99 指令，以缩短加工时间，见图 9-4 和图 9-5。

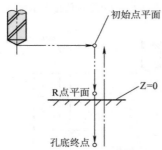

图 9-4　G98 指令示意图

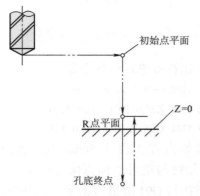

图 9-5　G99 指令示意图

例 9-1

G90 G00 G54 X0 Y0；

G43 Z50.0 H01 S600 M13；

G81 G98 Z−30.0 R3.0 F100；

当执行 G98 时，钻完第一个孔后，刀具快速返回到初始点平面准备加工下面各孔，而且是每加工完一个孔，刀具都返回到初始点平面。

例 9-2

G90 G00 G54 X0 Y0；

G43 Z50.0 H01 S600 M13；

G81 G99 Z−30.0 R3.0 F100；

当执行 G99 时，钻完第一个孔后，刀具快速返回到 R 点平面准备加工下面各孔，而且是每加工完一个孔，刀具都返回到 R 点平面。

9.1.5 固定循环的取消

用 G80 指令或 01 组的 G 代码取消固定循环。

01 组的 G 代码有：

G00——快速定位。

G01——直线插补。

G02——（顺时针）方向圆弧插补。

G03——（逆时针）方向圆弧插补。

G60——单方向定位。

以上 G 代码指令了其中任何一个都可取消固定循环。

固定循环的图线和符号所表示的内容和意义：

1) ——→快速移动（G00）。

2) ——→切削进给（G01）。

3) ～～→手动进给（特殊用）。

4) ⊙ss主轴定向停止（刀头按要求停在一个固定的位置）。

5) ⇨偏移（按规定的方向和距离移动）。

6) P 停顿（按毫秒计算，如 P3000 表示停 3s）。

9.1.6 钻孔循环基本范例

例 9-3 钻如图 9-6 所示法兰盘上的四个孔。

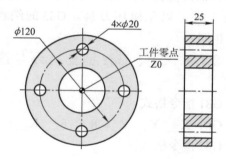

图9-6 法兰盘零件图

使用刀具：T08——ϕ20mm 钻头。

编程如下：

```
O0010
G40 G80 G49;
G91 G28 Z0;
M06 T08;
G90 G00 G54 X60.0 Y0;
G43 Z50.0 H08 S500 M13;
G81 G99 Z-29.0 R4.0 F55;
```

```
X0 Y60.0;
X-60.0 Y0;
X0 Y-60.0;
G00 Z50.0 M09;
G91 G30 X0 Y0 Z0;
M30;
```

9.1.7 G73 啄进钻孔循环（高速步进钻孔循环）

G73 钻孔循环的主要功能：刀具每次工进 Q 值后，快速提升一个移回量 d 值（不是回到 R 点平面），然后再工进一个 Q 值继续加工，见图 9-7。

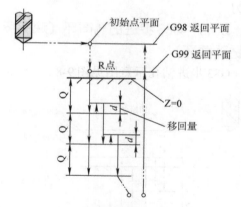

图9-7 G73 啄进钻孔示意图

指令格式：

G73 X__ Y__ Z__ R__ Q__ F__ K__;

符号解释：

X、Y——孔位置坐标值。

Z——从工件零点至孔底的距离。

R——从工件零点平面至R点的距离。

Q——每次切削进刀的深度。

F——切削进给率（mm／min）。

K——重复次数。

图 9-7 中 d 为 Z 轴退刀量，由参数设定好的，使排屑容易，执行高效率的加工。在 0i 系统中，由参数 No.5114 设定 d 值。

主要进给动作：从 R 点进刀，工进 Q 值深后快速提刀一个移回量，然后再工进 d 值+Q 值深，再次快速提刀一个移回量，再次工进 d 值+Q 值深……

循环下去，直至加工孔底后，快速提刀。

9.1.8　G83 步进钻孔循环（深孔啄进式钻孔循环）

G83 步进钻孔示意图见图 9-8。

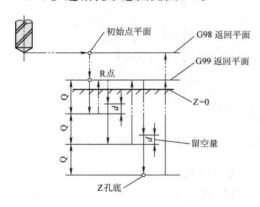

图 9-8　G83 步进钻孔示意图

指令格式：

G83　X＿＿　Y＿＿　Z＿＿　Q＿＿　R＿＿　F＿＿

K＿＿；

符号解释：

X、Y——孔位置坐标值。

Z——从工件零点至孔底的距离。

R——从工件零点平面至 R 点的距离。

Q——每次切削进刀的深度。

F——切削进给率。

K——重复次数。

主要进给动作：G83 与 G73 进给动作基本相同。不同的是刀具在工进 Q 值后，快速返回到 R 点平面，然后再次快进到距离前一次钻孔的终点位置上面的留空量位置后，再进行工进，以免撞坏刀具。G83 的编程与 G73 相同。

9.1.9　G81、G82 钻孔循环与锪孔循环

G81 指令格式：

G81　X＿＿　Y＿＿　Z＿＿　R＿＿　F＿＿　K＿＿；

G82 指令格式：

G82　X＿＿　Y＿＿　Z＿＿　R＿＿　P＿＿　F＿＿

K＿＿；

其轴地址和指令代码与前面所述意义相同。

G81 与 G82 在动作指令上基本一样，唯一区别是 G82 在孔底暂停一段时间，然后再快速返回，所以特别适合于锪孔或加工阶梯孔。暂停的时间由 P 值指令，单位为 ms。G82 刀具加工路径见图 9-9。

例如：G82 G98 Z-20. R3. P2000 F100;

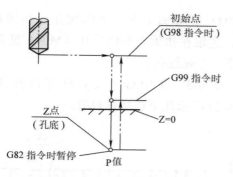

图9-9　G81、G82钻孔示意图

在孔底处主轴空转2s后，快速返回到初始点。

例9-4　钻如图9-10所示盖板上的四个台阶孔。

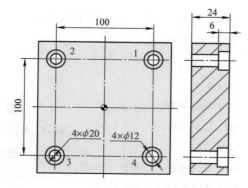

图9-10　盖板零件图

使用刀具：

T01——ϕ12mm钻头。

T03——ϕ20mm锪孔刀。

编程如下：

O0012

G40 G80 G49;

G91 G28 Z0;

M06 T01;

N1 G90 G00 G54 X50.0 Y50.0;

G43 Z30.0 H01 S800 M13 T03;

G81 G99 Z−28.0 R4.0 F100;

X−50.0;

Y−50.0;

X50.0;

G00 G80 Z30.0;

G91 G28 Z0;

M06;

N2 G90 G00 G54 X50.0 Y50.0;

G43 Z30.0 H03 S600 M13 T01;

G82 G99 Z−6.0 R3.0 P1000 F80;

X−50.0;

Y−50.0;

X50.0;

G80 G00 Z30.0 M09;

G91 G28 X0 Y0 Z0;

M06;

M30;

注意：用G82指令时，P1000表示在6mm深处暂停1s，以利于降低台阶面的表面粗糙度值，然后快速提刀。

9.1.10　G74与G84攻螺纹固定循环

G84——攻右旋螺纹，G74——攻左旋螺纹。

指令格式：

G84 X__ Y__ Z__ R__ P__ F__ K__;

G74 X__ Y__ Z__ R__ P__ F__ K__;

符号解释：

X、Y——孔位置坐标值。

Z——从工件零点至孔底的距离。

R——从工件零点平面（Z轴）至R点的距离。

P——停顿时间。

F——攻螺纹进给速率（F=主轴转速×螺距）。

K——重复次数。

攻螺纹加工示意图见图9-11。

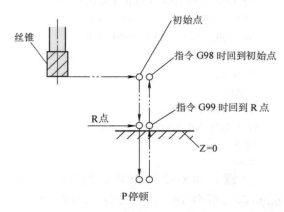

图9-11　攻螺纹加工示意图

使用G84攻右旋螺纹时，在孔底停顿后，主轴开始反转（M04），然后以F进给速率返回至R点或初始点。使用G74攻左旋螺纹时，在孔底停顿后，主轴开始正转（M03），然后以F进给速率返回到R点或初始点。

使用G84时，主轴在初始点变回正转（M03）准备加工下一个螺纹孔。使用G74时，主轴在初始点变回反转（M04）准备加工下一个螺纹孔。

例9-5　使用G84攻右旋螺纹加工如图9-12所示几个连续螺纹孔。

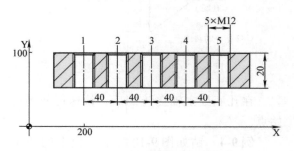

图9-12　连续攻螺纹孔示意图

使用刀具：T01——M12右旋丝锥。

螺距P=1.75mm。

编程如下：

```
O0014
G40 G80 G49;
G91 G28 Z0;
M06 T01;
G90 G00 G54 X200.0 Y100.0;
G43 Z50.0 H01 S400 M13;
M29 S400;
G84 G99 Z-24.0 R4.0 F700;
G91 X40.0 K4;
G80 G00 Z50.0 M09;
G91 X28 X0 Y0 Z0;
M30;
```

注　意：
如果是左旋螺纹，除将G84改成G74以外，还要将M13改成M14。

9.1.11　G76 精密镗孔固定循环

指令格式：G76 X__ Y__ Z__ R__ Q__ P__ F__ K__;

符号解释：

X、Y——孔位置坐标值。

Z——从工件零点至孔底的距离。

R——从工件零点平面至 R 点的距离。

Q——刀具在孔底部偏移量（图 9-13）。

P——孔底暂停时间。

F——切削进给速率。

K——重复次数。

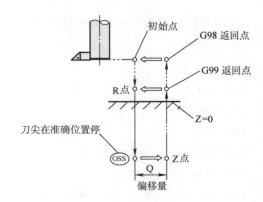

图 9-14　G76 镗孔示意图

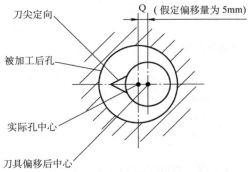

图 9-13　刀具偏移示意图

G76 镗孔示意图见图 9-14。

G76 的动作顺序：主轴快速定位到孔中心位置，快进至 R 点同时旋转主轴，从 R 点开始工进镗孔，到达孔终点后暂停，然后主轴刀尖准确地停止在一个确定的位置上，此时机床向刀尖相同方向移动一个指令的 Q 值（刀尖脱离内孔加工表面），然后主轴快速提起至 R 点或初始点（由 G99、G98 确定），机床再次回移一个 Q 值返回原来主轴的位置，主轴恢复正转，准备加工下一孔。这样做的目的是不刮伤已加工好的孔表面，提高孔的加工精度。

例 9-6　用 G76 指令加工如图 9-15 所示定位板上的四个孔。

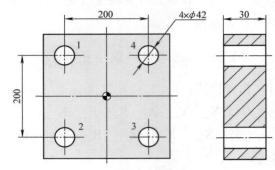

图 9-15　定位板零件图

使用刀具：T15——φ42mm精镗刀。

编程如下：

O0016

G40 G80 G49；

G91 G30 Z0；

M06 T15；

G90 G00 G54 X-100.0 Y100.0；

G43 Z50.0 H15 S800 M13；

G76 G98 Z-32.0 R3.0 Q5 P500 F120；

Y-100.0；

X100.0；

Y100.0；

G80 G00 Z150.0 M09；

G91 G28 Z0；

M30；

注意： Q值规定为正值，若使用了负值则负号被忽略。由于Q值是系统设定好方向的，所以在装刀时一定要使刀尖的方向与偏移方向一致，以保证刀具快进（退）时，不刮伤工件表面。

9.1.12 G85与G89精镗孔循环

指令格式：

G85 X__ Y__ Z__ R__ F__ K__；

G89 X__ Y__ Z__ R__ P__ F__ K__；

这两种指令的加工方式，都是刀具以切削进给的方式加工到孔底，然后又以切削进给方式返回到R点平面或初始点，因此适于精确镗孔。G89在孔底有延时，可以对阶梯孔端面精加工。

各轴和字符代表意义与G81和G82相同，G85和G89加工动作见图9-16。

G85和G89所有动作都一样，即工进工退，只是执行G89时在孔底部停顿一段时间，停顿时间由P值设定。

具体加工程序与G81相同，这里不再举例。

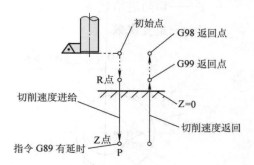

图9-16　G85和G89加工动作示意图

9.1.13 G86与G88镗孔循环

指令格式：

G86 X__ Y__ Z__ R__ F__ K__；

G88 X__ Y__ Z__ R__ P__ F__ K__；

G86和G88加工动作（图9-17）与G81基本相同，不同的是刀具工进到孔底后主轴停止（G88有延时），G86指令时在主轴不转的情况下返回R点或初始点，然后主轴再重新起动。

G88指令时在孔底有延时，主轴停止旋转，系统进入保持状态，在此情况下可以执行手动操作返回R点，然后再按循环启动按钮，主轴重新起动，返回到初始点。

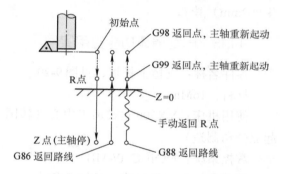

图9-17　G86和G88加工动作示意图

9.1.14　G87反镗孔循环

指令格式：

G87 X__ Y__ Z__ R__ Q__ P__ F__ K__；

符号解释：

X、Y——孔位置坐标值。

Z——从工件底部向上加工到Z点的距离。

R——从初始点到工件底部终点的距离。

Q——刀具偏移量。

P——停顿时间。

F——切削进给速率。

K——重复次数。

G87反镗孔循环的主要动作：主轴在X轴、Y轴定位在孔轴线后，刀尖定向停止在准确的位置，机床以与刀尖相同方向移动一个Q值（刀尖离开孔表面一个偏移量），然后快速移到孔底（R点指定值），机床再以刀尖相反方向移回一个Q值（偏移量），此时刀具又回到原来定位的孔轴线处，主轴正转，沿Z轴向上进给加工到Z点；在此位置主轴再次执行准确停止，机床再次移动一个Q值（刀尖脱离孔表面），主轴以快速运动方式返回到初始平面后，机床再移回一个Q值，与原来定位的孔轴线重合，主轴再起动正转，准备执行下一个程序。采用G87指令时，只能让刀具返回到初始平面，不能回到R点平面，因R点低于Z点，也就是说只采用G98（而G99未被

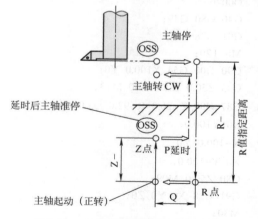

图9-18　G87反镗孔循环动作示意图

使用）。这一功能非常适合在同一轴线上加工孔口上小下大时使用。G87反镗孔循环动作见图9-18。

例9-7 用G87反镗孔循环加工如图9-19所示方盖板中的ϕ42mm孔，前提是ϕ32mm小孔已加工完成。

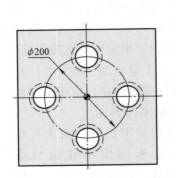 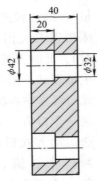

图9-19　方盖板零件图

使用刀具：T20——ϕ42mm精镗孔刀。

编程如下：

```
O0020
G40 G80 G49;
G91 G28 Z0;
M6 T20;
G90 G00 G54 X100.0 Y0;
G43 Z50.0 H20 S400 M13;
G87 G98 Z-20.0 R-92.0 Q3.0 F60;
X0 Y100.0;
X-100.0 Y0;
X0 Y-100.0;
G80 Z50.0 M09;
G91 G28 X0 Y0 Z0;
M30;
```

说明： 在G87程序段里，R-92.0是镗刀由初始点平面至孔底的距离，即

50+40+2=92

50——工件初始点。

40——工件厚度。

　2——镗刀头伸出工件部分。

Z-20.0表示由下向上进刀20mm（包括伸出2mm）镗孔。

9.1.15　固定循环功能应用实例

零件名称：支撑上托板，见图9-20。

材料：16Mn。

使用机床：VX500立式加工中心（韩国起亚公司制造）。

数控系统：FANUC 0i-MB。

工艺分析和编程思路（只加工各孔）：

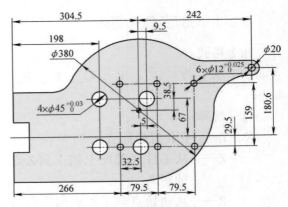

图9-20　支撑上托板简图

1）此件有三种尺寸共11个孔需要加工

（ϕ45mm、ϕ20mm、ϕ12mm）。

2）以 ϕ380mm 大外圆的旋转中心作为设定 G54 工件坐标系的零点。

3）4×ϕ45$^{+0.03}_{0}$mm 孔精度要求较高，采用先钻后精镗的加工方法。

4）6×ϕ12$^{+0.025}_{0}$mm 孔采用先钻后精铰的加工方法。

5）所有各孔为保证位置要求，全部采用 ϕ16mm 定心钻预钻孔。

6）使用 G81、G82、G76 孔加工循环功能。

7）用两个子程序指定孔位置坐标，以便加工时重复调用。

使用刀具：

T01——ϕ16mm 定心钻。

T02——ϕ20mm 钻头。

T03——ϕ11.7mm 钻头。

T04——ϕ12mm 铰刀。

T05——ϕ44mm 枪钻。

T06——ϕ45mm 精镗刀。

加工程序：

O0022

G40 G80 G49；（取消补偿和循环）

G91 G28 Z0；（回换刀点）

M06 T01；（换 1 号刀）

G90 G00 G54 X242.0 Y152.10；（定位在 ϕ20mm 孔位置）

G43 Z30.0 H01 S1000 M13 T2；（调用刀长补偿）

G81 G99 Z−4.0 R3.0 F100；（钻孔）

M98 P0023；（调用子程序钻孔）

M98 P0024；（调用子程序钻孔）

G80 G00 Z50.0 M09；（取消循环）

G91 G28 Z0；（回换刀点）

M06；（换 2 号刀）

G90 G00 G54 X242.0 Y152.10；（定位在 ϕ20mm 孔位置）

G43 Z30.0 H02 S600 M13 T3；（调用刀长补偿）

Z2.0；

G01 Z−18.0 F80；（钻孔）

G00 Z50.0 M09；

G91 G28 Z0；

M06；（换 3 号刀）

G90 G00 G54 X0 Y0；（X 轴、Y 轴定位）

G43 Z30.0 H03 S800 M13 T4；（调用刀长补偿）

G81 G99 Z−18.0 R3.0 F60 K0；（G81 钻孔循环）

M98 P0023；（调用子程序钻 ϕ12mm 孔）

G80 G00 Z50.0 M09；

G91 G28 Z0；

M06；（换 4 号刀）

G90 G00 G54 X0 Y0；（G54 定位）

G43 Z30.0 H04 S300 M13 T5；

G82 G99 Z−17.0 R3.0 P1000 F200 K0；（G82 钻孔循环）

M98 P0023；（调用子程序铰 ϕ12mm 孔）

G80 G00 Z50.0 M09；

G91 G28 Z0；

M06；（换 5 号刀）

G90 G00 G54 X0 Y0；

G43 Z30.0 H05 S300 M13 T6；

G81 G99 Z−17.0 R3.0 F80 K0；

M98 P0024；（调用子程序钻φ45mm孔）

G80 G00 Z50.0 M09；（取消循环，Z轴提刀）

G91 G28 Z0；

M06；（换6号刀）

G90 G00 G54 X0 Y0；

G43 Z30.0 H06 S450 M19 T1；

G76 G99 Z−17.0 R3.0 Q5.0 F45 K0；（G76精镗孔循环）

M98 P0024；（调用子程序镗φ45mm孔）

G80 G00 Z50.0 M09；

G91 G28 Z0；

M06；

G91 G30 X0 Y0；

M30；

子程序一：

O0023（指定6个φ12mm孔坐标值）

X−32.5 Y101.0；

X47.0；

X126.5；

Y−58.0；

X47.0；

X−32.5；

M99；

子程序二：

O0024（指定4个φ45mm孔坐标值）

X9.5 Y38.5；

X−106.5；

Y−58.0；

X4.5；

M99；

9.2　M98、M99子程序调用功能

在一个加工程序中有多个固定的加工顺序和频繁重复的加工形状（图形）时，可以把这些一样的加工顺序和一样的加工形状编成一个独立的子程序，存入存储器中，在需要使用时再调用这些子程序（并可重复调用，用几次调几次），非常方便，这样就避免了重复编写程序的麻烦，从而简化了编程。

M98——调用子程序。

M99——子程序结束返回主程序。

9.2.1　子程序编程格式

子程序的编写与主程序完全一样，由程序号、程序内容和程序结束符组成。例如：

O0040（子程序号）

G01 X50.0 Y50 F200；

G02 J−50.0；

G00 X0 Y0；

Z50.0；

（程序内容）

M99；（程序结束，返回主程序）

子程序调用格式：

M98 P□□□□　　　　○○○○

子程序调用次数（可9999次）　　子程序号码（去掉打头字母O）

例如：M98 P60040；

连续调用"0040"子程序 6 次，如果没有指定调用次数，则视为调用一次，见图 9-21。此主程序执行到 N30 时，调用 O1010 子程序 2 次后执行 N40 程序内容，当执行到 N50 时，再次调用 O1010 子程序 1 次后返回 N60。

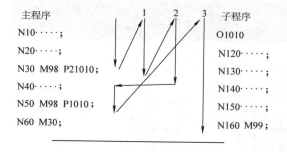

图 9-21　子程序调用示意图

子程序也可以像主程序那样去调用其他子程序，被调用的其他子程序还可以调用另外子程序，FANUC 0*i* 系统的加工中心机床子程序调用最多可四重，见图 9-22。

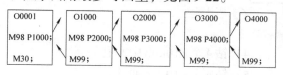

图 9-22　子程序嵌套图

9.2.2　子程序特殊用法

如果用 P 指定一程序段号，当子程序结束时，不是返回到调用该子程序的那个程序段的后一个程序段，而是返回到由 P 指定的那个程序段。但要注意的是，如果主程序不是在存储器方式下工作，则 P 指令被忽略。

相比正常返回到主程序的方法，这种方法耗费的时间要长得多。

如果在主程序中编入 M99，当执行到 M99 指令时，控制系统返回到程序开头，然后从头开始执行主程序并使这些程序段无限循环。

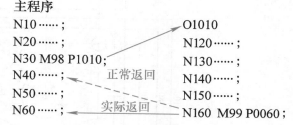

如果在主程序中编入"/M99 P*n*；"，则不返回到主程序开头，而是转到 P*n* 指定的程序段。在这种情况下，返回的时间较长。

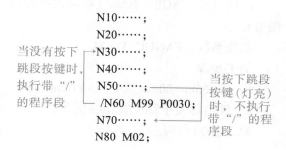

选择跳段有效

```
  N1010……;
┌→N1020……;
│ N1030……;
│ N1040……;
│ N1050 M02;
└─/N1060 M99 P1020;
```

上述程序，当选择执行带斜杠（"/"）程序段时，控制系统在执行 N1060 M99 P1020 程序段后返回到 N1020 程序段重新执行。

9.3 综合编程实例

零件名称：模板，见图9-23。

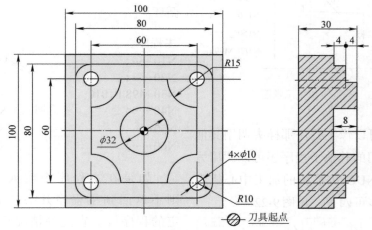

图9-23 模板简图

使用设备：ACE-V500S（韩国大宇公司制造）。

数控系统：FANUC 18i-M。

加工步骤：

1）铣80mm×80mm及4个凸R10mm圆弧。

2）铣内形及4个凹R15mm圆弧。

3）铣φ32内圆。

4）钻4个φ10mm中心孔。

5）钻4个φ10mm通孔。

使用刀具：

T01——φ20mm立铣刀，D40。

T02——φ32mm立铣刀，D42。

T03——φ12mm键槽铣刀，D44。

T04——φ12mm中心钻。

T05——ϕ10mm 钻头。

加工程序：

O0050

G40 G80 G49；

G91 G28 Z0；

M06 T01；

N1 G90 G00 G54 X60.0 Y-60.0；（定位至刀具起点）

G43 Z50.0 H01 S300 M13 T02；（开主轴，调用刀长补偿）

G00 Z-8.0；（Z轴负向定位）

G01 G42 X50.0 Y-60.0 D40 F1000；（调用半径右补偿，同时进刀）

G01 X40.0 F1000；（进刀至工件右边加工位置）

G01 Y30.0 F80；（铣右侧面）

G03 X30.0 Y40.0 R10.0；（铣右上角凸R10mm）

G01 X-30.0；（铣上侧面）

G03 X-40.0 Y30.0 R10.0；（铣左上角凸R10mm）

G01 Y-30.0；（铣左侧平面）

G03 X-30.0 Y-40.0 R10.0；（铣左下角凸R10mm）

G01 X30.0；（铣下侧面）

G03 X40.0 Y-30.0 R10.0；（铣右下角凸R10mm）

G01 Y-10.0 F100；（沿右侧面工进退刀）

G00 G40 X50.0 Y0；（快速退刀）

Z50.0 M09；（Z轴退刀）

G91 G28 Z0；（回参考点）

M06；（换2号刀）

N2 G90 G00 G54 X60.0 Y-50.0；（定位至加工位置）

G43 Z50.0 H02 S260 M13 T03；（开主轴，调用刀长补偿）

G00 Z-4.0；（Z轴进刀）

G01 G42 X30.0 Y-42.0 D42 F300；（调用半径右补偿，同时进刀）

Y15.0 F80；（铣右侧面）

G02 X15.0 Y30.0 R15.0；（铣右上角凹R15mm）

G01 X-15.0；（铣上侧面）

G02 X-30.Y15.0 R15.0；（铣左上角凹R15mm）

G01 Y-15.0；（铣左侧面）

G02 X-15.0 Y-30.0 R15.0；（铣左下角凹R15mm）

G01 X15.0；（铣下侧面）

G02 X30.0 Y-15.0 R15.0；（铣右下角凹R15mm）

G01 Y0 F300；（工进退刀）

G00 G40 X70.0；（取消半径补偿）

Z50.0 M09；（Z轴提刀）

G91 G28 Z0；（回参考点）

M06；（换3号刀）

N3 G90 G00 G54 X0 Y0；（定位至工件零点）

G43 Z50.0 H03 S700 M13 T04；（开主轴，调用刀长补偿）

G00 Z3.0；（Z轴定位）

G01 Z-8.0 F60；（Z轴进刀）

G01 G42 X8.0 Y0 D44 F40；（调用半径右补偿）

G02 I-8.0；（粗铣ϕ32mm内圆）

G01 X15.0 Y0 F60；（进给至铣内圆处）

G02 I-15.0；（精铣ϕ32mm内圆）

G01 X8.0 Y8.0 F80；

G02 X16.0 Y0 R8.0；

I-16.0；

G02 X8.0 Y−8.0 R8.0；

G00 Z50.0；（Z轴提刀）

G40 M09；（取消半径补偿）

G91 G28 Z0；（回参考点）

M06；（换4号刀）

N4 G90 G00 G54 X0 Y0；（定位到工件零点）

G43 Z30.0 H04 S1000 M13 T05；（开主轴，调用刀长补偿）

G81 G98 Z−8.0 R−4.0 F110 K0；（执行钻孔循环钻中心孔）

M98 P0051；（调用子程序）

G80 G00 Z50.0 M09；（取消钻孔循环，Z轴提刀）

G91 G28 Z0；（回参考点）

M06；（换5号刀）

N5 G90 G00 G54 X0 Y0；（定位至工件零点）

G43 Z30.0 H05 S800 M13 T01；（开主轴，调用刀长补偿）

G83 G98 Z−34.0 Q12.0 R−4.0 F120 K0；（执行步进钻孔循环，钻 ϕ 10mm孔）

M98 P0051；（调用子程序）

G80 G00 Z50.0 M09；（取消固定循环，Z轴抬刀）

G91 G28 Z0；（回参考点）

M06；（换1号刀）

G91 G30 X0 Y0；（回第2参考点）

M30；（程序结束返回开头）

子程序：

O0051

X30.0 Y30.0；

X−30.0；

Y−30.0；

X30.0；

M99；

注意： 子程序指定四孔的坐标位置。

第10章 特殊指令的编程与加工

10.1 G68、G69坐标旋转功能

G68——开启旋转坐标指令（ON）。

G69——关闭旋转坐标指令（OFF）。

使用G68旋转坐标功能，可使程序中所指定的工件形状被旋转某一角度，然后使用此程序仍可对旋转后的工件进行加工，还可以对形状一样在圆周上完全等分的工件进行加工。其特点是计算简便准确，节省编程时间。

指令格式：G68 X__ Y__ R__;

符号解释：

X、Y——旋转中心。

    R——旋转角度（单位为度）。

10.1.1 相同形状工件的加工

加工如图10-1所示两个相同形状的工件。

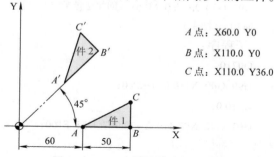

A 点：X60.0 Y0

B 点：X110.0 Y0

C 点：X110.0 Y36.0

图10-1 G68坐标旋转功能示意图

用G68指令编程：

O0018

G40 G80 G49;

G91 G30 Z0;

M06 T11;

G90 G00 G54 G69 X60.0 Y0;（定位到件1 A点处）

G43 Z20.0 H11 S800 M13;（调用刀补、开主轴）

G00 Z3.0;

G68 X0 Y0 R0 M98 P0020;（用G68坐标旋转功能加工件1）

G00 Z3.0;

G68 X0 Y0 R45 M98 P0020;（用G68坐标旋转功能加工件2）

G00 Z20.0;

G91 G30 X0 Y0 Z0;（回第2参考点）

M30;

子程序：

O0020

G90 G00 X60.0 Y0;

G01 Z−3.0 F100;

X110.0;

Y36.0;

X60.0 Y0;

G69;

M99;

注意：子程序描述了三角形的坐标值。

10.1.2 链轮的加工（铣型）

在一只链轮上，所有齿的轮廓都是一样的。只要按一个完整的齿形编写出加工程序，再用 G68 旋转功能进行分齿加工，就能加工出一只成形的链轮，见图 10-2。

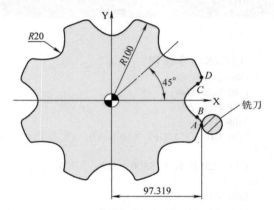

图 10-2 链轮简图

加工程序的结构，先用子程序描述出一个完整齿形的刀具轨迹，然后在主程序中用 G68 功能旋转分度，完成齿形加工。有两种方法编程：

1. 用绝对坐标值编程

计算出 A、B、C、D 四点坐标值。

A 点：X97.319 Y-22.997

B 点：X95.13 Y-19.398

C 点：X95.13 Y19.398

D 点：X97.319 Y22.997

使用刀具：T11——ϕ16mm 铣刀（刀具半径补偿号 D25）。

使用机床：台中精机 V130 立式加工中心，数控系统为 FANUC 0i-M。

刀具加工路径：从 A 点→B 点→C 点→D 点完成一个完整齿形的加工。

加工程序：

O0110

G40 G80 G49 G69；

G91 G28 Z0；

M06 T11；

G90 G00 G54 X120.0 Y-30.09；（刀具定位至起点）

G43 Z30.0 H11 M13 S600；（开主轴，开切削液，调用刀长补偿）

G68 X0 Y0 R0 M98 P0210；（G68 旋转功能加工第1个齿形）

G68 X0 Y0 R45 M98 P0210；（加工第2个齿形）

G68 X0 Y0 R90 M98 P0210；（加工第3个齿形）

G68 X0 Y0 R135 M98 P0210；（加工第4个齿形）

G68 X0 Y0 R180 M98 P0210；（加工第5个齿形）

G68 X0 Y0 R225 M98 P0210；（加工第6个齿形）

G68 X0 Y0 R270 M98 P0210；（加工第7个齿形）

G68 X0 Y0 R315 M98 P0210；（加工第8个齿形）

G91 G28 Z0 M09；（回参考点）

G91 G30 X0 Y0 M05；（回第2参考点）

M30；（结束）

子程序：

O0210

G90 G00 X110.0 Y-25.0；

Z-10.0；

G01 G42 X97.319 Y-22.997 D25 F100；（建立刀具半径补偿，至 A 点）

G03 X95.13 Y-19.398 R3.0；（至 B 点）

G02 X95.13 Y19.398 R20.0；（至 C 点）

G03 X97.319 Y22.997 R3.0；（至 D 点）

G01 Y25.0；（退出加工）

G00 G40 Z20.0；（Z 轴提刀）

G69；（取消旋转）

M99；（返回主程序）

2. 用增量坐标值编程

在程序中同时使用两个子程序，其中一个描述齿形的刀具轨迹（如 O0210 子程序），另一个专门负责增量旋转分度（如 O0220 子程序）。

在主程序中分次调用 O0220 子程序分度，然后用 O0210 子程序加工。

加工程序：

O0110

G40 G80 G49 G69；

G91 G28 Z0；

T11 M06；

G90 G00 G54 X120.0 Y−30.09；（定位至接近 A 点处）

G43 Z30.0 H11 M13 S600；（开主轴，开切削液，调用刀长补偿）

M98 P0210；（调用子程序 0210）

M98 P70220；（调用 7 次 0220 子程序）

G00 G69 Z100.0 M09；（取消旋转功能，Z 轴提刀）

G91 G28 Z0 M05；（Z 轴回零点）

G91 G28 X0 Y0；（X 轴、Y 轴回零点）

M30；（结束）

子程序：

O0210

G90 G01 G42 X110.0 Y−25.0 D25 F200；

Z−10.0；

X97.319 Y−22.997 F100；（A 点）

G03 X95.13 Y−19.398 R3.0；（B 点）

G02 X95.13 Y19.398 R20.0；（C 点）

G03 X97.319 Y22.997 R3.0；（D 点）

G01 Y25.0 F200；（退出加工）

G00 G40 Z30.0；（Z 轴提刀）

M99；（返回 O0220 副程序）

O0220

G68 X0 Y0 G91 R45.0；

G90 M98 P0210；

M99；

注意：

1）子程序 O0210 指令了一个齿形的各点加工位置坐标。

2）子程序 O0220 用 G91 增量值指令，使每加工完一齿后，坐标旋转 45°加工第二齿、第三齿……直至加工完。

3）以上两程序是根据台中精机 V130 加工中心《程式说明书》改编的，上机试运行程序执行正常，图形显示与要求吻合，可以使用。

10.1.3 G68、G69 进行正八角形的加工

编程思路：以八方顶角的三点坐标值为编程基础，编制其中一个顶角的刀具轨迹程序，然后再依次旋转加工，即能加工出一个完整的正八角形，见图 10-3。

计算点 1、点 2、点 3 坐标值：

已知 $\angle\alpha=22°30'$ 及边长 $b=34.142$mm，则对边 a 为

$a=\tan\alpha\times b=0.4142\times34.142mm=14.142$mm

点 1 坐标值：X−14.142 Y−34.142

点 2 坐标值：X0 Y−40.0

点3坐标值：X14.142 Y-34.142

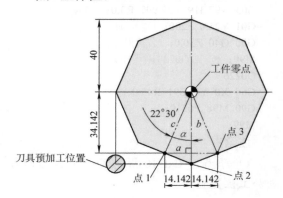

图10-3 正八角形件

加工程序：

O2000

G40 G80 G49 G69；（取消各种补偿）

G91 G28 Z0；（Z轴回零点）

M06 T08；（换8号刀）

G92 X150.0 Y160.0 G17；（在G17平面指令工件坐标系）

G90 G00 X0 Y0；（定位至工件零点）

G43 Z30.0 H08 S450 M13；

G00 X-40.0 Y-40.0；（铣刀预加工位置）

Z-15.0；（Z轴进刀）

M98 P2100；（调用2100子程序）

M98 P72200；（执行7次2200子程序）

G00 G40 Z30.0；（Z轴提刀）

G91 G30 X0 Y0 Z0；（回第2参考点）

M30；

O2100

G90 G01 G42 X-14.142 Y-34.142 D40 F100；（进刀点1）

X0 Y-40.0；（切削加工至点2）

X14.142 Y-34.142；（切削加工至点3）

M99；

O2200

G68 X0 Y0 G91 R45.0；

G90 M98 P2100；

M99；

注意：子程序O2200用G91增量值指令，使每加工完成八角形一个形角后，坐标旋转45°再加工八角形第二个形角。循环七次加工完毕。

10.1.4 槽轮的加工

如图10-4所示槽轮零件，按几何特征可分为三层：

第一层，固定底座，由四方体和螺孔组成。

第二层，定位盘，由四方台、斜直面和凸圆弧组成。

第三层，槽轮，由$4 \times 14^{+0.11}_{0}$mm形槽和4个$R50$mm圆弧组成。

本工序负责加工第二、三层形状和螺孔。

工艺内容与编程思路：

1）用$\phi16$mm立铣刀铣第二层90mm×90mm四方形。

2）铣第三层4个$R50$mm。

3）用G68旋转功能铣80mm×80mm四方形和$4 \times 14^{+0.11}_{0}$mm槽。

4）钻4孔和攻螺纹。

使用机床：台中精机V130加工中心，数

控系统为FANUC 0i-M。

选用刀具：

T01——φ16mm立铣刀。

T03——φ10mm键槽铣刀。

T05——φ8.7mm钻头。

T07——M10×1.5丝锥。

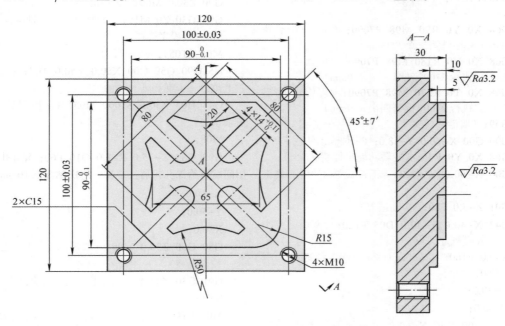

图10-4 槽轮零件图

加工程序：

O7009

G40 G80 G49 G69；

G91 G28 X0 Y0 Z0；

G91 G30 Z0；

T01 M06；

N1 G90 G00 G59 X60 Y80 T03；（定位在工件右上方）

G43 Z30 H01 M03 S600；

Z3 M08；

G01 Z-10.0 F2000；

G41 X45.0 Y45.0 D01 F200；（铣90mm×90mm四方形）

Y-30.0；（铣至R15mm起点处）

G02 X30.0 Y-45.0 R15.0；（铣R15mm）

G01 X-30.0；（铣底边）

X-45.0 Y-30.0；（铣左侧45°）

Y30.0；（铣左边）

G02 X-30.0 Y45.0 R15.0；（铣左侧R15mm）

G01 X30.0；（铣上边）

X45.0 Y30.0；（铣右侧45°）

Y10.0；（工进退刀）

X60.0 Y0 F1000；（退刀）

G91 G40 X20.0；（取消刀具半径补偿）

G90 G00 Z5.0；（Z轴提刀）

G98 P7090；（调用子程序，执行铣第一个 *R*50mm）

G68 X0 Y0 R90 M98 P7090；（旋转90°后执行 P7090 子程序铣第二个 *R*50mm）

G68 X0 Y0 R180 M98 P7090；（再旋转90°后等于180°后执行 P7090 铣第三个 *R*50mm）

G68 X0 Y0 R270 M98 P7090；（再旋转90°后等于270°后执行 P7090 铣第四个 *R*50mm）

G69；（取消旋转功能）

G90 G00 X−60.0 Y−48.0；（定位到工件左下角）

G68 X0 Y0 R45；（旋转功能坐标旋转45°）

G00 X−60.0 Y−48.0；（工件旋转45°后刀具重新定位）

G01 Z−5.0 F80；（Z轴进刀）

G42 X−40.0 Y−40.0 D03 F120；（调用刀具半径补偿，并进到起刀点）

X40.0 F160；（铣80mm×80mm四方台）

Y40.0；

X−40.0；

Y−60.0；

G90 G00 G40 X−60.0；（取消刀具半径补偿，并退刀）

G69；（取消旋转功能）

Z30.0 M09；（Z轴提刀，关切削液）

G91 G30 Z0 M19；（换刀点，主轴准停）

M01；（程序选择停）

M06（T03）；（换3号刀）

N3 G90 G59 G00 X0 Y0 T05；（定位在工件中心位置）

G43 Z30.0 H03 S800 M03；（调用刀具长度补偿，主轴正转）

Z5.0 M08；

G68 X0 Y0 R45 P7091；（用旋转功能和子程序铣4×14mm槽）

G68 X0 Y0 R135 P7091；

G68 X0 Y0 R225 P7091；

G68 X0 Y0 R315 P7091；

G00 Z30.0 M09；（Z轴提刀）

G91 G30 Z0 M19；（至换刀点，主轴准停）

M01；（程序选择停）

M06（T05）；（换5号刀）

N5 G90 G59 G00 X50.0 Y50.0 T07；（定位到右上角第一个螺孔处）

G43 H05 Z30.0 S1000 M03；（调用刀长补偿，主轴正转）

M08；

G98 G83 Z−35.0 R−3.0 Q10 F60；钻4孔，采用间歇进给深孔排屑往复钻，每次钻深深10.0mm）

X−50.0；

Y−50.0；

X50.0；

G80 G00 Z30.0 M09；（取消固定循环，Z轴提起，关切削液）

G91 G30 Z0 M19；（至换刀点，主轴准停）

M01；

M06（T07）；

N7 G90 G59 G00 X50.0 Y50.0 T01；

G43 Z30.0 H07 M08；

M29 S200；（采用刚性攻螺纹，并改主轴转速）

G98 G84 Z−35.0 R−3.0 F300；（刚性攻4孔螺纹）

X−50.0；

Y−50.0；

X50.0；

G80 G00 Z30.0 M28；（取消固定循环，取消刚性攻螺纹）

G91 G30 Z0 M19；

M01；

M06（T01）；

G04 X3.0；（延时）

M30;
　子程序一：
O7090（铣4个R50mm）
G00 G41 X82.5 Y50.0 D02;
G01 Z−5.0 F120;
G03 X82.5 Y−50.0 R50.0;
G00 G40 Z5.0;
G69;
M99;
　子程序二：
O7091（铣4×14mm槽）
G00 X60.0 Y2.0;
G01 Z−5.0 F180;
G41 X50.0 Y7.0 D04 F60;
X20.0;
G03 Y−7.0 R7;

G01 X60.0;
G00 Z3.0;
G40 X70.0;
G69;
M99;

注意：
　1）子程序O7090指令了一个R50mm的坐标位置，用G68旋转功能旋转四次加工完毕。
　2）子程序O7091指令了一个斜槽的加工位置，用G68旋转功能旋转四次加工完毕。
　3）当用旋转功能后，子程序中的绝对坐标都按照平行或垂直于X轴、Y轴的坐标值编程，实际相当于工件旋转了一个角度后与X轴、Y轴平行或垂直。

 G72.2 线性复制子程序功能

　G72.2线性复制子程序功能与一般子程序大体相同，所不同的是线性复制子程序能把处在同一象限上、尺寸相同、间隔距离一样的多个工件一次加工出来，见图10-5。不用重复调用子程序，只需指定调用次数即可。

　刀具从 P_2 点→P_3 点→P_4 点→P_5 点→P_6 点→P_7 点完成第一个形状循环，以后还有两个形状相同的图形。所以采用G72.2线性复制子程序功能加工，以简化编程。

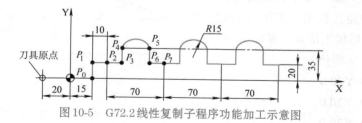

图10-5　G72.2线性复制子程序功能加工示意图

加工程序：

O1000

N10 G92 X-20.0 Y0;

N20 G00 G90 X0 Y0;

N30 G01 G17 G41 X15.0 Y0 D01 F60;

N40 Y20.0;（$P_0 \rightarrow P_1$）

N50 X25.0;（$P_1 \rightarrow P_2$）

N60 G72.2 P2000 L3 I70.0 J0;（线性复制子程序3次，间隔70mm）

N70 X235.0;

N80 Y0;

N90 G00 G90 Z50.0;

N100 G40 X-20.0 Y0;（回刀具原点）

M30;

子程序：

O2000

N100 G90 G01 X45.0;（$P_2 \rightarrow P_3$）

N200 Y35.0;（$P_3 \rightarrow P_4$）

N300 G02 X75.0 R15.0;（$P_4 \rightarrow P_5$）

N400 G01 Y20.0;（$P_5 \rightarrow P_6$）

N500 X95.0;（$P_6 \rightarrow P_7$）

N600 M99;（返回主程序）

注意： 此程序中G72.2指令相当于M98功能（呼叫子程序），程序段N60 G72.2 P2000 L3 I70.0 J0表示调用O2000号子程序3次，每个加工图形的间距为70mm。

10.3 M70、M71、M72、M73镜像功能（中国台湾大立加工中心）

M70——镜像取消。

M71——X轴镜像。

M72——Y轴镜像。

M73——第四轴镜像。

在加工某些对称图形时，为了避免编制同样的程序，减少加工程序的编制量，可以采用镜像加工功能，利用一半图形的加工程序，将另一半图形加工出来，见图10-6。

计算1～5点坐标值：

点1：X20.0 Y20.0

点2：X50.0 Y20.0

点3：X80.0 Y20.0

点4：X120.0 Y20.0

点5：X20.0 Y70.0

加工设备：台湾大立MCV720加工中心。

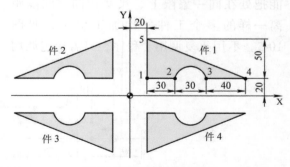

图10-6　镜像加工示意图

使用刀具：T01——ϕ14mm 立铣刀，刀具半径补偿号为 D20。

加工程序：

O1000

M70；

G40 G80 G49；

G91 G28 Z0；

M06 T01；

G90 G00 G54 X0 Y0；

G43 Z20.0 H01 S600 M13；

M98 P2000；（加工件1）

M72；（移到件2）

M98 P2000；（加工件2）

M70；

M71；（移到件3）

M98 P2000；（加工件3）

M70；

M72；（移到件4）

M98 P2000；（加工件4）

M70；

G40 G91 G28 Z0；

M30；

O2000（子程序）

G00 X10.0 Y0；（定位至预加工位置）

Z-12.0；（Z轴进刀）

G01 G42 X20.0 Y20.0 D20 F80；（切削进给至点1位置）

X50.0；（至点2位置）

G02 X80.0 Y20.0 R15.0；（至点3位置）

G01 X120.0；（至点4位置）

X20.0 Y70.0；（至点5位置）

Y5.0；（至接近零点位置）

G00 Z20.0；（Z轴提刀）

G40 X0. Y0；（工件零点）

M99；（返回主程序）

10.4 G15、G16 极坐标功能

G16——极坐标开。

G15——极坐标取消。

在圆盘类零件平面上加工等分或不等分的孔时，不用孔的终点坐标值指定孔的位置，而采用回转半径和角度来指令孔的位置，以半径和角度作为编程指令加工孔的方法称为极坐标功能。

极坐标功能规定：被选择平面的第一回转轴逆时针旋转形成的角度为"正角"，顺时针旋转形成的角度为"负角"。其角度既可用绝对值指令，又可用增量值指令，见图10-7和图10-8。

指令格式：

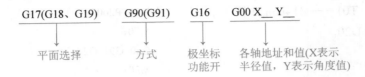

平面选择　　方式　　极坐标　各轴地址和值(X表示
　　　　　　　　　　功能开　半径值，Y表示角度值)

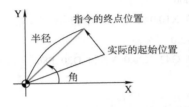

图10-7　G90绝对值指令从零角度计算

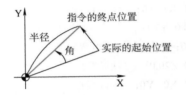

图10-8　G91增量值指令从起始位置计算

例10-1　极坐标应用举例一，见图10-9。

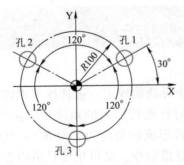

图10-9　极坐标钻孔示意图（一）

平面选择XY（G17），工件零点（圆心）设为极坐标的原点。

1．用绝对值指令G90编程

N1　G17　G90　G00　G54　G16　X100.0　Y30.0;
（极坐标功能开，指令孔1位置，Y30.0为角度值）

N2　G81　G99　Z−20.0　R5.0　F100;（指定在半径为100mm的圆周旋转150°，即孔2位置）

N3　Y150.0;

N4　Y270.0;（指定旋转270°，即孔3位置）

N5　G15　G80;（取消极坐标方式，取消固定循环）

2．用增量值指令G91编程

N1　G17　G90　G54　X0　Y0　G16;（工件零点为极坐标原点）

N2　G81　G99　X100.0　Y30.0　Z−20.0　R5.0　F100;（指令孔1位置钻孔循环）

N3　G91　Y120.0;（由孔1位置旋转120°至孔2位置）

N4　Y120.0;（由孔2位置旋转120°至孔3位置）

N5　G15　G80;（取消极坐标方式，取消固定循环）

例10-2　极坐标应用举例二，见图10-10。

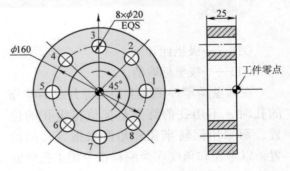

图10-10　极坐标钻孔示意图（二）

选用刀具：T01——ϕ20mm钻头。

加工设备：台中精机V130立式加工中心，数控系统为FANUC 0*i*-M。

加工程序：

O0060

G40 G80 G49;

G91 G30 Z0;

M06 T01;

G90 G00 G54 G16 X80.0 Y0;（定位在孔1位置）

G43 Z50.0 H01 S500 M13;

G81 G99 Z-28.0 R4.0 F80;（固定钻孔循环）

G91 Y45.0 K7;（以角度增量值完成其他七孔加工）

G80 G15 G00 Z20.0;

G91 G30 X0 Y0 Z0;

M30;

10.5 G52局部坐标系的特殊功能

在用G54~G59六个工件坐标系编程时，为了更方便编程可由这六个坐标系中的任何一个坐标系指令一个工件子坐标系，而这个由坐标系分离出来的子坐标系就称为局部坐标系。

指令格式：

G52 X__ Y__;（设定局部坐标系）

G52 X0 Y0;（返回原坐标系）

为了取消局部坐标系与在工件坐标系中标注坐标值，应该让局部坐标系的零点与工件坐标系的零点重合，见图10-11。

10.5.1 局部坐标系的设定

例10-3 加工如图10-12所示8个四方体上的孔，工件厚15mm。用G52局部坐标系功能编程。

选用刀具：

T01——ϕ12mm定心钻。

T02——ϕ10mm钻头。

加工设备：台中精机V130立式加工中心，数控系统为FANUC 0*i*-M。

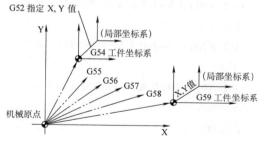

图10-11 局部坐标系零点与工件坐标系零点重合

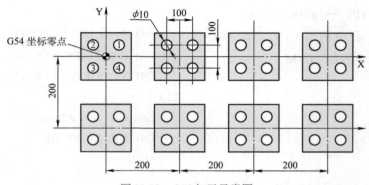

图 10-12　G52 加工示意图

加工程序：

O0050

G40 G80 G49；

G91 G28 Z0；

M06 T01；

G90 G00 G54 X50.0 Y50.0；（定位到第1个四方体的第1孔位）

G43 Z20.0 H01 S1000 M13 T02；

G81 G98 Z-6.0 R3.0 F100 K0；（采用G81钻孔循环功能钻中心孔）

M98 P0051；（调用子程序）

G00 G80 Z20.0 M09；（取消固定循环，Z轴提刀）

G91 G28 Z0；

M06（T02）；

G90 G00 G54 X50.0 Y50.0；

G43 Z20.0 H02 S800 M13 T01；

G82 G98 Z-18.0 R3.0 P500 F80 K0；（用G82钻孔循环功能钻孔）

M98 P0051；

G00 G80 Z100.0 M09；

G91 G28 Z0；

M06；

G91 G30 X0 Y0；

M30；

子程序一：

O0051

G52 X0 Y0 M98 P0052；（局部坐标系）

G52 X200.0 M98 P0052；（用局部坐标系指定横排第二个四方体位置）

G52 X400.0 M98 P0052；（第三个四方体位置）

G52 X600.0 M98 P0052；（第四个四方体位置）

G52 X600.0 Y-200.0 M98 P0052；（横排第二行最右边四方体）

G52 X400.0 Y-200.0 M98 P0052；（横排第二行右数第二个四方体）

G52 X200.0 Y-200.0 M98 P0052；（横排第二行右数第三个四方体）

G52 X0 Y-200.0 M98 P0052；（横排第二行右数第四个四方体）

子程序二：

O0052

X50.0 Y50.0；（1孔位置）

X-50.0;（2孔位置）

Y-50.0;（3孔位置）

X50.0;（4孔位置）

G52 X0 Y0;（回坐标系零点）

M99;

注意：子程序二指令了一个四方体上4个孔的绝对坐标位置。执行一次，加工一个四方体的4个孔。

10.5.2　G52局部坐标系和G16极坐标功能加工实例

产品名称：工装底板（$\phi70$mm、$\phi50$mm、$\phi30$mm孔已粗加工），见图10-13。

使用设备：韩国起亚VX500立式加工中心，数控系统为FANUC 0i-MB。

使用刀具：

T01——$\phi12$mm定心钻（钻各孔中心位置）。

T02——$\phi18$mm钻头（钻4×$\phi18$mm孔）。

T03——$\phi14.2$mm钻头（钻4×M16螺纹底孔）。

T04——$\phi17.7$mm钻头（钻2×M20螺纹底孔）。

T05——M16丝锥。

T06——M20丝锥。

T07——$\phi69.4$mm双刃粗镗刀。

T08——$\phi70$mm精镗刀。

T09——$\phi49.5$mm粗镗刀。

T10——$\phi50$mm精镗刀。

T11——$\phi29.6$mm粗镗刀。

T12——$\phi30$mm精镗刀。

T13——$\phi32$mm 90°倒角刀。

工件零点设在$\phi70^{+0.03}_{0}$mm孔轴线。参看工装底板加工示意图，见图10-13。

加工程序：

O0037

G40 G80 G49;

G91 G28 Z0;

M06 T01;（换$\phi12$mm定心钻）

N1 G90 G00 G54 G16 X60.0 Y0;（用G16极坐标功能钻孔）

G43 Z30.0 H01 S1000 M13 T02;

G81 G99 Z-5.0 R3.0 F60;

G91 Y90.0 K3;（用角度增量值加工其他三孔）

G00 G80 G15 Z100.0;（取消极坐标功能）

G90 G00 G54 X0 Y0;

G81 G99 Z-6.0 R3.0 F60 K0;（指令G81钻孔循环功能）

G52 X-222.0 M98 P0038;（用G52局部坐标系功能定位）

G00 G80 Z100.0;

G90 G00 G54 X196.0 Y-110.0;（定位至M20螺孔位置）

G81 G99 Z-6.0 R3.0 F60;（钻中心孔）

Y110.0;（钻另一M20螺孔中心孔）

 X385.0 Y0;（钻$\phi30$mm孔中心孔）

G80 G00 Z100.0 M09;

G91 G28 Z0;

G91 G28 X0 Y0;

M01;

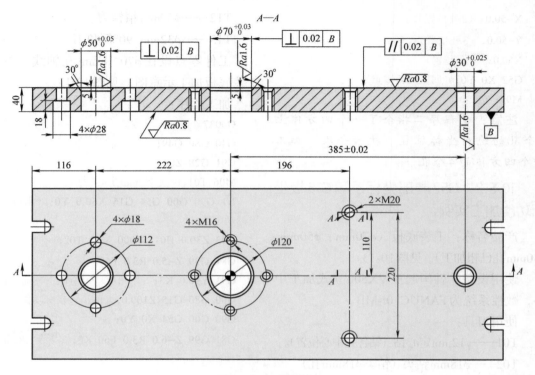

图10-13　工装底板

M06；（换φ18mm钻头）

N2 G90 G00 G54 X0 Y0 T03；

G43 Z30.0 H02 S360 M13；

G83 G99 Z-45.0 R4.0 Q20.0 F40；（指令G83步进钻孔循环）

G52 X-222.0 M98 P0038；（用G52局部坐标系钻孔）

G00 G80 Z100.0 M09；

G91 G28 Z0；

G91 G30 X0 Y0；

M01；

M06；（换φ14.2mm钻头）

N3 G90 G00 G54 G16 X60.0 Y0；（用极坐标功能钻孔）

G43 Z30.0 H03 S400 M13 T04；

G83 G99 Z-44.0 R4.0 Q20.0 F38；（指令G83步进钻循环）

G91 Y90.0 K3；（用增量值指令角度三次）

G00 G80 G15 Z100.0 M09；

G91 G28 Z0；

G91 G30 X0 Y0；

M01；

M06；（换φ17.7mm钻头）

N4 G90 G00 G54 X196.0 Y110.0；（定位至

M20 螺孔中心）

    G43 Z30.0 H04 S360 M13 T05；

    G83 G99 Z−45.0 R4.0 Q20.0 F40；（钻第一孔）

    G98 Y−110.0；（钻第二孔）

    G80 G00 Z100.0 M09；

    G91 G28 Z0；

    G91 G30 X0 Y0；

    M01；

    M06；（换 M16 丝锥）

    N5 G90 G00 G54 G16 X60.0 Y0；（用极坐标功能攻螺纹孔）

    G43 Z30.0 H05 S300 M13 T06；

    M29 S300；

    G84 G99 Z−43.0 R4.0 F600；（用 G84 指令攻右旋螺纹孔）

    G91 Y90.0 K3；（极坐标角度增量加工）

    G00 G80 G15 M28 Z100.0；（取消固定循环，取消极坐标功能）

    G91 G28 Z0 M09；

    G91 G30 X0 Y0；

    M01；

    M06；（换 M20 丝锥）

    N6 G90 G00 G54 X196.0 Y110.0 T07；

    G43 Z30.0 H06 S200 M13；

    M29 S200；

    G84 G98 Z−43.0 R4.0 F500；（攻两个 M20 螺孔）

    Y−110.0；

    G00 G80 M28 Z100.0；（取消攻螺纹循环）

    G91 G28 Z0 M09；

    G91 G30 X0 Y0；

    M01；

    M06；（换 ϕ69.4mm 双刃粗镗刀）

    N7 G90 G00 G54 X0 Y0 T08；（定位至工件零点，同时呼叫 8 号刀）

    G43 Z30.0 H07 S380 M13；

    G01 Z3.0 F3000；

    Z−42.0 F45；（粗镗孔）

    G00 Z30.0 M09；

    G91 G28 Z0；

    G91 G30 X0 Y0；

    M01；

    M06；（换 ϕ70mm 精镗刀）

    N8 G90 G00 G54 X0 Y0 T09；（定位至工件零点）

    G43 Z30.0 H08 S600 M13；

    G76 G98 Z−42.0 R4.0 Q2.0 F36；（用 G76 精镗孔循环精镗孔）

    G00 G80 Z100.0 M09；

    G91 G28 Z0；

    G91 G30 X0 Y0；

    M01；

    M06；（换 ϕ49.5mm 粗镗刀）

    N9 G90 G00 G54 X−222.0 Y0 T10；（定位至 ϕ50mm 孔中心）

    G43 Z30.0 H09 S450 M13；

    G01 Z3.0 F3000；

    Z−42.0 F40；（粗镗孔）

    G00 Z100.0 M09；

    G91 G28 Z0；

    G91 G30 X0 Y0；

    M01；

    M06；（换 ϕ50mm 精镗刀）

    N10 G90 G00 G54 X−222.0 Y0 T11；（定位至 ϕ50mm 孔中心）

    G43 Z30.0 H10 S650 M13；

    G85 G98 Z−42.0 R4.0 F30.0；（精镗孔）

    G80 G00 Z100.0 M09；

    G91 G28 Z0；

    G91 G30 X0 Y0；

    M01；

    M06；（换 ϕ29.6mm 粗镗刀）

N11 G90 G00 G54 X385.0 Y0 T12;

G43 Z30.0 H11 S600 M13;

G01 Z3.0 F3000;

Z-42.0 F40;（粗镗孔）

G91 G28 Z0;

G91 G30 X0 Y0;

M01;

M06;（换ϕ30mm精镗刀）

N12 G90 G00 G54 X385.0 Y0 T13;

G43 Z30.0 H12 S650 M13;

G01 Z3.0 F3000;

Z-42.0 F60;（精镗孔）

M01;

M06;（换ϕ32mm 90°倒角刀）

N13 G90 G00 G54 X0 Y0;（定位至工件零点）

G43 Z30.0 H13 S1000 M13;

G01 Z-11.0 F2000;

X-20.0 F1000;

X-26.0 F200;（倒ϕ70mm孔边角）

G02 I26.0;（倒角一周）

G00 X0 Y0;

Z30.0;

G90 X-222.0 Y0;（定位至ϕ50mm孔中心）

G01 Z-8.0 F2000;

X-10.0 F1000;

X-16.0 F200;（倒ϕ50mm孔边角）

G02 I16.0;（倒角一周）

G00 X0 Y0;

Z30.0 M09;

G90 G00 X385.0 Y0;（定位至ϕ30mm孔中心）

G82 G98 Z-3.0 R3.0 P2000 F100;（倒角）

G80 G00 Z100.0 M09;（提刀）

G91 G28 Z0;

G91 G30 X0 Y0;（回第2参考点）

M30;（程序结束）

子程序：

O0038

X56.0 Y0;

X0 Y56.0;

X-56.0 Y0;

X0 Y-56.0;

M99;

注意：O0038子程序指定了$4\times\phi$18mm孔位置。

第11章 加工中心典型零件编程加工实例

传动总成是乘用车的核心总成之一，变速器和减速器性能好坏直接影响整车的稳定性，因此对其质量和精度的要求越来越高。下面针对传动总成中典型壳体类零部件（图11-1）的加工做分析说明，从工艺编排、刀具选择、参数设置、程序编写等方面进行阐述。

1. 工序内容

1）铣上平面。

2）立铣刀加工视图Ⅰ。

3）4×M4螺纹孔。

4）8×ϕ8.5mm通孔。

5）ϕ7mm通孔。

6）2×$\phi 10^{+0.055}_{+0.040}$mm销孔。

7）ϕ28±0.02mm精度孔。

8）6×M5螺纹孔。

9）10×M6螺纹孔。

10）ϕ8H7（$^{+0.015}_{0}$）精度孔。

此零部件的加工分为两步，分别使用壳体三处工艺凸台作为支撑和压紧点进行紧固，在进行这两次装夹时，需要注意的是压紧力要适中，压紧力太大会引起壳体变形，导致该零部件发生变形，形状和位置尺寸发生变化，另外压紧顺序要依次循环压紧，不可将某一点直接固定。

2. 选用刀具（表11-1）

表11-1 选用刀具

序号	刀号	刀具名称及规格	刀具半径补偿	转速/(r/min)
1	T01	ϕ80mm 面铣刀	D01=40mm	1500
2	T02	ϕ4mm 立铣刀	D02=2mm	4000
3	T03	ϕ16mm 立铣刀	D03=8mm	2500
4	T04	ϕ3.3mm 钻头		1000
5	T05	ϕ4.2mm 钻头		1000
6	T06	ϕ5mm 钻头		1000
7	T07	ϕ7mm 钻头		700
8	T08	ϕ7.7mm 钻头		700
9	T09	ϕ8.5mm 钻头		700
10	T10	ϕ9.7mm 钻头		700
11	T11	M4 丝锥		500
12	T12	M5 丝锥		500
13	T13	M6 丝锥		400
14	T14	ϕ8mm 铰刀		500
15	T15	ϕ10mm 镗刀		1000
16	T16	ϕ28mm 镗刀		300
17	T17	ϕ10mm NC点钻（90°中心钻）		1000

3. 加工程序

（1）加工视图一的程序 坐标系说明：加工视图一坐标系原点为A—A和B—B剖切线

的交点，坐标系设为G54，Z0位置定为顶端上表面。

O0010 此程序为粗加工视图一主程序

N1 T01 M06；（换T01 ϕ80mm面铣刀）

N2 G80 G40 G15 G69；（清除刀补循环功能、极坐标功能及旋转功能）

N3 G50.1 X0 Y0；（取消镜像）

N4 G52 X0 Y0 Z0；（取消坐标系平移）

N5 G91 G28 Z0；（返回机床参考点）

N6 G54 G40 G90 G00；（坐标系为G54）

N7 M03 M08 S1500；（主轴正转，切削液开启）

N8 G43 Z50. H01；（刀具长度补偿功能开启）

N9 X15. Y260.；（定位到起始点）

N10 G01 Z3.2 F2000；

N11 M98 P0011 L2；（调用子程序0011，准备执行2次）

N12 G00 Z200.；（提刀）

N13 M05 M09；（主轴停止，切削液关闭）

N14 M30；（程序结束并返回程序头）

O0011 此程序为粗加工视图一子程序

N1 G91 G01 Z−1.5 F200；（相对每次下切1.5mm）

N2 G90 X15. Y150. F500；（刀具进入圆弧之前的定位点）

N3 G02 I0. J−150.；（顺时针圆弧插补，半径为150mm）

N4 G01 X15. Y260.；

N5 M99；（子程序结束）

粗加工剩余0.2mm，用于精加工其上表面。

O0012 此程序为精加工视图一主程序

N1 T01 M06；（换T01 ϕ80mm面铣刀）

N2 G80 G40 G15 G69；（清除刀补循环功能、极坐标功能及旋转功能）

N3 G50.1 X0 Y0；（取消镜像）

N4 G52 X0 Y0 Z0；（取消坐标系平移）

N5 G91 G28 Z0；（返回机床参考点）

N6 G54 G40 G90 G00；（坐标系为G54）

N7 M03 M08 S1500；（主轴正转，切削液开启）

N8 G43 Z50. H01；（刀具长度补偿功能开启）

N9 X15. Y260.；（定位到起始点）

N10 G01 Z0.2 F2000；

N11 M98 P0013 L1；（调用子程序0013，准备执行1次）

N12 G00 Z200.；（提刀）

N13 M05 M09；（主轴停止，切削液关闭）

N14 M30；（程序结束并返回程序头）

O0013 此程序为精加工视图一子程序

N1 G91 G01 Z−0.2 F200；（相对每次下切0.2mm）

N2 G90 X15. Y150. F500；（刀具进入圆弧之前的定位点）

N3 G02 I0. J−150.；（顺时针圆弧插补，半径为150mm）

N4 G01 X15. Y260.；

N5 M99；（子程序结束）

（2）加工视图 *I* 的程序 坐标系说明：加工视图 *I* 时，其坐标点是关于视图 *I* 对称尺寸标注，此处需要使用坐标系平移指令，Z0位置设在其上表面。

O0020 此程序为粗加工视图 *I* 主程序

N1 T02 M06；（换T02 ϕ4mm立铣刀）

N2 G80 G40 G15 G69；（清除刀补循环功能、极坐标功能及旋转功能）

N3 G50.1 X0 Y0；（取消镜像）

N4 G52 X0 Y0 Z0；（取消坐标系平移）

N5 G91 G28 Z0；（返回机床参考点）

N6 G54 G40 G90 G00 G80；（坐标系为G54）

N7 M03 M08 S4000；（主轴正转，切削液开启）

N8　G52 X15.1 Y180.68 Z0；（坐标系平移功能开启，X向平移15.1mm，Y向平移180.68mm，Z向不做改变）

N9　G43 Z50. H02；（刀具长度补偿功能开启）

N10　X0. Y0.；（定位到起始点）

N11　G01 Z0. F2000；

N12　M98 P0021 L19；（调用子程序0021，准备执行19次）

N13　G00 Z200.；

N14　G52 X0 Y0 Z0；（取消坐标系平移）

N15　M05 M09；（主轴停止，切削液关闭）

N16　M30；（程序结束并返回程序头）

编程中"，"（逗号）的功能和使用方式：为了方便快捷编程，在直线接直线、直线接圆弧、圆弧接直线、圆弧接圆弧中，可以在C和R之前使用逗号，完成机床的自动倒斜角和倒圆角。

格式：　G01 X__ Y__，C__；
　　　　　G01 X__ Y__，R__；

O0021此程序为粗加工视图 I 子程序

N1　G91 G01 Z−1. F200；（相对每次下切1mm）

N2　G90 G41 X0. Y11.43 D02 F500；（调用2号刀具半径左补偿，此时刀具半径补偿值输入2.2mm，同时刀具定位）

N3　X−7.，R2.25；（快捷编程方式，此处逆时针圆弧插补半径为2.25mm）

N4　X−7. Y8.24，R0.75；（快捷编程方式，此处顺时针圆弧插补半径为0.75mm）

N5　X−15.5 Y8.24，R4.；（快捷编程方式，此处逆时针圆弧插补半径为4mm）

N6　X−15.5 Y−8.24，R4.；（快捷编程方式，此处逆时针圆弧插补半径为4mm）

N7　X15.5 Y−8.24，R4.；（快捷编程方式，此处逆时针圆弧插补半径为4mm）

N8　X15.5 Y8.24，R4.；（快捷编程方式，此处逆时针圆弧插补半径为4mm）

N9　X7. Y8.24，R0.75；（快捷编程方式，此处顺时针圆弧插补半径为0.75mm）

N10　X7. Y11.43，R2.25；（快捷编程方式，此处逆时针圆弧插补半径为2.25mm）

N11　X0. Y11.43；

N12　G40 X0. Y0.；（清除刀具半径补偿，刀具回到起始位置）

N15　M99；（子程序结束）

此前刀具半径补偿值是2.2mm，型腔侧壁单边留0.2mm余量，以下为精加工程序。

O0022此程序为精加工视图 I 主程序

N1　T02 M06；（换T02 ϕ4mm立铣刀）

N2　G80 G40 G15 G69；（清除刀补循环功能、极坐标功能及旋转功能）

N3　G50.1 X0 Y0；（取消镜像）

N4　G52 X0 Y0 Z0；（取消坐标系平移）

N5　G91 G28 Z0；（返回机床参考点）

N6　G54 G40 G90 G00 G80；（坐标系为G54）

N7　M03 M08 S4000；（主轴正转，切削液开启）

N8　G52 X15.1 Y180.68 Z0；（坐标系平移功能开启，X向平移15.1mm，Y向平移180.68mm，Z向不做改变）

N9　G43 Z50. H02；（刀具长度补偿功能开启）

N10　X0. Y0.；（定位到起始点）

N11　G01 Z0. F2000；

N12　M98 P0023 L1；（调用子程序0023，准备执行1次）

N13　G00 Z200.；

N14　G52 X0 Y0 Z0；（取消坐标系平移）

N15　M05 M09；（主轴停止，切削液关闭）

N16　M30；（程序结束并返回程序头）

O0023此程序为精加工视图 I 子程序

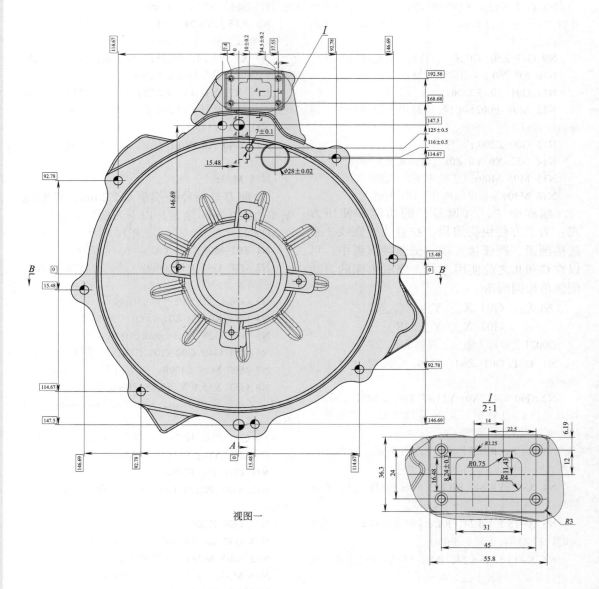

视图一

$\dfrac{I}{2:1}$

图 11-1　典型

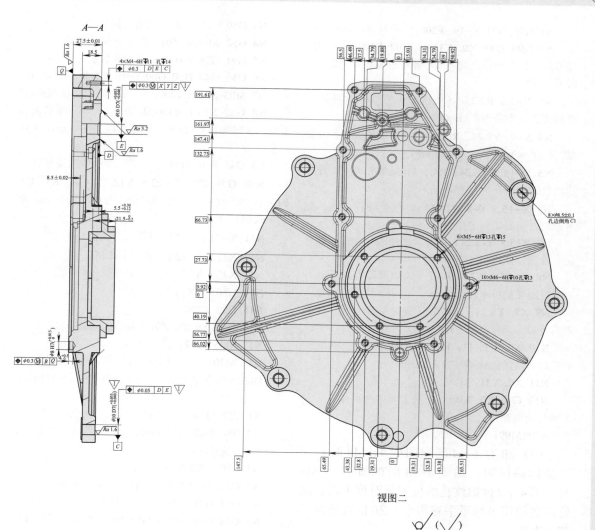

视图二

技术要求
未标注倒角为 C0.3。

壳体类零部件

N1 G91 G01 Z−19. F200；（相对下切19mm）

N2 G90 G41 X0. Y11.43 D02 F500；（调用2号刀具半径左补偿，此时刀具半径补偿值输入2，同时刀具定位）

N3 X−7.，R2.25；（快捷编程方式，此处逆时针圆弧插补半径为2.25mm）

N4 X−7. Y8.24，R0.75；（快捷编程方式，此处顺时针圆弧插补半径为0.75mm）

N5 X−15.5 Y8.24，R4.；（快捷编程方式，此处逆时针圆弧插补半径为4mm）

N6 X−15.5 Y−8.24，R4.；（快捷编程方式，此处逆时针圆弧插补半径为4mm）

N7 X15.5 Y−8.24，R4.；（快捷编程方式，此处逆时针圆弧插补半径为4mm）

N8 X15.5 Y8.24，R4.；（快捷编程方式，此处逆时针圆弧插补半径为4mm）

N9 X7. Y8.24，R0.75；（快捷编程方式，此处顺时针圆弧插补半径为0.75mm）

N10 X7. Y11.43，R2.25；（快捷编程方式，此处逆时针圆弧插补半径为2.25mm）

N11 X0. Y11.43；

N12 G40 X0. Y0.；（清除刀具半径补偿，刀具回到起始位置）

N13 M99；（子程序结束）

（3）加工A—A剖视图中4×M4的程序

坐标系说明：加工A—A剖视图中4×M4时，其4个M4螺纹孔的位置是对称关系，此处需要使用坐标系平移指令，Z0位置还设在其上表面。

O0025此程序为加工A—A剖视图中4×M4底孔程序

N1 T04 M06；（换T04 φ3.3mm钻头）

N2 G80 G40 G15 G69；（清除刀补循环功能、极坐标功能及旋转功能）

N3 G50.1 X0 Y0；（取消镜像）

N4 G52 X0 Y0 Z0；（取消坐标系平移）

N5 G91 G28 Z0；（返回机床参考点）

N6 G54 G40 G90 G00 G80；（坐标系为G54）

N7 M03 M08 S1000；（主轴正转，切削液开启）

N8 G52 X15.1 Y180.68 Z0；（坐标系平移功能开启，X向平移15.1mm，Y向平移180.68mm，Z向不做改变）

N9 G43 Z50. H04；（刀具长度补偿功能开启）

N10 G98 G83 X−22.5 Y12. Z−14. R5. Q1. F100；（指令G83钻孔循环功能，每次下切1mm，第一个孔位）

N11 X−22.5 Y−12.；（第二个孔位）

N12 X22.5 Y−12.；（第三个孔位）

N13 X22.5 Y12.；（第四个孔位）

N14 G80；（取消固定循环）

N15 G00 Z200.；

N16 G52 X0 Y0 Z0；（取消坐标系平移）

N17 M05 M09；（主轴停止，切削液关闭）

N18 M30；（程序结束并返回程序头）

O0026此程序为加工A—A剖视图中4×M4孔顶部倒角程序

N1 T17 M06；（换T17 φ10mm 90°中心钻）

N2 G80 G40 G15 G69；（清除刀补循环功能、极坐标功能及旋转功能）

N3 G50.1 X0 Y0；（取消镜像）

N4 G52 X0 Y0 Z0；（取消坐标系平移）

N5 G91 G28 Z0；（返回机床参考点）

N6 G54 G40 G90 G00 G80；（坐标系为G54）

N7 M03 M08 S1000；（主轴正转，切削液开启）

N8 G52 X15.1 Y180.68 Z0；（坐标系平移功能开启，X向平移15.1mm，Y向平移180.68mm，Z向不做改变）

N9 G43 Z50. H17；（刀具长度补偿功能开启）

N10 G98 G81 X−22.5 Y12. Z−2.3 R5. F100；（指令G81钻孔循环功能，倒角0.3mm，第一个孔位）

N11 X−22.5 Y−12.；（第二个孔位）

N12 X22.5 Y−12.；（第三个孔位）

N13 X22.5 Y12.；（第四个孔位）

N14 G80；（取消固定循环）

N15 G00 Z200.；

N16 G52 X0 Y0 Z0；（取消坐标系平移）

N17 M05 M09；（主轴停止，切削液关闭）

N18 M30；（程序结束并返回程序头）

O0027 此程序为加工A—A剖视图中4×M4攻螺纹程序

N1 T11 M06；（换T11 M4丝锥）

N2 G80 G40 G15 G69；（清除刀补循环功能、极坐标功能及旋转功能）

N3 G50.1 X0 Y0；（取消镜像）

N4 G52 X0 Y0 Z0；（取消坐标系平移）

N5 G91 G28 Z0；（返回机床参考点）

N6 G54 G40 G90 G00 G80；（坐标系为G54）

N7 M03 M08 S500；（主轴正转，切削液开启）

N8 G52 X15.1 Y180.68 Z0；（坐标系平移功能开启，X向平移15.1mm，Y向平移180.68mm，Z向不做改变）

N9 G43 Z50. H11；（刀具长度补偿功能开启）

N10 G98 G84 X−22.5 Y12. Z−11 R5. Q1. F350；（指令G84攻螺纹循环功能，第一个孔位）

N11 X−22.5 Y−12.；（第二个孔位）

N12 X22.5 Y−12.；（第三个孔位）

N13 X22.5 Y12.；（第四个孔位）

N14 G80；（取消固定循环）

N15 G00 Z200.；

N16 G52 X0 Y0 Z0；（取消坐标系平移）

N17 M05 M09；（主轴停止，切削液关闭）

N18 M30；（程序结束并返回程序头）

（4）加工视图二中8×φ8.5mm孔的程序　坐标系说明：加工视图二坐标系原点为A—A和B—B剖切线的交点，坐标系设为G54，Z0位置定为顶端上表面。

O0030此程序为加工视图二中8×φ8.5mm底孔程序

N1 T09 M06；（换T09 φ8.5mm钻头）

N2 G80 G40 G15 G69；（清除刀补循环功能、极坐标功能及旋转功能）

N3 G50.1 X0 Y0；（取消镜像）

N4 G52 X0 Y0 Z0；（取消坐标系平移）

N5 G91 G28 Z0；（返回机床参考点）

N6 G54 G40 G90 G00 G80；（坐标系为G54）

N7 M03 M08 S700；（主轴正转，切削液开启）

N8 G43 Z50. H09；（刀具长度补偿功能开启）

N9 G98 G83 X−15.48 Y146.69 Z−29 R5. Q1. F100；（指令G83钻孔循环功能，每次下切1mm，第一个孔位）

N10 X−114.67 Y92.78；（第二个孔位）

N11 X−146.69 Y−15.48；（第三个孔位）

N12 X−92.78 Y−114.67；（第四个孔位）

N13 X15.48 Y−146.69；（第五个孔位）

N14 X114.67 Y−92.78；（第六个孔位）

N15 X146.69 Y15.48；（第七个孔位）

N16 X92.78 Y114.67；（第八个孔位）

N17 G80；（取消固定循环）

N18 G00 Z200.；

N19 G52 X0 Y0 Z0；（取消坐标系平移）

N20 M05 M09；（主轴停止，切削液关闭）

N21 M30；（程序结束并返回程序头）

O0031此程序为加工视图二中8×φ8.5mm孔顶端倒角程序

N1 T17 M06；（换T17 φ10mm 90°中心钻）

N2 G80 G40 G15 G69；（清除刀补循环功能、

极坐标功能及旋转功能）

N3 G50.1 X0 Y0；（取消镜像）

N4 G52 X0 Y0 Z0；（取消坐标系平移）

N5 G91 G28 Z0；（返回机床参考点）

N6 G54 G40 G90 G00 G80；（坐标系为G54）

N7 M03 M08 S1000；（主轴正转，切削液开启）

N8 G43 Z50. H17；（刀具长度补偿功能开启）

N9 G98 G81 X-15.48 Y146.69 Z-5.25 R5. F100；（指令G81钻孔循环功能，5.25=8.5/2+1（孔口要求倒角C1），第一个孔位）

N10 X-114.67 Y92.78；（第二个孔位）

N11 X-146.69 Y-15.48；（第三个孔位）

N12 X-92.78 Y-114.67；（第四个孔位）

N13 X15.48 Y-146.69；（第五个孔位）

N14 X114.67 Y-92.78；（第六个孔位）

N15 X146.69 Y15.48；（第七个孔位）

N16 X92.78 Y114.67；（第八个孔位）

N17 G80；（取消固定循环）

N18 G00 Z200.；

N19 G52 X0 Y0 Z0；（取消坐标系平移）

N20 M05 M09；（主轴停止，切削液关闭）

N21 M30；（程序结束并返回程序头）

（5）加工视图一中ϕ7mm孔的程序　坐标系说明：加工视图一坐标系原点为A—A和B—B剖切线的交点，坐标系设为G54，Z0位置定为顶端上表面。

O0032此程序为加工视图一中ϕ7mm孔程序

N1 T07 M06；（换T07 ϕ7mm钻头）

N2 G80 G40 G15 G69；（清除刀补循环功能、极坐标功能及旋转功能）

N3 G50.1 X0 Y0；（取消镜像）

N4 G52 X0 Y0 Z0；（取消坐标系平移）

N5 G91 G28 Z0；（返回机床参考点）

N6 G54 G40 G90 G00 G80；（坐标系为G54）

N7 M03 M08 S700；（主轴正转，切削液开启）

N8 G43 Z50. H07；（刀具长度补偿功能开启）

N9 G98 G83 X10. Y125. Z-29 R5. Q1. F100；（指令G83钻孔循环功能，每次下切1mm，第一个孔位）

N10 G80；（取消固定循环）

N11 G00 Z200.；

N12 G52 X0 Y0 Z0；（取消坐标系平移）

N13 M05 M09；（主轴停止，切削液关闭）

N14 M30；（程序结束并返回程序头）

（6）加工A—A剖视图中$2\times\phi10^{+0.055}_{+0.040}$mm孔的程序　坐标系说明：加工A—A剖视图坐标系原点为A—A和B—B剖切线的交点，坐标系设为G54，Z0位置定为顶端上表面。

O0040此程序为加工A—A剖视图中$2\times\phi10^{+0.055}_{+0.040}$mm底孔程序

N1 T10 M06；（换T10 ϕ9.7mm钻头）

N2 G80 G40 G15 G69；（清除刀补循环功能、极坐标功能及旋转功能）

N3 G50.1 X0 Y0；（取消镜像）

N4 G52 X0 Y0 Z0；（取消坐标系平移）

N5 G91 G28 Z0；（返回机床参考点）

N6 G54 G40 G90 G00 G80；（坐标系为G54）

N7 M03 M08 S700；（主轴正转，切削液开启）

N8 G43 Z50. H10；（刀具长度补偿功能开启）

N9 G98 G83 X0 Y147.5 Z-29 R5. Q1. F100；（指令G83钻孔循环功能，每次下切1mm，第一个孔位）

N10 X0 Y-147.5；（第二个孔位）

N11 G80；（取消固定循环）

N12 G00 Z200.；

N13 G52 X0 Y0 Z0；（取消坐标系平移）

N14 M05 M09；（主轴停止，切削液关闭）

N15 M30；（程序结束并返回程序头）

O0041 此程序为加工 A—A 剖视图中 2×$\phi 10^{+0.055}_{+0.044}$mm 镗孔程序

N1 T15 M06;（换 T15 ϕ10mm 镗刀）

N2 G80 G40 G15 G69;（清除刀补循环功能、极坐标功能及旋转功能）

N3 G50.1 X0 Y0;（取消镜像）

N4 G52 X0 Y0 Z0;（取消坐标系平移）

N5 G91 G28 Z0;（返回机床参考点）

N6 G54 G40 G90 G00 G80;（坐标系为 G54）

N7 M03 M08 S1000;（主轴正转，切削液开启）

N8 G43 Z50. H15;（刀具长度补偿功能开启）

N9 G98 G76 X0 Y147.5 Z−29 R5.Q−0.2 F50;（指令 G76 镗孔循环功能，Q−0.2 刀尖停止、反方向退刀距离，第一个孔位）

N10 X0 Y−147.5;（第二个孔位）

N11 G80;（取消固定循环）

N12 G00 Z200.;

N13 G52 X0 Y0 Z0;（取消坐标系平移）

N14 M05 M09;（主轴停止，切削液关闭）

N15 M30;（程序结束并返回程序头）

（7）加工视图一中 ϕ28±0.02mm 孔的程序　坐标系说明：加工视图一坐标系原点为 A—A 和 B—B 剖切线的交点，坐标系设为 G54，Z0 位置定为顶端上表面。

O0050 此程序为加工视图一中 ϕ28±0.02mm 底孔主程序

N1 T03 M06;（换 T03 ϕ16mm 立铣刀）

N2 G80 G40 G15 G69;（清除刀补循环功能、极坐标功能及旋转功能）

N3 G50.1 X0 Y0;（取消镜像）

N4 G52 X0 Y0 Z0;（取消坐标系平移）

N5 G91 G28 Z0;（返回机床参考点）

N6 G54 G40 G90 G00 G80;（坐标系为 G54）

N7 M03 M08 S2500;（主轴正转，切削液开启）

N8 G43 Z50. H03;（刀具长度补偿功能开启）

N9 X34.5 Y116.;（定位到起始点）

N10 G01 Z0 F2000;

N11 G41 X48.35 Y116. D03 F600;（刀具左补偿功能开启，48.35mm=28mm/2−0.15mm+34.5mm，ϕ28mm 孔单边留 0.15mm 余量）

N12 M98 P0051 L29;（调用子程序 0051，准备执行 29 次）

N13 G40 X34.5 Y116. F600;（取消刀具左补偿）

N14 G00 Z200.;（提刀）

N15 M05 M09;（主轴停止，切削液关闭）

N16 M30;（程序结束并返回程序头）

O0051 此程序为加工视图一中 ϕ28±0.02mm 底孔子程序

N1 G91 G03 I−13.85 J0 Z−1 F600;（逆时针螺旋下切，每圈下切1mm）

N2 M99;（子程序结束）

O0052 此程序为加工视图一中 ϕ28±0.02mm 镗孔程序

N1 T16 M06;（换 T16 ϕ28mm 镗刀）

N2 G80 G40 G15 G69;（清除刀补循环功能、极坐标功能及旋转功能）

N3 G50.1 X0 Y0;（取消镜像）

N4 G52 X0 Y0 Z0;（取消坐标系平移）

N5 G91 G28 Z0;（返回机床参考点）

N6 G54 G40 G90 G00 G80;（坐标系为 G54）

N7 M03 M08 S300;（主轴正转，切削液开启）

N8 G43 Z50. H16;（刀具长度补偿功能开启）

N9 G98 G76 X34.5 Y116 Z−29 R5. Q−0.2 F15;（指令 G76 镗孔循环功能，Q−0.2 刀尖停止、反方向退刀距离）

N10 G80;（取消固定循环）

N11 G00 Z200.;

N12 G52 X0 Y0 Z0；（取消坐标系平移）

N13 M05 M09；（主轴停止，切削液关闭）

N14 M30；（程序结束并返回程序头）

（8）加工视图二中6×M5的程序 坐标系说明：加工视图二中6×M5时，其坐标点是零部件中心圆圆心，Z0位置设在其上表面Q基准上。

O0060此程序为加工视图二中6×M5底孔程序

N1 T05 M06；（换T05 ϕ4.2mm钻头）

N2 G80 G40 G15 G69；（清除刀补循环功能、极坐标功能及旋转功能）

N3 G50.1 X0 Y0；（取消镜像）

N4 G52 X0 Y0 Z0；（取消坐标系平移）

N5 G91 G28 Z0；（返回机床参考点）

N6 G54 G40 G90 G00 G80；（坐标系为G54）

N7 M03 M08 S1000；（主轴正转，切削液开启）

N8 G43 Z50. H05；（刀具长度补偿功能开启）

N9 G98 G83 X34.79 Y27.73 Z−23.5 R−3.5 Q1. F100；（指令G83钻孔循环功能，R安全平面是−3.5mm，在−8.5mm的基础上抬高了5mm，每次下切1mm，第一个孔位）

N10 X−34.79 Y27.73；（第二个孔位）

N11 X−43.38 Y−9.92；（第三个孔位）

N12 X−19.31 Y−40.19；（第四个孔位）

N13 X19.31 Y−40.19；（第五个孔位）

N14 X43.38 Y−9.92；（第六个孔位）

N15 G80；（取消固定循环）

N16 G00 Z200.；

N17 M05 M09；（主轴停止，切削液关闭）

N18 M30；（程序结束并返回程序头）

O0061此程序为加工视图二中6×M5孔顶端倒角程序

N1 T17 M06；（换T17 ϕ10mm 90°中心钻）

N2 G80 G40 G15 G69；（清除刀补循环功能、极坐标功能及旋转功能）

N3 G50.1 X0 Y0；（取消镜像）

N4 G52 X0 Y0 Z0；（取消坐标系平移）

N5 G91 G28 Z0；（返回机床参考点）

N6 G54 G40 G90 G00 G80；（坐标系为G54）

N7 M03 M08 S1000；（主轴正转，切削液开启）

N8 G43 Z50. H17；（刀具长度补偿功能开启）

N9 G98 G81 X34.79 Y27.73 Z−11.3 R−3.5 F100；（指令G81钻孔循环功能，−11.3=−8.5−(5/2)−0.3（倒角C0.3），第一个孔位）

N10 X−34.79 Y27.73；（第二个孔位）

N11 X−43.38 Y−9.92；（第三个孔位）

N12 X−19.31 Y−40.19；（第四个孔位）

N13 X19.31 Y−40.19；（第五个孔位）

N14 X43.38 Y−9.92；（第六个孔位）

N15 G80；（取消固定循环）

N16 G00 Z200.；

N17 M05 M09；（主轴停止，切削液关闭）

N18 M30；（程序结束并返回程序头）

O0062此程序为加工视图二中6×M5攻螺纹程序

N1 T12 M06；（换T12 M5丝锥）

N2 G80 G40 G15 G69；（清除刀补循环功能、极坐标功能及旋转功能）

N3 G50.1 X0 Y0；（取消镜像）

N4 G52 X0 Y0 Z0；（取消坐标系平移）

N5 G91 G28 Z0；（返回机床参考点）

N6 G54 G40 G90 G00 G80；（坐标系为G54）

N7 M03 M08 S500；（主轴正转，切削液开启）

N8 G43 Z50. H12；（刀具长度补偿功能开启）

N9 G98 G84 X34.79 Y27.73 Z−21.5 R−3.5 Q1.6 F400；（指令G84攻螺纹循环功能，−21.5=−8.5−13，每次攻1.6mm，第一个孔位）

N10 X−34.79 Y27.73；（第二个孔位）

N11 X−43.38 Y−9.92；（第三个孔位）

N12 X−19.31 Y−40.19；（第四个孔位）

N13 X19.31 Y−40.19；（第五个孔位）

N14 X43.38 Y−9.92；（第六个孔位）

N15 G80；（取消固定循环）

N16 G00 Z200.；

N17 M05 M09；（主轴停止，切削液关闭）

N18 M30；（程序结束并返回程序头）

（9）加工视图二中10×M6的程序　坐标系说明：加工视图二中10×M6时，其坐标系原点是零部件中心圆圆心，Z0位置设在其上表面Q基准上。

O0070此程序为加工视图二中10×M6底孔程序

N1 T06 M06；（换T06 ϕ5mm钻头）

N2 G80 G40 G15 G69；（清除刀补循环功能、极坐标功能及旋转功能）

N3 G50.1 X0 Y0；（取消镜像）

N4 G52 X0 Y0 Z0；（取消坐标系平移）

N5 G91 G28 Z0；（返回机床参考点）

N6 G54 G40 G90 G00 G80；（坐标系为G54）

N7 M03 M08 S1000；（主轴正转，切削液开启）

N8 G43 Z50. H06；（刀具长度补偿功能开启）

N9 G98 G83 X65.51 Y0 Z−13 R5 Q1. F100；（指令G83钻孔循环功能，R安全平面5mm，每次下切1mm，第一个孔位）

N10 X34.31 Y66.73；（第二个孔位）

N11 X50.92 Y132.73；（第三个孔位）

N12 X15.01 Y191.61；（第四个孔位）

N13 X−46.49 Y191.61；（第五个孔位）

N14 X−56.5 Y132.73；（第六个孔位）

N15 X−56.5 Y66.73；（第七个孔位）

N16 X−65.49 Y0；（第八个孔位）

N17 X−32.8 Y−56.77；（第九个孔位）

N18 X32.8 Y−56.77；（第十个孔位）

N19 G80；（取消固定循环）

N20 G00 Z200；

N21 M05 M09；（主轴停止，切削液关闭）

N22 M30；（程序结束并返回程序头）

O0071此程序为加工视图二中10×M6孔顶端倒角程序

N1 T17 M06；（换T17 ϕ10mm 90°中心钻）

N2 G80 G40 G15 G69；（清除刀补循环功能、极坐标功能及旋转功能）

N3 G50.1 X0 Y0；（取消镜像）

N4 G52 X0 Y0 Z0；（取消坐标系平移）

N5 G91 G28 Z0；（返回机床参考点）

N6 G54 G40 G90 G00 G80；（坐标系为G54）

N7 M03 M08 S1000；（主轴正转，切削液开启）

N8 G43 Z50. H17；（刀具长度补偿功能开启）

N9 G98 G81 X65.51 Y0 Z−3.3 R5 F100；（指令G81钻孔循环功能，R安全平面是5mm，−3.3=−3−0.3（倒角C0.3）第一个孔位）

N10 X34.31 Y66.73；（第二个孔位）

N11 X50.92 Y132.73；（第三个孔位）

N12 X15.01 Y191.61；（第四个孔位）

N13 X−46.49 Y191.61；（第五个孔位）

N14 X−56.5 Y132.73；（第六个孔位）

N15 X−56.5 Y66.73；（第七个孔位）

N16 X−65.49 Y0；（第八个孔位）

N17 X−32.8 Y−56.77；（第九个孔位）

N18 X32.8 Y−56.77；（第十个孔位）

N19 G80；（取消固定循环）

N20 G00 Z200；

N21 M05 M09；（主轴停止，切削液关闭）

N22 M30；（程序结束并返回程序头）

O0072此程序为加工视图二中10×M6攻螺纹程序

N1 T13 M06；（换T13 M6丝锥）

N2 G80 G40 G15 G69；（清除刀补循环功能、

极坐标功能及旋转功能）

N3 G50.1 X0 Y0；（取消镜像）

N4 G52 X0 Y0 Z0；（取消坐标系平移）

N5 G91 G28 Z0；（返回机床参考点）

N6 G54 G40 G90 G00 G80；（坐标系为G54）

N7 M03 M08 S400；（主轴正转，切削液开启）

N8 G43 Z50. H13；（刀具长度补偿功能开启）

N9 G98 G84 X65.51 Y0 Z-10 R5 Q1 F400；

（指令G84攻螺纹循环功能，每次攻1mm，F进给速度是根据转速与螺距计算得到的，第一个孔位）

N10 X34.31 Y66.73；（第二个孔位）

N11 X50.92 Y132.73；（第三个孔位）

N12 X15.01 Y191.61；（第四个孔位）

N13 X-46.49 Y191.61；（第五个孔位）

N14 X-56.5 Y132.73；（第六个孔位）

N15 X-56.5 Y66.73；（第七个孔位）

N16 X-65.49 Y0；（第八个孔位）

N17 X-32.8 Y-56.77；（第九个孔位）

N18 X32.8 Y-56.77；（第十个孔位）

N19 G80；（取消固定循环）

N20 G00 Z200；

N21 M05 M09；（主轴停止，切削液关闭）

N22 M30；（程序结束并返回程序头）

（10）加工 A—A 剖视图中 ϕ8H7 $\binom{+0.015}{0}$ 孔的程序　坐标系说明：加工 A—A 剖视图中 ϕ8H7时，其坐标点是零部件中心圆圆心，Z0坐标设在其上表面 Q 基准上。

O0080 此程序为加工 A—A 剖视图中 ϕ8H7 $\binom{+0.015}{0}$ 底孔程序

N1 T08 M06；（换T08 ϕ7.7mm钻头）

N2 G80 G40 G15 G69；（清除刀补循环功能、极坐标功能及旋转功能）

N3 G50.1 X0 Y0；（取消镜像）

N4 G52 X0 Y0 Z0；（取消坐标系平移）

N5 G91 G28 Z0；（返回机床参考点）

N6 G54 G40 G90 G00 G80；（坐标系为G54）

N7 M03 M08 S700；（主轴正转，切削液开启）

N8 X0 Y66.02；（定位到起始点）

N9 G43 Z50. H08；（刀具长度补偿功能开启）

N10 G98 G83 Z-6.5 R5 Q1. F100；（指令G83钻孔循环功能）

N11 G80；（取消固定循环）

N12 G00 Z200；

N13 M05 M09；（主轴停止，切削液关闭）

N14 M30；（程序结束并返回程序头）

O0081 此程序为加工 A—A 剖视图中 ϕ8H7 $\binom{+0.015}{0}$ 孔顶端倒角程序

N1 T17 M06；（换T17 ϕ10mm 90°中心钻）

N2 G80 G40 G15 G69；（清除刀补循环功能、极坐标功能及旋转功能）

N3 G50.1 X0 Y0；（取消镜像）

N4 G52 X0 Y0 Z0；（取消坐标系平移）

N5 G91 G28 Z0；（返回机床参考点）

N6 G54 G40 G90 G00 G80；（坐标系为G54）

N7 M03 M08 S1000；（主轴正转，切削液开启）

N8 X0 Y66.02；（定位到起始点）

N9 G43 Z50. H17；（刀具长度补偿功能开启）

N10 G98 G81 Z-4.3 R5 Q1. F100；（指令G81钻孔循环功能，4.3=8/2+0.3）

N11 G80；（取消固定循环）

N12 G00 Z200；

N13 M05 M09；（主轴停止，切削液关闭）

N14 M30；（程序结束并返回程序头）

O0082 此程序为加工 A—A 剖视图中 ϕ8H7 $\binom{+0.015}{0}$ 铰孔程序

N1 T14 M06；（换T14 ϕ8mm铰刀）

N2 G80 G40 G15 G69；（清除刀补循环功能、极坐标功能及旋转功能）

N3 G50.1 X0 Y0;（取消镜像）

N4 G52 X0 Y0 Z0;（取消坐标系平移）

N5 G91 G28 Z0;（返回机床参考点）

N6 G54 G40 G90 G00 G80;（坐标系为 G54）

N7 M03 M08 S500;（主轴正转，切削液开启）

N8 X0 Y66.02;（定位到起始点）

N9 G43 Z50. H14;（刀具长度补偿功能开启）

N10 G98 G81 Z-4.25 R5 Q1. F20;（指令 G81 钻孔循环功能，4.25=4+0.5/2）

N11 G80;（取消固定循环）

N12 G00 Z200;

N13 M05 M09;（主轴停止，切削液关闭）

N14 M30;（程序结束并返回程序头）

11.2　圆柱齿轮壳大面的加工

　　圆柱齿轮壳是货车后桥减速器主要部件之一，如图 11-2 所示，工件上两个轴线相互平行的孔（ϕ150mm 和 ϕ142mm）是一对斜齿轮的安装孔，两个 $\phi 10^{+0.015}_{0}$mm 销孔是与减速器正确连接的安装基准，螺纹孔和光孔也是与其他部件连接的重要部分，保证以上技术要点是编程加工的重点。

　　1. 工序内容

1）14×M12-6H 螺纹孔。

2）2×$\phi 10^{+0.015}_{0}$mm 定位销孔。

3）4×ϕ13mm 光孔。

4）$\phi 150^{-0.008}_{-0.033}$mm 孔。

5）$\phi 134^{+0.04}_{0}$mm 孔。

6）ϕ142mm 孔。

7）$\phi 128^{+0.20}_{0}$mm 孔。

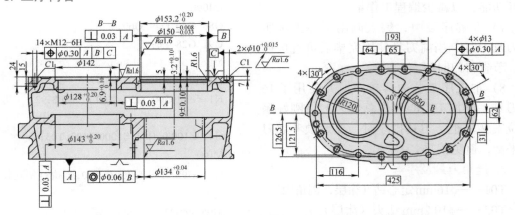

图 11-2　圆柱齿轮壳加工简图

8）$\phi143^{+0.20}_{0}$mm 孔。

9）$\phi153.2^{+0.20}_{0}$mm 卡簧槽。

10）铣 R50mm 卡簧槽空刀面。

2. 编程思路

为保证产品位置精度，一次装夹将所有能加工到的部位全部加工完成。

1）以工件 $\phi150^{-0.008}_{-0.033}$mm 孔轴线作为 G54 零点，设定工件坐标系。

2）为保证螺纹孔、销孔和 $\phi13$mm 孔的位置精度，使用合金定心钻预钻中心孔，以提高孔的位置精度。

3）$\phi10$mm 销孔和 $\phi150$mm、$\phi134$mm、$\phi143$mm 等安装基准孔，全部采用粗、精镗分开加工，以确保位置精度和孔径本身精度。

4）螺纹孔加工使用 M29 刚性攻螺纹功能。

5）选择主轴转速、进给量等加工参数。

6）根据各孔的实际情况充分使用固定循环功能，以减少编程工作量。

7）在程序段中，编入调用下一工步所用刀具刀号，当前刀具使用完毕后可直接换刀，节省待刀时间。

8）本工序工艺内容较多，共使用了 16 把刀具，此加工中心刀位总数为 32，刚好隔一位安装一把。刀具排序时，要兼顾考虑刀库平衡，避免偏重。

3. 选用刀具及序号

T01——$\phi16$mm 定心钻（涂层，倒角用）。

T03——$\phi10.2$mm 钻头（涂层）。

T05——$\phi9.7$mm 钻头（普通）。

T07——$\phi10$mm 可调精镗刀。

T09——$\phi13$mm 钻头（普通）。

T11——M12 标准丝锥。

T13——$\phi149$mm 粗镗刀（双刃短柄）。

T15——$\phi150$mm 精镗刀（单刃短柄）。

T17——$\phi133$mm 粗镗刀（双刃长柄）。

T19——$\phi134$mm 精镗刀（单刃长柄）。

T21——卡簧槽铣刀。

T23——$\phi100$mm 面铣刀（直刃90°）。

T25——$\phi128$mm 粗镗刀。

T27——$\phi142$mm 粗镗刀。

T29——$\phi143$mm 精镗刀（单刃）。

T31——$\phi12$mm 直柄合金定心钻（钻中心孔）。

4. 使用机床

MCV-2100 台湾大立加工中心，系统为 FANUC 18i-M。

5. 加工程序

O4000

G80 G40 G49 G69;

G91 G28 Z0;

M06 T31;（换 $\phi12$mm 直柄合金定心钻）

M01;

N1 G90 G00 G54 X60.0 Y103.92;（指定第一孔）

G43 Z100.0 H31 S1000 M03 T03;

M08;

G81 G98 Z-4.5 R4.0 F80;（执行钻孔循环钻中心孔）

M98 P4002;（14×M12螺纹孔位置）

M98 P4004;（4×$\phi13$mm 光孔位置）

X116.0 Y31.0；（φ10mm 销孔位置）

X−309.0 Y−31.09；（φ10mm 销孔位置）

G80 G00 Z100.0 M09；

G91 G28 Z0；

M06；（换T03 φ10.2mm 钻头）

M01；（选择停）

N2 G90 G00 G54 X60.0 Y103.92；

G43 Z100.0 H03 S800 M03 T01；

G81 G98 Z−24.0 R5.0 F100；（循环钻螺孔）

M98 P4002；（孔位置）

G80 G00 Z100.0 M09；

G91 G28 Z0；

M06；（换T01 φ16mm 定心钻）

M01；

N3 G90 G00 G54 X60.0 Y103.92；

G43 Z100.0 H01 M03 S1000 T05；

M08；

G82 G98 Z−6.6 R5.0 P2000 F100；（倒螺孔角）

M98 P4002；

G81 G99 Z−6.0 R5.0 K0 F100；（倒φ13mm 光孔角）

M98 P4004；（φ13mm 光孔位置）

G80 M09；

G91 G28 Z0；

M06；（换T05 φ9.7mm 钻头）

M01；

N5 G90 G00 G54 X116.0 Y31.0；

G43 Z100.0 H05 S800 M03 T07；

M08；

G81 G98 Z−12.0 R5.0 F100；（钻销孔）

X−309.0 Y−31.0；

G80 M09；

G00 Z100.0；

G91 G28 Z0；

M06；（换T07 φ10mm 可调精镗刀）

M01；

N7 G90 G00 G54 X−309.0 Y−31.0；

G43 Z100.0 H07 S800 M03 T09；

M08；

G82 G98 Z−10.0 R5.0 P2000 F150；（精镗销孔）

X116.0 Y31.0；

G80 G00 Z100.0 M09；

G91 G28 Z0；

M06；（换T09 φ13mm 钻头）

M01；

N9 G90 G00 G54 X−193.0 Y121.5；

G43 Z100.0 H09 S800 M03 T11；

M08；

G81 G99 Z−15.0 R4.0 F120；（钻φ13mm 光孔）

X−129.0 Y126.5；

X−64.0 Y126.5；

X0 Y121.5；

G80 G00 Z100.0 M09；

G91 G28 Z0；

M06；（换T11 M12标准丝锥）

M01；

N11 G90 G00 G54 X60.0 Y103.92；（第一个螺纹孔位置）

G43 Z100.0 H11 S400 M03 T13；

M08；

M29 S400；（指令刚性攻螺纹）

G84 G98 Z−22.0 R5.0 F700；（攻右旋螺孔循环）

M98 P4002；（14×M12 螺纹孔位置）

G80 G00 Z100.0 M09；

G91 G28 Z0；

M06；（换T13 φ149mm 粗镗刀）

M01；

N13 G90 G00 X0 Y0;

G43 Z100.0 H13 S240 M03 T15;

M08;

G00 Z30.0;

G01 Z0 F2000;

Z−35.0 F40;（粗镗孔）

G04 X2.0;

G00 Z100.0 M09;

G91 G28 Z0;

M06;（换T15 φ150mm 精镗刀）

N15 G90 G00 G54 X0 Y0;

G43 Z100.0 H15 S360 M03 T17;

G00 Z30.0 M08;

G01 Z3.0 F2000;

Z−37.0 F30;（精镗孔）

G04 X2.0;

G00 Z100.0 M09;

G91 G28 Z0;

M06;（换T17 φ133mm 粗镗刀）

M01;

N17 G90 G00 G54 X0 Y0;

G43 Z100.0 H17 S240 M03 T19;

G00 Z3.0 M08;

G01 Z−88.0 F2000;

Z−150.0 F40;（粗镗孔）

G00 Z100.0 M09;

G91 G28 Z0;

M06;（换T19 φ134mm 精镗刀）

M01;

N19 G90 G00 G54 X0 Y0;

G43 Z100.0 H19 S360 M03 T21;

G00 Z3.0 M08;

G01 Z−88.0 F2000;

Z−148.0 F30;（精镗孔）

G04 X2.0;

G00 Z100.0 M09;

G91 G28 Z0;

M06;（换T21卡簧槽铣刀）

M01;

N21 G90 G00 G54 X0 Y0;

G43 Z100.0 H21 S1000 M03 T23;

G01 Z−10.0 F3000 M08;（Z轴进到加工位置）

X−47.0 Y0 F500;（X轴进到加工位置）

X−51.0 F100;（切入工件）

G02 I51.0 F300;（铣卡簧槽）

G00 X0 Y0;（退刀）

Z100.0 M09;

G91 G28 Z0;

M06;（换T23 φ100mm 面铣刀）

M01;

N23 G90 G00 G54 X0 Y0;

G43 Z100.0 H23 S300 M03 T25;

G00 X−18.151 Y15.07 Z−5.0 M08;（定位至加工R50mm位置）

G01 X−28.342 Y23.784 F30;（加工R50mm第一刀）

G01 X−18.151 Y15.07 Z−2.0 F2000;（退刀）

Z−9.5;

G01 X−28.342 Y23.784 F30;（加工R50mm第二刀）

X−18.151 Y15.07 Z−6.0 F2000;（退刀）

Z−12.5;

G01 X−28.342 Y23.784 F30;（加工R50mm第三刀）

G04 X2.0;（刀具在加工终点停2s）

G01 Z3.0 F40;（修光R50mm圆表面）

G00 Z100.0 M09;

G91 G28 Z0;

M06;（换T25 φ128mm粗镗刀）

M01;

N25 G90 G00 G54 X-193.0 Y0;

G43 Z100.0 H25 S240 M03 T27;

G00 Z3.0 M08;

G01 Z-35.0 F20;（镗φ128mm孔）

G04 X3.0;

G00 Z100.0 M09;

G91 G28 Z0;

M06;（换T27 φ142mm粗镗刀）

M01;

N27 G90 G00 G54 X-193.0 Y0;

G43 Z100.0 H27 S360 M03 T29;

G00 Z3.0 M08;

G01 Z-7.0 F20;（粗镗孔）

G00 Z100.0 M09;

G91 G28 Z0 M19;

M06;（换T29 φ143mm精镗刀）

M01;

N29 G90 G00 G54 X-193.0 Y0;

G43 Z50.0 H29 T31;

X-186.0 Y8.0;（偏离孔中心，避让刀尖）

Z-80.0;（Z轴下刀）

X-193.0 Y0;（重回孔中心）

S300 M03;（起动主轴）

M08;

G01 Z-115.0 F20;（精镗φ143mm孔）

G04 X3.0;

G00 Z-80.0;

M19;（主轴准停）

G00 X-186.0 Y8.0;（再次偏离中心，避让刀尖）

G00 Z100.0 M09;（Z轴上升至孔外）

G91 G28 Z0 Y0;

M06;

M30;

子程序：

O4002（13个螺纹孔位置）

X103.92 Y60.0;

X120.0 Y0;

X103.92 Y-60.0;

X60.0 Y-103.92;

X0 Y-121.5;

X-64.0 Y-126.5;

X-129.0 Y-126.5;

X-193.0 Y-121.5;

X-253.0 Y-103.92;

X-296.92 Y-60.0;

X-313.0 Y0;

X-296.92 Y60.0;

X-253.0 Y103.92;

M99;

O4004（4个φ13mm光孔位置）

X-193.0 Y121.5;

X-129.0 Y126.5;

X-64.0 Y126.5;

X0 Y121.5;

M99;

注意： N29程序是在同一轴线上，上孔小于下孔的加工，即刀具通过φ128mm孔加工φ143mm孔。所以安装T29镗刀时要注意刀尖方向与程序避让方向一致，然后再加工，以免发生危险。

11.3　圆柱齿轮壳盖的加工

圆柱齿轮壳盖是中重型货车后桥减速器主要部件之一，它的质量优劣直接影响汽车传动系统的安全。

奥贝球墨铸铁是近年发展起来的新材料，其具有强度、塑性和韧性都很高的综合机械力学性能，与普通球墨铸铁相比，在相同韧性下，强度可提高一倍以上；与钢相比，其具有更好的耐磨损性能，在汽车行业可取代锻钢制造零部件。由于奥贝球墨铸铁的密度比钢小，吸振性和消声性能好，又以抗摩擦、耐磨损等诸多优良性能，被机械制造业视为以铁代钢、以铸代锻的主要结构材料，因此被广泛使用。

现以圆柱齿轮壳盖（图11-3）加工为例，介绍此类材料加工程序的编制。

1. 工件分析与制订加工方案

左右齿轮壳盖-轮边减速器，均是经过精密铸造的奥贝球墨铸铁产品，除两壳体外形曲线一左一右相反外，其余大体相同。

它不仅材料特殊，其外形也不规则，型腔也较为复杂，而且腔内结构紧凑，不宜直接装夹加工。经初步划线测量，得到毛坯各部加工余量一般在5~7mm之内，经慎重考虑分析制订以下加工方案：

1）毛坯划线确定加工位置及余量。

2）用普通铣床加工去掉较大余量，并创造精加工定位基准。

3）设计制作专用定位夹具。

4）实施数控加工。

2. 工装夹具设计与制作

根据工件的形状，采用两个V形块与工件毛坯上两个外圆定位装夹加工。

为解决无法夹紧问题，现采用在工件两个毛坯孔里穿两根轴，把两个大压板中间部分铣掉，保留两端，压在轴的两端处，使工件两圆柱面在V形块内定位夹紧加工。工件装夹图见图11-4。

3. 实际加工

选用V500S立式加工中心，系统为FANUC 0i-MB，主轴为BT40，用自制夹具装夹加工。

（1）平面的加工　初试加工时，使用普通的ϕ125mm面铣刀，采用顺铣行切方式加工。切削用量为$v_{\rm c}$（线速度）=157m/min，$a_{\rm p}$（切削深度）=0.5mm，f（进给量）=200mm/min。切削加工时刀具产生剧烈振动，极不平稳，刀片磨损严重，所有刀尖都已破损。已加工表面都是凸凹不平的沟槽，根本无法保证Ra3.2μm的表面粗糙度值和0.1mm的平面度要求。继续加工下去振动加剧，致使加

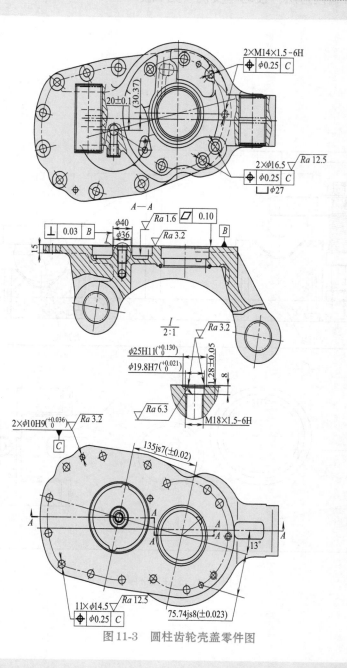

图11-3 圆柱齿轮壳盖零件图

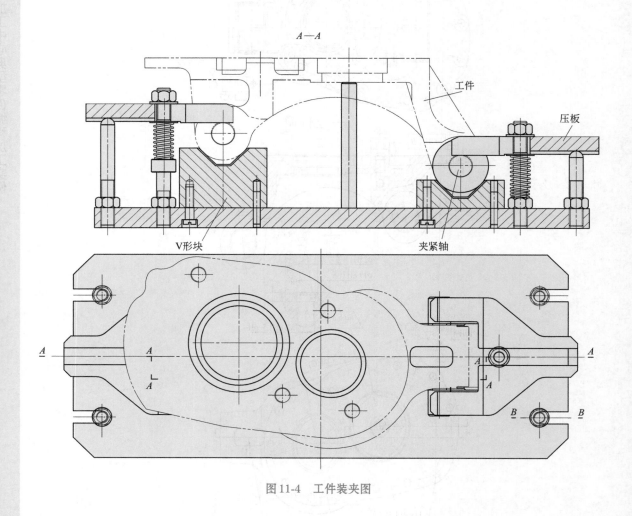

图11-4　工件装夹图

工无法进行。

经现场观察发现，奥贝球墨铸铁与普通球墨铸铁存在很大差异，用加工普通球墨铸铁的方式方法加工奥贝球墨铸铁是行不通的。

因此，更换了面铣刀，现采用定制的 ϕ125mm 面铣刀，该刀采用 8 个正八角形刀片。该铣刀刀片采用金属陶瓷涂层技术，表面粗糙度值小，特殊结构的 Al_2O_3 沉积层，具有最好的隔热性能，每个刀片的使用寿命增加了一倍，并且每个刀片的厚度是普通刀片的两倍，刀片的强度增大。

在切削加工中，虽然采用了顺铣的方法加工，但行切的方式使得接刀痕迹仍然很大。现运用CAD精确计算出圆弧尺寸，在刀具路径上采用圆弧切入及切出，再加上用"8"字形轨迹切入与切出的线路方法加工，在切削中不抬刀避免了接刀痕迹，减小了表面粗糙度值。

加工程序如下：

O0001

N1 T01 M06；（调用 ϕ125mm 面铣刀）

N2 G80 G40 G15 G69；（清除刀补循环功能、极坐标功能及旋转功能）

N3 G50.1 X0 Y0；（取消镜像）

N4 G52 X0 Y0 Z0；（取消坐标系平移）

N5 G91 G28 Z0；（返回机床参考点）

N6 G54 G40 G90 G00；（坐标系为G54）

N7 X300.235 Y126.853；（定位到起刀点）

N8 G43 H01 Z50.0 M13 S240；（主轴正转，开切削液）

N9 Z10.；（快速移动至工件上表面）

N10 G01 Z0 F300；（以较小速度接近工件）

N11 G03 X200.235 Y26.853 R100. F120；（以切削进给速度沿圆弧线路切入工件）

N12 G02 X38.913 Y-5.49 R70.5；

N13 G03 I-75.413 J-28.726；

N14 G02 X200.235 Y26.853 R70.5；（以上3句，刀具运行轨迹线路为"8"字形）

N15 G03 X300.235 Y-73.147 R100.；（切圆弧）

N16 G00 Z200.；（退刀）

N17 G91 G28 Z0；（返回机床参考点）

N18 M05 M09；（主轴停止，关闭切削液）

N19 M30；（程序结束并返回程序头）

（2）型腔的加工 ϕ125mm 型腔结构较特殊，见图 11-5，在大孔径中间有一个 ϕ40mm 的凸台，普通镗刀无法加工，现制订新的加工方案。

首先选取 ϕ25mm 方肩铣刀，见图 11-6。刀片型号为 YBC302，表面金黄色氮化钛涂层与韧性硬质合金基体结合，具有减小摩擦和提供磨损识别效果的功能。用该刀采用圆弧插补的切削方法加工 ϕ125mm、ϕ109mm 台阶孔和 ϕ40mm 凸台。实际加工后，经检测圆度和表面粗糙度都很差。实践证明以插补的方法加工 ϕ125mm 基准孔，孔径和几何公差都达不到精度要求，所以方肩铣刀只能用于加工孔底部的 ϕ109mm 退刀槽。

为了精确加工出 ϕ125mm 轴承孔，最后采用外镗刀分步加工。这种刀的特点是刀头正装，能加工带有凸台内孔，见图 11-7。刀头反装又能加工凸台外圆，见图 11-8。

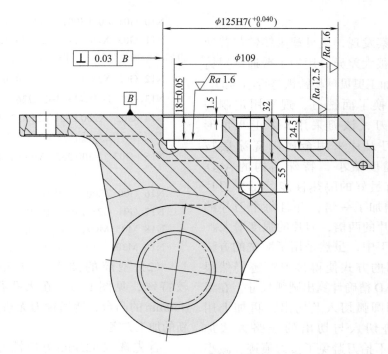

图 11-5　φ125mm 型腔布局剖视图

图 11-6　方肩铣刀

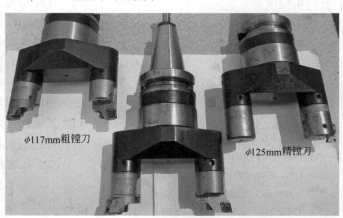

图 11-7　外镗刀

图11-8　刀头反装粗镗刀

　　但经试切发现，普通刀片不能正常加工奥贝球墨铸铁，原厂刀片只加工了两件就已磨损，无法继续加工。为增加刀的强度和耐磨性，改用定制的国产金属陶瓷涂层刀片，提高了刀片寿命，达到了产品质量要求。

　　采用此刀实际加工后，相比原来铣刀铣削轮廓的加工方法，提高了加工精度。尤其工件的圆度、尺寸精度及表面粗糙度值都达到了设计要求。并且加工时间由原来每件的80min，缩短为30min，提高工效一倍以上。

　　加工程序如下：

O0002

N1　T12　M06；（调用φ40mm外镗刀）

N2　G80　G40　G15　G69；（清除刀补循环功能、极坐标功能及旋转功能）

N3　G50.1　X0　Y0；（取消镜像）

N4　G52　X0　Y0　Z0；（取消坐标系平移）

N5　G91　G28　Z0；（返回机床参考点）

N6　G54　G40　G90　G00；（坐标系为G54）

N7　X0　Y−20.；（定位在凸台上方）

N8　G43　H12　Z20. M14　S800；（因为刀头反装，所以主轴必须反转才能切削）

N9　Z2.；（定位到工件上表面）

N10　G01　Z−13.1　F80；（经过试切得出最佳进给量 f_z=0.05mm）

N11　G00　Z100. M15；（主轴抬起并停止，关切削液）

N12　G91　G28　Z0；（返回机床参考点）

N13　T13　M06；（调用φ117mm外镗刀粗镗孔）

N14　G80　G40　G15　G69；（清除刀补循环功能、极坐标功能及旋转功能）

N15　G50.1　X0　Y0；（取消镜像）

N16　G52　X0　Y0　Z0；（取消坐标系平移）

N17　G91　G28　Z0；（返回机床参考点）

N18　G54　G40　G90　G00；（坐标系为G54）

N19　X0　Y−20.；（定位在凸台上方）

N20　G43　H13　Z20. M13　S400；（主轴正转 v_c=147m/min）

N21　Z2.；（定位在工件上表面）

N22　G01　Z−12. F80；（以试切值 f_z=0.1mm加工）

N23　G01　Z−18. F50；（以下余量大，进给量减小至 f_z=0.0625mm）

N24　G00　Z200. M15；（退刀，主轴停并关切削液）

N25　G91　G28　Z0；（返回机床参考点）

N26　T14　M06；（调用φ124.5mm外镗刀粗镗孔）

N27　G80　G40　G15　G69；（清除刀补循环功能、

极坐标功能及旋转功能）

N28 G50.1 X0 Y0；（取消镜像）

N29 G52 X0 Y0 Z0；（取消坐标系平移）

N30 G91 G28 Z0；（返回机床参考点）

N31 G54 G40 G90 G00；（坐标系为G54）

N32 X0 Y-20.；（定位在凸台上方）

N33 G43 H14 Z50. M13 S400；（主轴正转 v_c=70m/min）

N34 Z2.；（定位到工件上表面）

N35 G01 Z-17.85 F80；（以试切值 f_z=0.1mm粗镗孔）

N36 G01 Z-18.02 F40；（到孔底减速至 f_z=0.05mm）

N37 G04 X3.；（停留3s，保证孔底平整）

N38 G00 Z200. M15；（退刀，主轴停并关切削液）

N39 G91 G28 Z0；（返回机床参考点）

N40 T15 M06；（换 ϕ125mm精镗刀）

N41 G80 G40 G15 G69；（清除刀补循环功能、极坐标功能及旋转功能）

N42 G50.1 X0 Y0；（取消镜像）

N43 G52 X0 Y0 Z0；（取消坐标系平移）

N44 G91 G28 Z0；（返回机床参考点）

N45 G54 G40 G90 G00；（坐标系为G54）

N46 X0 Y-20.；（定位在凸台上方）

N47 G43 H15 Z100. M13 S400；（主轴正转 v_c=157m/min）

N48 Z30.；（定位到工件上表面安全距离）

N49 G98 G76 Z-18. R2. P1000 Q0.3 F20；（精镗孔循环，每转进给0.05mm）

N50 G00 Z200.；（退刀）

N51 G91 G28 Z0；（返回机床参考点）

N52 M05 M09；（主轴停止，关闭切削液）

N53 M30；（程序结束并返回程序头）

（3）螺纹的加工 此工件上有一个M18×1.5-6H螺纹孔（图11-3中放大图）和两个M14×1.5-6H螺纹不通孔（图11-9），均为细牙。在奥贝球墨铸铁上攻螺纹孔是个难点，尤其是细牙螺纹，更是难上加难。

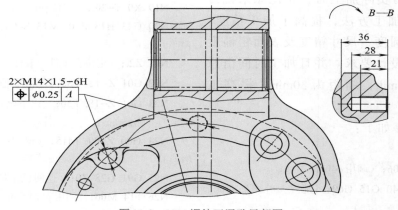

图11-9 M14螺纹不通孔局部图

其加工难度主要体现在以下几个方面：

1）奥贝球墨铸铁的强度和韧性极高，螺纹加工属于挤压成形，加工时切削变形大。因此，切削阻力很大，切削温度升高。

2）奥氏体组织在切削时会发生变形、加工硬化以及与刀面之间的黏结。

3）含有硬度很高的碳化物，对刀具有擦伤作用，切屑易成崩碎状，应力与切削热都集中在刃口上，因此刀具磨损剧烈。

4）奥贝球墨铸铁中的微细粉末极容易进入刀具后刀面与工件的缝隙中被挤压，由于摩擦使刀具后刀面温度上升，造成刀具后刀面研伤后凸凹不平，凸起处直接刮蹭孔壁表面，造成加工表面质量急速下降。

5）底孔的尺寸会直接影响丝锥的使用寿命和螺纹孔的精度。

6）由于内孔加工容屑槽空间狭小，排屑不畅，虽然使用排屑效果最好的啄进式攻螺纹加工，效果仍然甚微。

为解决以上加工难题，采取以下措施：

1）选取刚性好的硬质合金钻头。在实际加工过程中，曾使用国外著名厂家的钻头，但效果不理想，只加工一个孔，钻头就急剧磨损，失去了加工能力。现采用定制的上海陶瓷涂层的硬质合金钻头加工，情况大有好转。

2）在不影响螺纹精度的前提下，孔底直径的尺寸尽量大些，现加大 0.1mm。M14×1.5 的底孔用 ϕ12.6mm 的钻头加工，M18×1.5 的底孔用 ϕ16.6mm 的钻头加工。

3）选取最适合的丝锥加工螺纹，这是最关键的。因此，在某公司定制了 M14×1.5 CPM 丝锥，该丝锥采用了复合涂层，后刀面的宽度缩小了 1/3，容屑槽加宽了，而且采用了直刃刀具。这样的设计减小了与工件的摩擦面积，排屑空间大，刚性好。M18×1.5 丝锥选用 TiN 涂层螺旋刃丝锥，加工稳定性好。

M14×1.5 螺纹孔加工程序如下：

O0003

N1 T19 M06；（ϕ12.6mm 合金钻头钻孔）

N2 M00；（观察钻头磨损情况）

N3 G80 G40 G15 G69；（清除刀补循环功能、极坐标功能及旋转功能）

N4 G50.1 X0 Y0；（取消镜像）

N5 G52 X0 Y0 Z0；（取消坐标系平移）

N6 G91 G28 Z0；（返回机床参考点）

N7 G54 G40 G90 G00；（坐标系为 G54）

N8 G43 H19 Z30.；

N9 M13 S900 T20；（主轴正转，切削液开，20 号刀准备）

N10 G99 G81 Z-31.6 R8. F80 K0；（钻孔循环，第一孔不加工）

N11 M98 P5133；（调用子程序 5133）

N12 G80 G00 Z100. M15；（取消固定循环，抬刀，停主轴）

N13 G91 G28 Z0；（返回机床参考点）

N14 M00；（钻孔完毕后暂停，检查钻头磨损情况）

N15 T20 M06；（M14×1.5 丝锥加工螺纹）

N16 M00；（观察钻头磨损情况）

N17 G80 G40 G15 G69；（清除刀补循环功能、极坐标功能及旋转功能）

N18 G50.1 X0 Y0；（取消镜像）

N19 G52 X0 Y0 Z0；（取消坐标系平移）

N20 G91 G28 Z0；（返回机床参考点）

N21 G54 G40 G90 G00；（坐标系为G54）

N22 G43 H19 Z30.；

N23 M13 S900 T21；（主轴正转，切削液开，21号刀准备）

N24 G43 H20 Z30.；

N25 M13 S100 T21；（主轴正转 v_c=4.4m/min）

N26 M29 S100；（刚性攻螺纹，在奥贝球墨铸铁上必须采用的模式）

N27 G99 G84 Z−24.5 R6. F150 K0；（用G84循环功能攻螺纹，第一孔不加工）

N28 M98 P5133；（调用子程序5133）

N29 G80 M28；（取消刚性攻螺纹）

N30 G00 Z200.；（退刀）

N31 G91 G28 Z0；（返回机床参考点）

N32 M05 M09；（主轴停止，关闭切削液）

N33 M30；（程序结束并返回程序头。检查丝锥磨损情况，因为奥贝球墨铸铁强度、韧性太大，丝锥容易磨损）

O5133（子程序号）

N1 X198.922 Y−80.144；（第一孔位置）

N2 X228.54 Y−10.368；（第二孔位置）

N3 M99；（子程序结束，返回主程序）

M18×1.5螺纹孔的加工程序略同，这里不再赘述。

4. 检测

经精心调试操作加工，完成了首批10件的试制加工，经三坐标检测仪检测达到了设计要求。

11.4 中重型货车浮轮桥件——摆臂的加工

摆臂是中重型货车液压举升浮轮桥中最重要的部件，其形状较复杂，各部尺寸和位置公差要求严格，见图11-10。

11.4.1 数控机床加工工艺

为保证新产品的精度要求，使新车型一次研制成功，特制定以下数控机床加工工艺，见图11-11。

1. 粗加工A平面及ϕ170mm孔（加工至 ϕ168mm）

（1）使用设备 台中精机V130立式加工中心，系统为FANUC 0i-M。

（2）装夹方式 ϕ320mm自定心卡盘和辅助支承，手动编程。

2. 粗加工A、B、C三平面及三孔

（1）使用设备 韩国起亚VX500立式加工中心，系统为FANUC 0i-MB。

（2）装夹方式 专用夹具，以A面及ϕ168mm孔定位加工，手动编程。

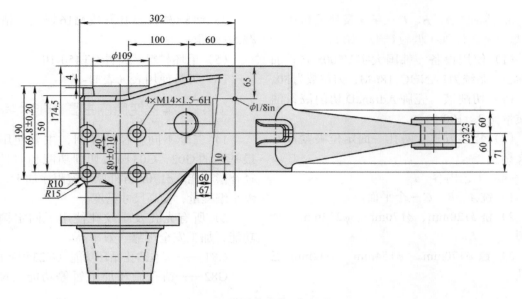

图 11-10　摆臂简图

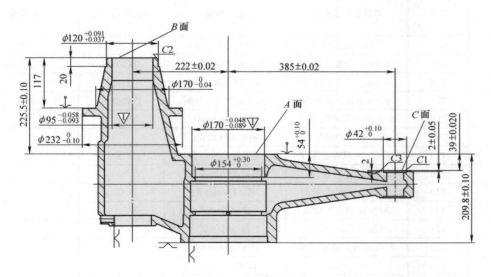

图 11-11　摆臂剖视图

3. 精加工 *A*、*B*、*C* 三平面及外圆和孔（这里对此工序加工做较详细介绍）

（1）使用设备　韩国大宇 V500S 立式加工中心，系统为 FANUC 18*i*-M，刀位数为30。

（2）切削液　壳牌 AdranaD 切削液，油水质量比7：100。

（3）装夹方式　两孔一面定位夹紧（专用夹具）。

（4）工艺内容

1）铣 *A*、*B*、*C* 三个平面。

2）铣 ϕ120mm、ϕ170mm、ϕ232mm 三个外圆。

3）镗 ϕ170mm、ϕ154mm、ϕ42mm 三个孔。

4）钻 8×ϕ14mm 孔并攻 M16 螺纹，钻 2×ϕ6.8mm 孔。

（5）毛坯材料　铸件 QT450-10。

（6）刀具使用表（表11-2）

11.4.2　编程使用的主要功能及特点

1）三个不同直径的外圆，主要使用了最基本的 G02、G03 圆弧切削功能和刀具半径补偿功能。ϕ170mm 外圆用宏程序加工，以缩小编程量，提高尺寸精度。

2）所有光孔及螺纹孔使用了固定循环功能，加工安全可靠、效率高。

G81——基本钻孔循环功能（N23程序段）

G82——钻孔循环加工暂停功能（N21

表11-2　刀具使用表　　　　　　　　　　（单位：mm）

序号	刀号	刀具名称及规格	加工内容	刀具半径补偿	补偿值
1	T01	ϕ100mm 面铣刀	加工三个平面	无	无
2	T03	ϕ20mm 合金立铣刀	加工 ϕ120mm 外圆	D42/D44	10.5/10.03
3	T05	ϕ32mm 改制立铣刀	加工 ϕ170mm 外圆	D45	15.98
4	T07	ϕ36mm 加长立铣刀	加工 ϕ232mm 外圆	D46/D48	19/17.9
5	T09	ϕ94.5mm 双刃粗镗刀	粗镗 ϕ95mm 孔		
6	T11	ϕ95mm 单刃精镗刀	精镗 ϕ95mm 孔		
7	T13	ϕ169mm 双刃粗镗刀	粗镗 ϕ170mm 孔		
8	T15	ϕ170mm 单刃精镗刀	精镗 ϕ170mm 孔		
9	T17	ϕ154mm 双刃粗镗刀	镗 ϕ154mm 孔		
10	T19	ϕ42mm 双刃粗镗刀	镗 ϕ42mm 孔		
11	T21	ϕ16mm 长柄中心钻	预钻孔位置		
12	T23	ϕ14mm 涂层直柄钻头	钻 8×ϕ14mm 孔		
13	T25	M16 丝锥	攻螺纹 8×M16		
14	T27	ϕ6.8mm 钻头	钻 2×ϕ6.8mm 孔		

程序段)

G83——步进式钻深孔循环功能（N27程序段）

G84——攻右旋螺纹循环功能（N25程序段）

G76——精密镗孔循环功能（N11和N15程序段）

3）使用G16极坐标加工功能。对8×M16螺纹孔的中心位置采用极坐标角度分度加工，使编程简便快捷且准确，免去计算孔位置坐标的麻烦。

11.4.3 加工程序

O0032
G40 G80 G49 G69;
G91 G30 Z0;
M06 T05;

注意：

将工件两孔系分别设定为G54（中间大孔）、G55（左边中孔）两个坐标系，以方便编程加工。用T01 φ100mm面铣刀加工，A平面采用Y轴方向进刀，用G03逆时针圆弧切削加工；B平面则采用X轴方向进刀，用G02顺时针圆弧切削加工；C平面用Y轴直线进给切削加工。刀具加工路径见图11-12和N1程序段。

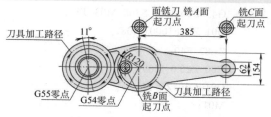

图11-12 摆臂加工示意图

N1 G90 G00 G54 X0 Y170.0;
 G43 Z30.0 H01 S500 M03 T03;
 G01 Z3.0 F3000;
 Z0 F1000 M08;
 Y62.0 F200;
 G03 J−62.0;
 G01 Y100.0 F500;
 G00 Z260.0;
 G90 G55 X150.0 Y0;
 Z240.0;
 G01 Z228.0 F2000;
 Z225.5 F1000;
 X70.0 F200;
 G02 I−70.0;
 G01 X150.0 F300;
 G00 Z230.0;
 G90 G54 X385.0 Y110.0;
 G01 Z−39.0 F2000;
 Y−15.0 F150;
 G00 Z240.0 M09;
 G91 G30 Z0 M19;
 G91 G30 X0 Y0;
 M01;
 M06（T03）;

注意： N3程序段是用T03 φ20mm合金立铣刀采用刀具半径补偿功能和呼叫子程序的方法加工φ120mm外圆，同时用圆弧切入和圆弧切出避免了进刀时留下切痕。刀具加工路径见图11-13。

N3 G90 G00 G55 X90.0 Y40.0;
 G43 Z20.0 H03 S300 M03 T05;
 G01 Z−20.0 F1000 M08;
 D42 M98 P0034;
 D44 M98 P0034;
 G00 G40 Z30.0 M09;

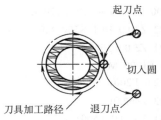

图 11-13　刀具加工路径图（一）

```
G91  G30  Z0  M19;
G91  G30  X0  Y0;
M01;
M06（T05）;
```

注意： 为保证φ170mm外圆加工精度，除了使用刀具半径补偿外，还使用了宏程序，将φ170mm外圆半径R85mm作为变量值加工，以保证外圆尺寸。刀具加工路径见图11-14，程序段为N5、N10、N20。

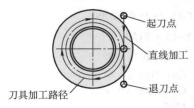

图 11-14　刀具加工路径图（二）

```
N5  G90  G00  G55  X0  Y0;
G43  Z20.0  H05  S300  M03  T07;
#4=116.0;
#24=#4-15.0;
N10  G90  G00  G40  X[#24+16]  Y60.0;
G01  Z-117.0  F500  M08;
G41  X#24  Y0  D45  F100;
G02  I-#24;
G01  Y-60.0;
G00  G91  Z30.0;
```

```
IF[#24EQ85]  GOTO  20;
#24=#24-15.0;
IF[#24GE86]  GOTO  10;
#24=85.0;
GOTO  10;
G00  G40  Z50.0  M09;
N20  G91  G30  Z0  M19;
G91  G30  X0  Y0;
M01;
M06（T07）;
```

注意： N7程序段是加工φ232mm外圆，切削加工方法和刀具加工路径与图11-13相同。

```
N7  G90  G00  G55  X160.0  Y50.0;
G43  Z20.0  H07  S260  M03  T09;
G01  Z-140.0  F2000  M08;
D46  M98  P0035;
D48  M98  P0035;
G00  Z20.0  M09;
G91  G30  Z0  M19;
G91  G30  X0  Y0;
M01;
M06（T09）;
```

注意： 对于φ95mm内孔，可采用粗、精镗孔方式加工，精镗时用G76精密镗孔循环功能，以保证退刀时不刮伤内孔表面。程序段为N9和N11。

```
N9  G90  G00  G55  X0  Y0;
G43  Z20  H09  S360  M03  T11;
G01  Z3  F1000  M08;
Z-82  F40;
G00  Z20.0  M09;
G91  G30  Z0  M19;
M01;
M06（T11）;
```

N11 G90 G00 G55 X0 Y0;

　　G43 Z20.0 H11 S450 M03 T13;

　　G76 G98 Z−82.0 R3.0 Q2.0 F35;

　　G80 G00 Z50.0 M09;

　　G91 G30 Z0 M19;

　　G91 G30 X0 Y0;

　　M01;

　　M06（T13）;

注意：N13、N15程序段含义同上。

N13 G90 G00 G54 X0 Y0;

　　G43 Z30.0 H13 S200 M03 T15;

　　G01 Z3.0 F2000 M08;

　　Z−54.0 F36;

　　G00 Z30.0 M09;

　　G91 G30 Z0 M19;

　　G91 G30 X0 Y0;

　　M01;

　　M06（T15）;

N15 G90 G00 G54 X0 Y0;

　　G43 Z30.0 H15 S260 M03 T17;

　　G76 G98 Z−54.0 R3.0 Q2.0 F30;

　　G80 G00 Z50.0 M09;

　　G91 G30 Z0 M19;

　　G91 G30 X0 Y0;

　　M01;

　　M06（T17）;

N17 G90 G00 54 X0 Y0;

　　G43 Z30.0 H17 S200 M03 T19;

　　G01 Z−50.0 F2000 M08;

　　Z−65.0 F36;

　　G00 Z30.0 M09;

　　G91 G30 X0 Y0;

　　M01;

　　M06（T19）;

N19 G90 G00 G54 X385.0 Y0;

　　G43 Z20.0 H19 S320 M03 T21;

　　G01 Z−36.0 F2000 M08;

　　Z−41.0 F30;

　　G00 Z20.0 M09;

　　G91 G30 Z0 M19;

　　G91 G30 X0 Y0;

　　M01;

　　M06（T21）;

注意： 8×M16螺纹孔采用极坐标功能G16和G15方法加工（G16极坐标有效，G15极坐标取消）。孔位置以角度增量方式编写在子程序中，供钻孔和攻螺纹时调用，以缩短程序，方便加工。程序中的X100.0表示孔分度圆半径为100mm，Y值为孔位置角度，见图11-15。

N21 G90 G00 G55 G16 X100.0 Y30.0

　　G43 Z20.0 H21 S1000 M13 T23;

　　G82 G98 Z−121.0 R−114 P500 F80;

　　M98 P0037;

　　G80 G15 G00 Z30.0;

　　G90 G00 G54 X0 Y94.0;

　　G01 Z−200.0 F2000;

　　G82 G99 Z−230.0 R−222.0 F80;

　　Y−94.0;

　　G00 G80 Z30.0 M09;

　　G91 G30 Z0 M19;

　　G91 G30 X0 Y0;

　　M01;

　　M06（T23）;

N23 G90 G00 G55 G16 X100.0 Y30.0;

　　G43 Z20.0 H23 S400 M13 T25;

　　G81 G98 Z−144.0 R−113.0 F60;

　　M98 P0037;

　　G00 G15 G80 Z30.0 M09;

　　G91 G30 Z0 M19;

　　G91 G30 X0 Y0;

　　M01;

　　M06（T25）;

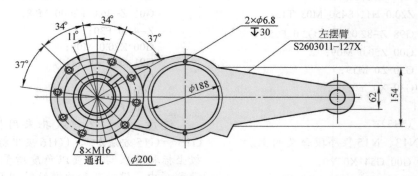

图 11-15 摆臂法兰面简图

N25 G90 G00 G55 G16 X100.0 Y30.0；
　　G43 Z20.0 H25 S300 M13 T27；
　　M29 S300；
　　G84 G98 Z−142.0 R−113.0 F600；
　　M98 P0037；
　　G00 G15 G80 Z30.0 M09；
　　G91 G30 Z0 M19；
　　G91 G30 X0 Y0；
　　M01；
　　M06（T27）；
N27 G90 G00 G54 X0 Y94.0；
　　G43 Z50.0 H27 S600 M13 T01；
　　G83 G99 Z−34.0 R3.0 Q10.0 F40；
　　Y−94.0；
　　G00 G80 Z50.0 M09；
　　G91 G30 Z0 M19；
　　G91 G30 X0 Y0；
　　M06 （T01）；
　　M30；
　子程序：
　　O0034
　　G90 G01 G41 X80.0 Y20.0 F1000；
　　G03 X60.0 Y0 R20.0 F100；
　　G02 I−60.0；

G03 X80.0 Y−20.0 R20.0 F200；
G00 G40 X90.0；
Y40.0；
M99；
O0035
G90 G01 G41 X146.0 Y30.0 F1000；
G03 X116.0 Y0 R30.0 F100；
G02 I−116.0；
G03 X146.0 Y−30.0 R30.0 F200；
G00 G40 X160.0；
Y50.0；
M99；
O0037
G91 Y37.0；
Y68.0；
Y37.0；
Y38.0；
Y37.0；
Y68.0；
Y37.0；
M99；

11.5 技能大赛试题选编

11.5.1 配合件的加工

某公司举办数控机床技能大赛，高级技工技能试题为：用加工中心加工一对凸凹模配合体，见图11-16和图11-17。

试题要求：件一、件二除正常凸凹配合外，最大间隙不能超过0.06mm，同时完成零件基点计算，设定工件坐标系，制定工艺方案。件一、件二的材料为45钢，调制220HBW。编制加工程序时要有一定技巧，尤其是两个凸凹半球要写出程序单，并注明刀具尺寸及切削工艺参数。

1. 制订工艺方案

1）用160mm机用虎钳装夹工件。

2）设定SR20mm半球中心为工件坐标系的零点。

3）使用宏程序和球头铣刀加工SR20mm半球。

4）两件用G68坐标旋转功能编程加工。

5）先加工件一（凹模），后加工件二（凸模），以件一试配精加工件二，两件加工时间为300min。

2. 计算20mm宽两倾角槽（块）基点坐标值和半月槽（块）基点坐标值

（1）20mm宽倾角槽基点坐标值　由于

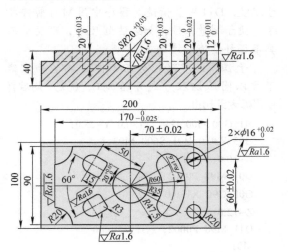

图11-16　凹模零件图

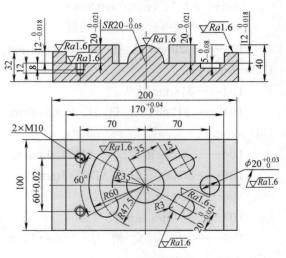

图11-17　凸模零件图

可以使用G68坐标旋转功能，所以键槽（块）可按与X轴同轴线上计算键槽中心点和4点位置。

中心点：X−50.0 Y0

4点位置坐标：X−50.0 Y−10.0

X−35.0 Y−10.0

X−35.0 Y10.0

X−50.0 Y10.0

（2）半月槽6基点坐标值（根据所占夹角60°计算）

35×cos30°=30.31（X轴）

35×sin30°=17.5（Y轴）

47.5×cos30°=41.135（X轴）

47.5×sin30°=23.75（Y轴）

60×cos30°=51.96（X轴）

60×sin30°=30.0（Y轴）

（sin30°=0.5，cos30°=0.866）

3. 件一（凹模）加工选用刀具

T01——ϕ20mm 立 铣 刀 （D01=11mm，D11=10mm）。

T02——ϕ18mm 钻头。

T03——ϕ12mm 立 铣 刀 （D02=8mm，D03=6mm）。

T04——ϕ6mm 键槽铣刀 （D04=4mm）。

T05——ϕ6mm 立铣刀 （D05=3mm）。

T06——ϕ20mm 球头铣刀。

T07——ϕ14mm 键槽铣刀。

T08—— ϕ8mm 立 铣 刀 （D08=5mm，D09=4mm）。

4. 件二（凸模）加工选用刀具

T10——ϕ100mm 面铣刀 （D10=50mm）。

T11——ϕ12mm 键槽铣刀 （D11=7mm）。

T12——ϕ12mm 立铣刀 （D12=6mm）。

T13——ϕ6mm 立铣刀 （D13=4mm，D14=3mm）。

T14——ϕ10mm 立铣刀 （D24=5mm）。

T15——ϕ8.6mm 钻头。

T16——M10 丝锥。

5. 件一（凹模）加工程序

```
O0001
G40 G49 G69 G80;
G91 G30 X0 Y0 Z0;
M06 T01;（φ20mm 立铣刀）
```

注意：

N1程序段调用O0002子程序加工件一周边。一把刀使用两个刀具半径补偿值，D01用于粗铣，D11用于精铣。程序中用M01暂停指令，便于测量工件，如未达到尺寸，可变更刀具半径补偿值继续加工。

子程序进刀路径是在工件右端Y轴零线下方以圆弧切入方式开始加工，铣完一周后再以圆弧方式切出。

```
N1 G90 G00 G54 X130.0 Y−25.0;
G43 Z30.0 H01 S600 M03;
Z−10.0;
D01 M98 P0002;（加工周边）
G00 G90 X130.0 Y−25.0;
Z−12.0;
D11 M98 P0002;（D11=10mm）
M01;
G00 Z50.0 M09;
```

G00 G91 G30 Z0 M19；

M06 T02；（φ18mm 钻头）

注意：N2 程序段是用 G16 极坐标功能先将半月槽和倾角槽用 φ18mm 钻头预钻孔，以减少加工量。

N2 G90 G00 G54 G16 X47.5 Y−30.0；

G43 Z30.0 H02 S500 M13；

G81 G99 Z−19.5 R3.0 F60；

G91 Y12.0 K4；

Y120.0；

Y60.0；

G00 G90 G15 G54 X0 Y0；

G01 Z−19.5 F60；

G00 Z50.0 M09；

G91 G30 Z0 M19；

M06 T03；（φ12mm 立铣刀）

注意：N3 程序段是用主程序调用 O0003 子程序加工半月槽。同样是一把刀用两个刀具半径补偿值，分粗、精加工。

N3 G90 G00 G54 X41.135 Y−23.75；

G43 Z30.0 H03 S450 M13；

G01 Z0 F2000；

Z−5.0 F40；

D02 M98 P0003；（D02=8mm）

G01 Z−10.0；

D02 M98 P0003；

G01 Z−15.0；

D02 M98 P0003；

G01 Z−20.0；

D03 M98 P0003；（D03=6mm）

G00 G40 Z30.0 M09；

G91 G30 Z0 M19；

M06 T04；（φ6mm 键槽铣刀）

注意：N4、N5 程序段是用 G68 旋转功能加工两个倾角槽，粗铣用 φ6mm 键槽铣刀，精铣用 φ6mm 立铣刀。

O0004 子程序描述了一个与 X 轴同轴的小槽刀具加工路径。

N4 G90 G00 G54 X0 Y0；

G43 Z30.0 H04 S800 M13；

G01 Z3.0 F2000；

G68 X0 Y0 R150.0 D04 M98 P0004；

G68 X0 Y0 R210.0 D04 M98 P0004；

G00 Z50.0 M09；

G91 G30 Z0 M19；

M06 T05；（φ6mm 立铣刀）

N5 G90 G00 G54 X0 Y0；

G43 Z30.0 H05 S800 M13；

G01 Z3.0 F2000；

G68 X0 Y0 R150.0 D05 M98 P0004；

G68 X0 Y0 R210.0 D05 M98 P0004；

G00 Z50.0 M09；

G91 G30 Z0 M19；

M06 T06；（φ20mm 球头铣刀）

注意：N6、N10、N30 程序段是用宏程序加工凹半球 SR20mm。使用变量和分支语句完成分层循环加工内球面。

N6 #24=10；

#26=0.5；

G90 G00 G54 X#24 Y0；

G43 Z30.0 H06 S900 M13；

Z10.0；

N10 #4=SQRT［#24×#24−#26×#26］；

G90 G00 X#4；

G01 Z−#26 F600；

G02 I−#4；

G91 G00 Z1.0；

```
#26=#26+0.5;
IF［#26LE9］GOTO 10;
#26=9.1;
N30 #4=SQRT［#24×#24-#26×#26］;
G00 G91 Z1.0;
G90 G00 X#24.0;
G01 Z-#26
G02 I-#4;
#26=#26+0.1;
IF［#26LE9.9］GOTO 30;
G01 X0 Y0;（定位至球心）
Z-#24;（用球头刀铣掉球底中心残留）
G04 X1.0;（停1s，修光球心底面）
G00 G30 M09;
G91 G30 Z0 M19;
M06 T07;（φ14mm 键槽铣刀）
```

注意： N7 程序段用 φ14 键槽铣刀直接 Z 轴负向进刀，粗加工两个 φ16mm 对称分布的孔。

```
N7 G90 G00 G54 X70.0 Y30.0;
G43 Z30.0 H07 S360 M13;
G82 G99 Z-19.9 R3.0 P1000 F40;
Y-30.0;
G00 G80 Z30.0 M09;
G91 G30 Z0 M19;
M06 T08;（φ8mm 立铣刀）
```

注意： N8、N9 程序段用 φ8mm 立铣刀执行 O0005 和 O0006 子程序，精铣 2×φ16$^{+0.02}_{0}$mm 光孔。

刀具路径采用圆弧切入和圆弧切出方式加工。

```
N8 G90 G00 G54 X68.0 Y30.0;
G43 Z30.0 H08 S700 M13;
Z-19.5;
```

```
G01 Z-20.0 F40;
D08 M98 P0005;（D08=5mm）
G00 Z30.0 M09;
N9 G90 G00 G54 X68.0 Y-30.0;
Z-19.5;
G01 Z-20.0 F40;
D09 M98 P0006;（D09=4mm）
G00 Z30.0 M09;
G91 G30 X0 Y0 Z0;
M05;
M30;
```

子程序：

```
O0002（铣周边）
G01 G42 X105.0 Y-20.0 F300;
G02 X85.0 Y0 R20.0 F120;
G01 Y25.0;
G03 X65.0 Y45.0 R20.0;
G01 X-65.0;
G02 X-85.0 Y25.0 R20.0;
G01 Y-25.0;
G02 X-65.0 Y-45.0 R20.0;
G01 X65.0;
G03 X85.0 Y-25.0 R20.0;
G01 Y0;
G02 X105.0 Y20.0 R20.0;
G00 G40 Z30.0;
M99;
O0003（粗、精铣半月槽）
G01 G42 X30.31 Y-17.5 F80;
G03 X30.31 Y17.5 R35.0;
G02 X51.96 Y30.0 R12.5;
X51.96 Y-30.0 R60.0;
X30.31 Y-17.5 R12.5;
G03 X35.0 Y0 R35.0;
```

G01 G40 X42.0;

M99;

O0004（铣两倾角槽）

G00 X40.0 Y0;

G01 Z−20.0 F40;

G41 X45.0 Y−10.0 F60;

G01 X50.0;

G03 X50.0 Y10.0 R10.0;

G01 X35.0;

Y−10.0;

X50.0;

G00 G40 Z30.0;

G69;

M99;

O0005（精铣上面φ16mm孔）

G01 G42 X72.0 Y36.0 F60;

G02 X78.0 Y30.0 R6.0;

I−8.0;

X72.0 Y24.0 R6.0;

G01 G40 X70.0 Y30.0;

M99;

O0006（精铣下面φ16mm孔）

G01 G42 X72.0 Y−24.0 F60;

G02 X78.0 Y−30.0 R6.0;

I−8.0;

X72.0 Y−36.0 R6.0;

G01 G40 X70.0 Y−30.0;

M99;

6. 件二（凸模）加工程序

O0010

G40 G49 G80 G69;

／G91 G30 X0 Y0 Z0;

M06 T10;（φ100mm面铣刀）

注意：N10程序段用φ100mm面铣刀分三次进刀加工凸模外轮廓。进刀路径见O0011子程序。

N10 G90 G00 G54 X200.0 Y200.0;

G43 Z30.0 H10 S1000 M13;

Z−3.0;

D10 M98 P0011;（D10=50mm）

G00 Z−6.0;

D10 M98 P0011;

G00 Z−8.0;

D10 M98 P0011;

G00 Z50.0 M09;

G91 G30 Z0 M19;

M06 T11;（φ12mm键槽铣刀）

注意：N11程序段用φ12mm键槽铣刀粗铣凸半球（先铣成φ43mm圆柱），先调用O0012子程序进深后再调用O0013子程序加工。

N11 G90 G00 G54 X60.0 Y0;

G43 Z30.0 H11 S450 M13;

Z0;

M98 P40012;

G00 Z30.0;

注意：N12程序段继续使用φ12mm键槽铣刀分两次进深粗铣倾角30°键块。

N12 G90 G54 X21.5 Y29.31;

Z−10.0;

G68 X0 Y0 R30.0 D11 M98 P0014;

G68 X0 Y0 R−30.0 D11 M98 P0014;

G40 G00 Z20.0;

G90 X21.5 Y29.31;

G01 Z−20.0 F200;

G68 X0 Y0 R30.0 D11 M98 P0014;

G68 X0 Y0 R−30.0 D11 M98 P0014；

G00 G40 Z30.0；

注意：N13程序段完成三部分加工内容：

① 调用O0015子程序粗铣170mm宽槽两侧面。

② 调用O0016子程序粗铣半圆键。

③ 粗铣φ20mm孔。

N13 G90 G00 G41 X70.0 Y60.0 D11；

M98 P0015；（粗铣170mm两侧面）

G00 G40 Z30.0；

X−70.0 Y−30.0 S600；

Z−20.0；

D11 M98 P0016；（粗铣半圆键）

G00 X70.0 Y0；（定位至φ20mm孔处）

Z−19.0；

G01 Z−25.0 F30；（粗铣φ20mm孔）

G00 Z50.0 M09；

G91 G30 Z0；

M06 T12；（φ12mm立铣刀）

注意：N14程序段用φ12mm立铣刀完成三部分加工内容：

① 精铣两个倾角30°键块。

② 精铣170mm两侧面。

③ 精铣半圆键。

N14 G90 G00 G54 X21.5 Y29.31；

G43 Z30.0 H12 S800 M13；

Z−19.0；

G01 Z−20.0 F20；

G68 X0 Y0 R30.0 D12 M98 P0014；（D12=6mm）

G68 X0 Y0 R−30.0 D12 M98 P0014；

G40 G00 Z20.0；

G90 G00 G41 X70.0 Y60.0 D12；

M98 P15；（精铣170mm两侧面）

G00 G40 Z20.0；

X−70.0 Y−30.0；

Z−20.0；

D12 M98 P0016；（精铣半圆键）

G00 G40 Z30.0 M09；

G91 G30 Z0 M19；

M06 T13；（φ6mm立铣刀）

注意：N15程序段用φ6mm立铣刀分半精铣和精铣加工φ20mm孔。调用O0017子程序以圆弧切入法加工。

N15 G90 G00 G54 X70.0 Y0；

G43 Z30.0 H13 S800 M13；

Z−24.0；

G01 Z−25.0 F20；

D13 M98 P0017；（半精铣φ20mm孔）

M01；（D13=4mm，D14=3mm）

D14 M98 P0017；（精铣φ20mm孔）

G00 G40 Z30.0 M09；

G91 G30 Z0 M19；

M06 T14；（φ10mm立铣刀）

注意：N16程序段用φ10mm立铣刀使用角度变量的宏程序分层加工SR20mm凸半球。

N16 G90 G00 G54 X0 Y0；

G43 Z50.0 H01 S1500 M13；

N20 #1=89.0；

N21 #2=20×COS［#1］；

N22 #3=20×SIN［#1］；

N23 #4=#2+6；

N24 G01 X#4 Y0 F1000；

N25 Z#3；

N26 G41 X#2 D24 F500；（D24=5mm）

N27 G02 I−#2；

N28 G01 G40 X#4；

N29 #1=#1−1.0；

N30 IF［#1GE0］GOTO 21；（如果变量角大于或等于零，继续返回执行N21程序段加工）

G00 Z200.0 M09；

G91 G30 Z0 M19；

M06 T15；（ϕ8.6mm 钻头）

N17 G90 G00 G54 X−70.0 Y30.0；

G43 Z30.0 H15 S800 M13；

G81 G99 Z−36.0 R−18.0 F50；

Y−30.0；

G00 G80 Z50.0 M09；

G91 G30 Z0 M19；

M06 T16；（M10丝锥）

N18 G90 G00 G54 X−70.0 Y30.0；

G43 Z30.0 H16 S400 M13；

M29 S400；

G84 G99 Z−28.0 R−17.0 F600；（攻螺纹）

Y−30.0；

G00 G80 Z50.0 M09；

G91 G30 X0 Y0 Z0；

M05；

M30；

子程序：

O0011（铣轮廓四边）

G00 G41 X54.0 Y53.0；

G01 Y−38.0 F300；

X−62.0；

Y38.0；

X120.0；

G00 G40 X200.0 Y200.0；

M99；

O0012（粗铣凸半球1号子程序）

G91 G00 Z−5.0；

M98 P0013；

M99；

O0013（粗铣凸半球2号子程序）

G90 G01 X27.5 Y0 F100；

G02 I−27.5；（圆弧切削加工坐标为刀具中心轨迹）

G00 X60.0；

M99；

O0014（铣倾角30°键块）

G42 G01 X35.0 Y10.0 F80；

Y−7.0；

G03 X38.0 Y−10.0 R3.0；

G01 X50.0；

G03 X50.0 Y10.0 R10.0；

G01 X38.0；

G03 X35.0 Y7.0 R3.0；

G01 Y0；

G69；

M99；

O0015（铣170mm 两侧面）

Z−20.0；

G01 Y−44.0 F70；

X−70.0；

Y44.0；

X84.0；

Y−44.0；

X−84.0；

Y60.0；

M99；

O0016（铣半圆键）

G41 G01 X−60.0 Y0 F120；

G02　X−51.96　Y30.0　R60；

X−30.31　Y17.5　R12.5；

G03　X−30.31　Y−17.5　R35.0；

G02　X−51.96　Y−30.0　R12.5；

X−51.96　Y30.0　R60.0；

G00　G40　Z30.0；

M99；

O0017（铣φ20mm 孔）

G01　G42　X74.0　Y6.0　F100；

G02　X80.0　Y0　R6.0；

I−10.0；

G02　X74.0　Y−6.0　R6.0；

G40　G01　X70.0　Y0；

M99；

说明：

1）在件二（凸模）加工程序中，未对残余剩料编程加工。建议根据现场实际用G91增量值编程铣掉多余部分。这样做可节省计算绝对坐标值的时间。

2）加工件一、件二所选用的刀具有相同的可以继续使用，刀号也可延用原刀号。此程序是为表达清楚才重新变更的。

3）在实际大赛中，用不着把程序全都编写完再加工，可在相近似的程序段中删改使用。应充分使用后台的复制、移出、插入程序等编辑功能，缩减编程时间，增加有效的加工时间，才能赢得比赛时间。

4）由于编程者思路各有不同，此程序只供参考，使用时请先上机验证后再用。

11.5.2　铝合金薄壁零件的加工

铝合金薄壁零件见图 11-18 和图 11-19。此件材料为硬铝 2A12，其切削性能良好。从毛坯到最终完成去除量达 85% 以上，四周及内部镂空最薄的地方厚度仅为 2mm，是典型的薄壁复杂难加工零件。该零件在加工过程中如果工艺方案和加工方式选择不当，极易变形，造成尺寸超差。

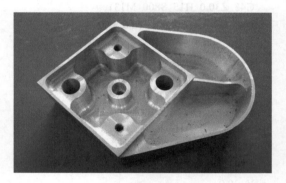

图 11-18　铝合金薄壁零件实物图

1. 装夹方式分析

1）底面余量虎钳装夹法（图 11-20）。

优点：一次装夹，能够加工完所有工序，并能保证尺寸公差、位置公差，且加工效率高。

缺点：装夹位置太小，只有 3mm 左右，工件在加工过程中，容易松动；当需要去掉底面余量时，要装夹已加工好的侧面，由于工件已被铣空，极易产生变形。

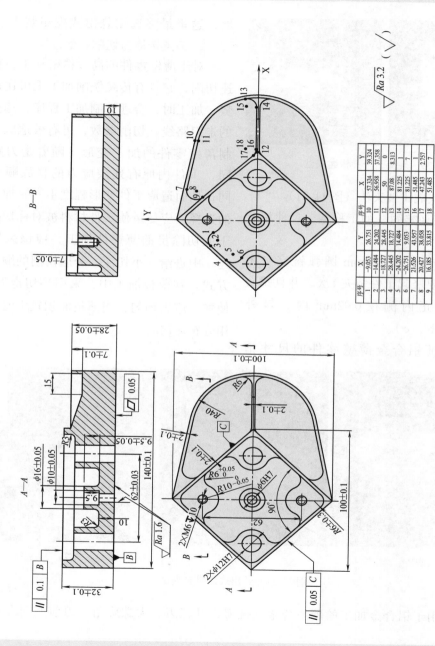

$\sqrt{Ra\,3.2}$ $(\sqrt{\ })$

序号	X	Y		序号	X	Y
1	−9.053	26.751		10	57.324	39.324
2	−14.484	24.202		11	56.958	37.358
3	−18.727	28.445		12	50	0
4	−28.445	18.727		13	87.08	8.313
5	−24.202	14.484		14	81.225	7
6	−26.751	9.053		15	81.225	7
7	21.526	43.957		16	51.485	1
8	20.427	38.058		17	47.243	2.757
9	16.185	33.815		18	51.485	7

图 11-19　铝合金薄壁零件图

图11-20　底面余量虎钳装夹法

2）悬出式虎钳装夹法（图11-21）。

优点：装夹牢固，加工稳定，尺寸精度保证好。

缺点：把外形 $R40mm$ 圆弧铣完（图11-21a），需要竖起工件装夹4次，并且每次用百分表找正内侧在 0.02mm 内，铣外形（图11-21b、c）。

为了保证铝合金薄壁零件的尺寸精

度，这里最终选用悬出式虎钳装夹法。

2. 刀具选取与切削参数选择

对于薄壁零件的高效精密加工，首选高速切削，它具有传统铣削加工无可比拟的优势。加工时，合理编制加工程序，选择合适的走刀路线、切削参数，可有效地减少和控制薄壁零件的加工变形。随着走刀路径不同，工件内原有残余应力的释放顺序也不同，从而造成工件变形程度不一。加工路径的选择，应尽量使工件材料被对称切除，对于大切除量的薄壁件加工，应该采用高转速、中进给、小切深、分层切削的顺铣走刀方式。在薄板加工中，采用环切走刀方式，使加工应力均匀，当薄板面积较大时，可采用分布环切法。

a)　　　　　　　　　　b)　　　　　　　　　　c)

图11-21　悬出式虎钳装夹法

选择适用于铝合金加工的硬质合金立铣刀，其三刃、大螺旋角、刃前空间大且耐磨。

经过实践发现，该类刀具非常适合铝材的高速加工。刀具使用表见表11-3。

表11-3　刀具使用表

刀具规格	粗加工					精加工				
	主轴转速S/(r/min)	进给速度F/(mm/min)	切削深度/mm	侧面余量/mm	底面余量/mm	主轴转速S/(r/min)	进给速度F/(mm/min)	切削深度/mm	侧面余量/mm	底面余量/mm
ϕ10mm 立铣刀	6000	1500	2	0.2	0.15	8000	1200	15	0	0
ϕ16mm 立铣刀	4000	1500	2	0.4	0	7000	1200	15	0	0
ϕ11.8mm 钻头						2000	200	34		
ϕ12mm 铰刀						300	30	34		

3. 加工程序

O0002（ϕ10mm立铣刀加工左侧梅花型深腔，见图11-22）

N1　T01　M06；（换T01 ϕ10mm立铣刀）

N2　G80　G40　G15　G69；（清除刀补循环功能、极坐标功能及旋转功能）

N3　G50.1　X0　Y0；（取消镜像）

N4　G52　X0　Y0　Z0；（取消坐标系平移）

N5　G91　G28　Z0；（返回机床参考点）

N6　G58　G40　G90　G00；（坐标系为G58）

N7　M03　S6000；（主轴正转6000r/min）

N8　#1=1；（Z向深度初始值）

N9　#2=22；（Z向最终深度）

N10　G00　Z10；（快速移动Z轴正向10mm）

N11　WHILE［#1LE#2］DO1；（循环开始）

N12　G01　X14.5　Y14.5　F1500；（定位起刀点）

N13　Z–#1；（每层Z向进给量）

N14　G41　X0　Y21　D01；（加刀具半径补偿）

N15　M98　P3；（调用3号子程序）

图11-22　左侧梅花型深腔

N16　G68　X0　Y0　R90；（坐标系逆时针旋转90°）

N17　M98　P3；（调用3号子程序）

N18　G68　X0　Y0　R180；（坐标系逆时针旋转

180°）

N19 M98 P3；（调用3号子程序）

N20 G68 X0 Y0 R270；（坐标系逆时针旋转270°）

N21 M98 P3；（调用3号子程序）

N22 G69；（取消坐标系旋转）

N23 G01 G40 X−14.5 Y14.5；（去除多余余量，取消刀具半径补偿）

N24 Y−14.5；

N25 X14.5；

N26 Y14.5；

N27 #1=#1+2；（变量#1增加2mm）

N28 END1；（循环结束）

N29 G00 Z20；（快速移动Z轴正向20mm）

N30 M05 M09；（主轴停止，关闭切削液）

N31 M30；（程序结束并返回程序头）

O0003（梅花型深腔坐标点子程序）

N1 G02 X−9.053 Y26.751 R10；（顺时针圆弧插补，半径为10mm）

N2 G03 X−18.727 Y28.445 R6；（逆时针圆弧插补，半径为6mm）

N3 G01 X−28.445 Y18.727；

N4 G03 X−26.751 Y9.053 R6；（逆时针圆弧插补，半径为6mm）

N5 G02 X−21 Y0 R10；（顺时针圆弧插补，半径为10mm）

N6 M99；（子程序结束）

O0005（φ10mm立铣刀精铣右侧28mm高腰型上面）

N1 T01 M06；（换T01 φ10mm立铣刀）

N2 G80 G40 G15 G69；（清除刀补循环功能、极坐标功能及旋转功能）

N3 G50.1 X0 Y0；（取消镜像）

N4 G52 X0 Y0 Z0；（取消坐标系平移）

N5 G91 G28 Z0；（返回机床参考点）

N6 G58 G40 G90 G00；（坐标系为G58）

N7 M03 S8000；（主轴正转8000r/min）

N8 G00 X0 Y0；

N9 X−60 Y−60；

N10 Z−4；

N11 G01 G42 X−50 Y−50 D01 F1200；（加刀具半径补偿，加工右侧直角边）

N12 X0；

N13 X50 Y0；

N14 X0 Y50；

N15 X−50；

N16 G40 X−60 Y60；（取消刀具半径补偿）

N17 X20；

N18 Y44；

N19 X56.958 Y37.3582；（加工28mm深腰型上面）

N20 G02 Y−37.358 R38；

N21 G01 X20 Y−44；

N22 Y−60；

N23 X110；

N24 Y0；

N25 G01 X60 F500；

N26 G00 Z50；

N27 M05 M09；（主轴停止，关闭切削液）

N28 M30；（程序结束并返回程序头）

O0006（φ10mm立铣刀加工右侧腰型深腔，见图11-23）

N1 T01 M06；（换T01 φ10mm立铣刀）

图11-23　右侧腰型深腔

N2 G80 G40 G15 G69；（清除刀补循环功能、极坐标功能及旋转功能）

N3 G50.1 X0 Y0；（取消镜像）

N4 G52 X0 Y0 Z0；（取消坐标系平移）

N5 G91 G28 Z0；（返回机床参考点）

N6 G58 G40 G90 G00；（坐标系为G58）

N7 M03 S6000；（主轴正转6000r/min）

N8 G00 X21 Y38；（快速定位起刀点）

N9 G00 Z10；（快速移动Z轴正向10mm）

N10 #1=2；（Z向深度初始值）

N11 #2=22；（Z向最终深度）

N12 WHILE［#1LE#2］DO1；（循环开始）

N13 G01 X21 Y38 F1500；（定位起刀点）

N14 Z-#1；（每层Z向进给量）

N15 X43 Y27；（去除中间余量）

N16 X78 Y15；

N17 X55；

N18 X43 Y27；

N19 G42 X87.0 D01；（加刀具半径补偿，铣型腔尺寸）

N20 G02X 81.225 Y1 R6；

N21 G01 X51.485 Y1；

N22 G02 X47.243 Y2.757 R6；

N23 G01 X16.185 Y33.815；

N24 G02 X21.526 Y43.957 R6；

N25 G01 X56.958 Y37.358；

N26 G02 X87.08Y 8.313 R38；

N27 G01 G40 X81 Y7；（取消刀具半径补偿）

N28 #1=#1+2；（变量#1增加2mm）

N29 END1；（循环结束）

N30 G00 Z20；（快速移动Z轴正向20mm）

N31 M05 M09；（主轴停止，关闭切削液）

N32 M30；（程序结束并返回程序头）

O0008（ϕ10mm 立铣刀精铣左侧深7mm内腔）

N1 T01 M06；（换T01 ϕ10mm 立铣刀）

N2 G80 G40 G15 G69；（清除刀补循环功能、极坐标功能及旋转功能）

N3 G50.1 X0 Y0；（取消镜像）

N4 G52 X0 Y0 Z0；（取消坐标系平移）

N5 G91 G28 Z0；（返回机床参考点）

N6 G59 G40 G90 G00；（坐标系为G59）

N7 M03 S8000；（主轴正转8000r/min）

N8 G68 X0 Y0 R45；（坐标系逆时针旋转45°）

N9 G00 Z20；（快速移动Z轴正向20mm）

N10 G01 Z-7 F1200；（Z向进给量）

N11 G41 X20 Y0 D01；（加刀具半径补偿）

N12 M98 P9；（调用9号子程序）

N13 G68 X0 Y0 R135；（坐标系逆时针旋转135°）

N14 M98 P9；（调用9号子程序）

N15 G68 X0 Y0 R225；（坐标系逆时针旋转225°）

N16 M98 P9；（调用9号子程序）

N17 G68 X0 Y0 R315；（坐标系逆时针旋转315°）

N18 M98 P9；（调用9号子程序）

N19 G68 X0 Y0 R405；（坐标系逆时针旋转405°）

N20 M98 P9；（调用9号子程序）

N21 G69；（取消坐标系旋转）

N22 G40 X0 Y0；（取消刀具半径补偿）

N23 G00 Z50；

N24 M05 M09；（主轴停止，关闭切削液）

N25 M30；（程序结束并返回程序头）

O0009（左侧深7mm内腔坐标点子程序）

N1 X33.355 Y0；

N2　Y27.355;

N3　G03　X27.355　Y33.355　R6;

N4　G01　X0;

N5　M99;（子程序结束）

O0010（φ10mm 立铣刀精铣高 9.5mm 的 φ16mm
圆台）

N1　T01　M06;（换 T01 φ10mm 立铣刀）

N2　G80　G40　G15　G69;（清除刀补循环功能、
极坐标功能及旋转功能）

N3　G50.1　X0　Y0;（取消镜像）

N4　G52　X0　Y0　Z0;（取消坐标系平移）

N5　G91　G28　Z0;（返回机床参考点）

N6　G59　G40　G90　G00;（坐标系为 G59）

N7　M03　S8000;（主轴正转 8000r/min）

N8　G00　X0　Y0;

N9　Z20;

N10　G01　X14.5　Y14.5　F1200;（定位起刀点）

N11　G01　G41　X8　Y0　D01;（加刀具半径补偿）

N12　#1=8;（Z 向深度初始值）

N13　#2=22;（Z 向最终深度）

N14　WHILE［#1LE#2］DO1;（循环开始）

N15　G02　I–8　Z–#1;（三轴联动铣 φ16mm
圆台）

N16　#1=#1+2;

N17　END1;（循环结束）

N18　G01　Z–#2;（Z 向最终深度）

N19　G02　I–8;（铣 φ16mm 圆台底面及侧面到
尺寸）

N20　G01　G40　X14.5　Y–14.5;（取消刀具半径
补偿）

N21　G00　Z20;

N22　M05　M09;（主轴停止，关闭切削液）

N23　M30;（程序结束并返回程序头）

O0011（φ16mm 立铣刀加工右侧外形 R40mm，
见图11-24）

图11-24　右侧外形 R40mm

N1　T02　M06;（换 T02 φ16mm 立铣刀）

N2　G80　G40　G15　G69;（清除刀补循环功能、
极坐标功能及旋转功能）

N3　G50.1　X0　Y0;（取消镜像）

N4　G52　X0　Y0　Z0;（取消坐标系平移）

N5　G91　G28　Z0;（返回机床参考点）

N6　G57　G40　G90　G00;（坐标系为 G57）

N7　M03　S7000;（主轴正转 7000r/min）

N8　#1=2;（Z 向深度初始值）

N9　WHILE［#1LE34］DO1;（循环开始）

N10　G00　X60　Y–60;（定位起刀点）

N11　Z–#1;（每层 Z 向进给量）

N12　G42　G01　X50　Y–40.688　D2　F1200;（加
刀具半径补偿，铣外形尺寸）

N13　G01　X57.324　Y–39.324;

N14　G03　Y39.324　R40;

N15　G01　X50　Y40.688;

N16　G40　X60　Y60;（取消刀具半径补偿）

N17　G00　Z20;（快速移动到 Z 轴正向20mm）

N18　#1=#1+2;（变量 #1 增加 2mm）

N19　END1;（循环结束）

N20　M05　M09;（主轴停止，关闭切削液）

N21　M30;（程序结束并返回程序头）

O0012（钻φ11.8mm孔及铰φ12mm孔）

N1 T03 M06；（换T03φ11.8mm钻头）

N2 G80 G40 G15 G69；（清除刀补循环功能、极坐标功能及旋转功能）

N3 G50.1 X0 Y0；（取消镜像）

N4 G52 X0 Y0 Z0；（取消坐标系平移）

N5 G91 G28 Z0；（返回机床参考点）

N6 G57 G40 G90 G00；（坐标系为G57）

N7 M03 S2000；（主轴正转2000r/min）

N8 G68 X0 Y0 R0；

N9 Z20；

N10 G98 G83 X-31 Y0 Z-34 R5 Q5 F200；

N11 X-31；

N12 G80 G15；（取消固定循环、极坐标）

N13 G69；（取消坐标系旋转）

N14 G00 Z100；

N15 T04 M06；（换T04 φ12mm铰刀）

N16 G80 G40 G15 G69；（清除刀补循环功能、极坐标功能及旋转功能）

N17 G50.1 X0 Y0；（取消镜像）

N18 G52 X0 Y0 Z0；（取消坐标系平移）

N19 G91 G28 Z0；（返回机床参考点）

N20 G57 G40 G90 G00；（坐标系为G57）

N21 M03 S300；（主轴正转300r/min）

N22 G68 X0 Y0 R0；

N23 Z20；

N24 G98 G81 X-31 Y0 Z-34 R5 Q5 F30；

N25 X-31；

N26 G80 G15；（取消固定循环、极坐标）

N27 G69；（取消坐标系旋转）

N28 G00 Z100；

N29 M05 M09；（主轴停止，关闭切削液）

N30 M30；（程序结束并返回程序头）

4. 加工中遇到的问题及解决方案

铝合金零件加工过程中容易产生积屑瘤，铣削过程中积屑瘤会增大切削力，致使表面粗糙度达不到技术要求；薄壁处易出现扭曲变形现象，相对较厚的内框面，壁厚及平面度也达不到技术要求，特别是在切削加工过程中，易产生翘曲变形（图11-25）。

图11-25 翘曲变形

解决方案如下：

1）产生积屑瘤与切削区温度相关。中、低转速时切削区温度升高，特别是中转速易产生积屑瘤。提高转速的同时尽量采用顺铣通过切屑带走热量。

2）产生积屑瘤与切削液的渗透相关。因切削液无法充分进入切削刃的排屑区进行冷却及润滑刀具前刀面，工件在高温下硬度变软，切屑排不掉或排不干净，越积越多，从而在前刀面产生积屑瘤。通过提高切削液的喷射压力和角度，冲掉刀具前刀面的碎屑。

5. 总结经验

铝合金薄壁零件铣削加工时，对工件进行工艺分析和加工方案优化，是非常重要的一个环节。为了保证铝合金薄壁零件加工过程的平稳和加工质量，控制切削变形，应该着力调整工件装夹方案，改善零件加工工艺路线，优化走刀策略与加工顺序，提高工艺系统的刚度，在此基础上选取合理切削参数，采用高转速、中进给、小切深、多次分层顺铣、环切走刀的铣削方式，从而尽可能地减小切削变形，提高铝合金薄壁零件的尺寸精度和加工效率。该零件采用此种方式加工，既保证了加工质量，又缩短了生产周期，且大大提高了生产率。同时也可为同类零件的加工提供一些借鉴和参考。

11.6　FANUC 0*i*系统宏程序编程简介

宏程序编程是手动编程的高级阶段，它最大的特点是能够简化编程。通过设定变量并赋值及使用逻辑运算等数学手段，把一些非常复杂的轮廓，如曲面、斜面、圆弧等，经过机床数控系统的计算处理，指挥刀具按预定的路径加工零件。

宏程序可以节省大量的手工计算时间。有些手工无法计算的点、线、面，而利用宏程序只要按要求列出算式即可，所以学好编制宏程序是数控操作人员的必备技能。

11.6.1　变量符号

#1~#33　局部变量

#100~#199 ⎫
#500~#999 ⎬ 公共变量

#1000以上　系统变量

11.6.2　运算符号

EQ　＝（等于）
NE　≠（不等于）
GT　＞（大于）
GE　≥（大于或等于）
LT　＜（小于）
LE　≤（小于或等于）

11.6.3　算术运算

#i＝#j 定义
#i＝#j+#k 加法
#i＝#j-#k 减法
#i＝#j*#k 乘法
#i＝#j / #k 除法
#i＝SIN［#j］　正弦
#i＝ASIN［#j］　反正弦

$\#i=COS\ [\#j]$　余弦
$\#i=ACOS\ [\#j]$　反余弦
$\#i=TAN\ [\#j]$　正切
$\#i=ATAN\ [\#j]$　反正切
$\#i=SQRT\ [\#j]$　平方根
$\#i=ABS\ [\#j]$　绝对值
$\#i=FIX\ [\#j]$　上取整
$\#i=FUP\ [\#j]$　下取整

11.6.4　转移

格式：IF［条件表达式］GOTO n
解释：如果条件表达式成立，程序转向段号n；条件不满足则继续执行下一条程序。

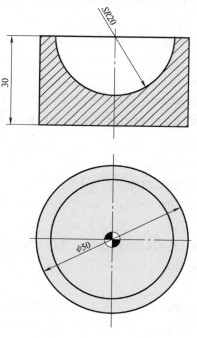

图11-26　凹半球加工简图

11.6.5　循环

格式：WHILE［条件表达式］DO m；
　　　⋮
　　　END m；
注意：如果条件满足执行DO至END之间的程序段，条件不满足执行END后的程序段。

11.6.6　宏程序加工实例

1. 用宏程序加工凹半球
机床：V130立式加工中心，系统为FANUC 0i-M。
材料：ϕ50mm棒料，45钢。
凹球面半径：SR20mm。
使用刀具：ϕ20mm球头铣刀。
凹半球加工简图见图11-26。
为了更清楚地分析表达加工凹半球的几个变量值之间的相互关系；现作凹半球剖视图，见图11-27。
图中三个主要变量值的关系为一个直角三角形：

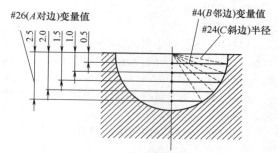

图11-27　凹半球剖视图（比例1:1.5）

斜边 C= #24——半球半径值 $SR20$mm（图中虚线长度）；

对边 A=#26——Z轴变量值（每层下切步距值）；

斜边 B=#4——内球圆弧半径变量值（截面弦长的一半）。

根据直角三角形 $A^2+B^2=C^2$，可求 $B=\sqrt{C^2-A^2}$。

以此可计算出球头铣刀每步下切后的内球截面弦长值。

随着 Z 轴下移量的增加，不断形成数个角度不一的直角三角形，刀具按计算好的、逐渐变化的内球截面弦长切削加工，即可加工出要求的凹半球。

为使球头铣刀下刀方便，已在工件中心预钻了一个深12mm的 $\phi30$mm 孔。

宏程序变量算式：

#4=SQRT［#24×#24-#26×#26］

加工程序如下：

O7001

G91 G28 Z0；

M06 T03；

#24=10；（半球半径为 $SR20$mm，刀具半径为 $R10$mm，球头铣刀外圆至半球外径只有10mm，所以设定#24=10）

#26=0.5；（铣刀每铣一层所下降的距离，也称为下切步距）

G90 G00 G54 X#24 Y0；（起刀点、精铣时为球心至刀具中心的距离）

G43 H03 Z30 S1000 M03；

Z-10.0 M08；（刀具定位在预加工处）

N30 #4=SQRT［#24*#24-#26*#26］；（把关系式写入寄存器）

G90 G00 X#4；（切削第一层起刀点位置，应为#4=$\sqrt{10^2-0.5^2}$）

G01 Z-#26 F500；（Z轴执行变量#26=0.5，等于Z-0.5）

G02 I-#4；（按计算好的球半径值切削圆弧）

G91 G00 Z1.0；（刀抬起1mm）

#26=#26+0.5；（每切完一圈后，Z轴再降0.5mm形成变量#26递增：#26=0.5+0.5+0.5+0.5+…）

IF［#26 LE 9］GOTO 30；（如果Z轴深度小于或等于9mm，则返回N30程序段继续循环加工，直至大于9mm时，结束循环执行下一程序段）

#26=9.1；（给#26重新赋值，此值为加工转折点，以下程序段在调用#26时，即为Z-9.1mm。在精铣到9mm深以下时，球表面粗糙度值明显变大，所以减小下切步距，由原来的0.5mm减至0.1mm）

N50 #4=SQRT［#24*#24-#26*#26］；（为避免出现计算差错，将 $B=\sqrt{C^2-A^2}$ 关系式重新写入寄存器中，并重新计算赋值）

G00 G91 Z1.0；（Z轴抬刀）

G90 G00 X#24；（刀具定位至经重新计算后的X轴起刀点）

G01 Z-#26；（在当前位置Z轴下降至Z-9.1）

G02 I-#4；（以计算后的球半径值，即X#4作圆弧切削）

#26=#26+0.1；（Z轴每走完一个循环所下切的步距为0.1mm，形成新的变量，即#26=9.1+0.1+0.1+0.1+…）

IF［#26 LE 9.9］GOTO 50；（当Z值小于或等于9.9时，返回N50程序段继续循环加工；当Z值大于9.9时，结束循环执行下一程序段）

G01 X0 Y0；（刀具定位到球中心位置）

Z−#24；（借用#24=10，将球心残余凸台铣掉）

G04 X1；（停1s修光球心部位）

G00 Z30.0 M09；（抬刀，关切削液）

G91 G28 Z0 M05；（Z轴回零，停主轴）

M30；（程序结束，返回开头）

2. 用宏程序加工凸半球

机床：V130立式加工中心，系统为FANUC 0*i*-M。

材料：ϕ50mm棒料，45钢。

凸球面半径：SR15mm。

使用刀具：ϕ20mm球头铣刀。

凸半球加工简图见图11-28。

为方便用宏程序加工，为凸半球设定了必要的变量值及对应的位置，见图11-29。

图11-29中：

#4＝15（球半径值）

#26＝1.5（Z轴每层下切步距值）

#2＝变量（Z轴向量值，每循环一次重新计算一次）

#1＝变量（X轴向量值，每循环一次重新计算一次）

根据图11-29列出变量关系式：

#1＝SQRT［#4×#4−#2×#2］

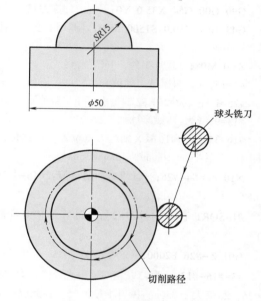

图11-28 凸半球加工简图

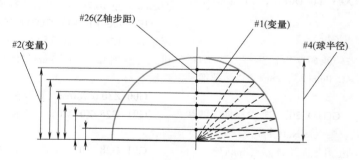

图11-29 凸半球变量位置图

加工程序如下：

O0072

G40 G80 G49;

G91 G28 Z0;

T01 M06;（换φ20mm球头铣刀）

G90 G00 G54 X35.0 Y0;（铣刀回起刀点）

G43 H01 Z30.0 S1500 M03;（调用1号刀具补偿和开主轴）

Z3.0 M08;（接近工件，开切削液）

#4=15;（为#4赋球半径值）

#26=1.5;（为#26赋Z轴每次下切步距值）

#13=9;（为#13赋半球加工数据）

#16=35;（为#16赋X轴起刀点位置，依据是棒料半径+刀具半径=50mm/2+10mm=35mm）

N10 #2=#4-#26;（计算Z轴向量值#2=15-1.5=13.5）

#1=SQRT［#4*#4-#2*#2］;（计算X轴向量值#1）

G01 Z-#26 F2000;（Z轴下降Z-1.5）

#3=#16-#13;（为#3赋粗切棒料直径值，即35-9=26。26略大于φ50mm棒料半径值25，在此位置下刀加工外圆是安全的）

N20 G01 G41 X#3 Y0 D01;（刀具带半径补偿移到X26.0处）

G02 I-#3;（加工整圆）

#3=#3-#13;（为#3重新赋值：26-9=17，刚好比要加工的球半径SR15.0mm大了2mm，以给精加工留加工余量）

IF［#3 GT #4］ GOTO 20;（如果现加工的球半径大于凸球半径#4，则返回N20程序段继续加工）

G00 Z3.0;（Z轴上升至距工件零点3mm处）

G90 G40 X#16 Y0（取消刀具半径补偿，定位在原始起刀点）

#26=#26+1.5;（为#26重新赋值，加大Z轴下切步距）

IF［#26 LE #4］ GOTO 10;（如果Z轴下切步距值小于或等于凸球半径#4，则返回N10程序段继续循环加工，直至#26大于#4后停止加工，执行以下程序段）

#26=0.05;（再次为#26赋下切步距值，减小步距）

N30 #2=#4-#26;（重新计算Z轴向量，并为其赋值，目的是减小Z轴下切步距值，精铣凸半球外形）

#1=SQRT［#4*#4-#2*#2］;（重新计算X轴向量值）

G00 G40 X［#1+5］ Y10.0;（刀具定位到凸半球加工起始位置）

G01 Z-#26 F600;（Z轴下切一个步距0.05mm）

G01 G41 X#1 Y0 D01;（刀具切削至凸半球X轴中心线上）

G02 I-#1;（以重新计算好的X轴向量为半径进行圆弧加工）

G01 Y-10.0;（退出加工）

#26=#26+0.05;（加大Z轴下切步距，并赋值。目的是每走完一次循环加工，Z轴下切步距增加0.05mm，直至#26达到台半径值15.0mm）

IF［#26 LE #4］ GOTO 30;（如果#26小于或等于#4（15mm），就返回N30程序段继续执行循环机工，直到#26大于15mm时停止加工，执行以下程序段）

G00 Z30.0 M09;（刀具抬起30mm，关切削液）

G91 G28 Z0 M05;（Z轴返回机械零点，主轴停止）

G91 G28 Y0;（Y轴返回机械零点）

M30;（程序结束，返回开头）

11.7 四轴技能大赛试题选编

机床为四轴联动加工中心，采用FANUC系统，具有铣、钻、镗、铰、攻螺纹等功能。机床左右行程为X轴，前后行程为Y轴，上下行程为Z轴，旋转轴为A轴。用于加工的冷却方式为水冷，带自动排屑器，带有刀库，能实现自动换刀，自动化程度较高。满足一次装夹可以完成多处带角度部位的加工，同时也可以实现四轴联动加工，加工复杂型面、提高加工质量和加工效率。

1. 四轴加工中心试题介绍

试题是某省数控技能大赛的一组配合工件，其中包括主箱体和小轴两个零部件。工件加工要素包括圆弧、沟槽、凸台、螺纹、螺旋曲线等，是四轴加工中心非常典型的零部件，见图11-30~图11-32。图样中有多处带有四轴角度的加工部位，其中有两个孔中心线指向四轴中心、圆弧槽侧面与四轴中心线对齐、四轴螺旋线缠绕在ϕ90mm圆柱上等多处部位，均属于四轴加工中的难点。

2. 工序内容

1）用自定心卡盘装夹小轴大端，加工小轴顶端部位。

2）用自定心卡盘装夹主箱体小端，加工主箱体顶端部位。

3）用单动卡盘装夹主箱体小端，加工主箱体四周部位。

4）用单动卡盘装夹小轴小端，加工小轴螺旋槽部位。

3. 选用刀具（表11-4）

表11-4 选用刀具

序号	刀号	刀具名称及规格	刀具半径补偿	转速/(r/min)
1	T01	ϕ80mm 面铣刀	D01=40mm	1500
2	T02	ϕ16mm 立铣刀	D02=8mm	2000
3	T03	ϕ10mm 立铣刀	D03=5mm	2500
4	T04	ϕ6.8mm 钻头		700
5	T05	ϕ7.8mm 钻头		700
6	T06	ϕ8mm 铰刀		300
7	T07	M8 丝锥		100
8	T08	ϕ10mm NC点钻（90°中心钻）	D08=2mm	1000

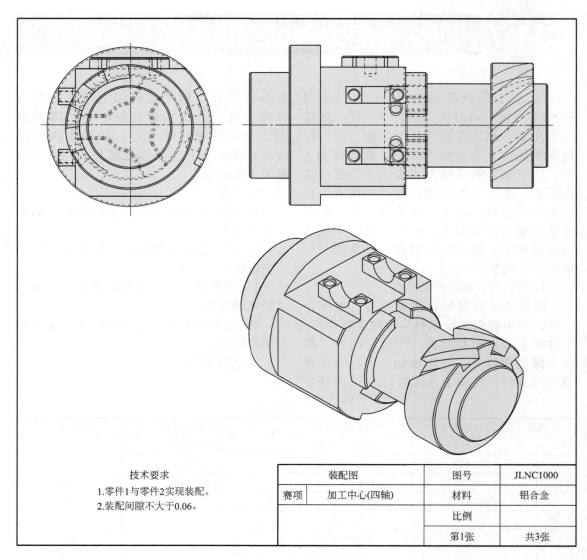

技术要求
1.零件1与零件2实现装配。
2.装配间隙不大于0.06。

装配图		图号	JLNC1000
赛项	加工中心(四轴)	材料	铝合金
		比例	
		第1张	共3张

图 11-30　装配图

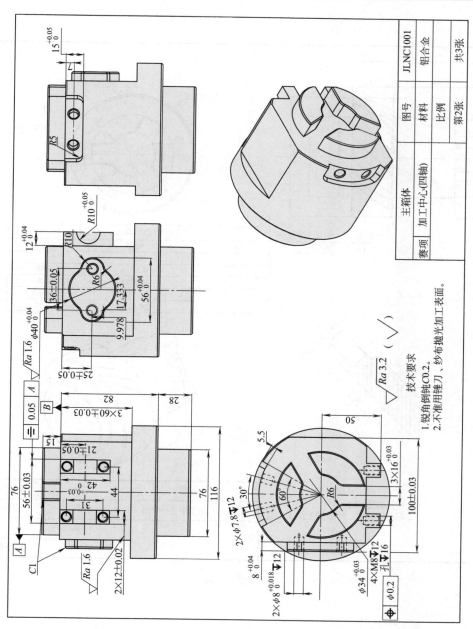

图 11-31 主箱体

	图号	JLNC1001
主箱体	材料	铝合金
加工中心(四轴)	比例	第2张 共3张
赛项		第2张

技术要求
1.锐角倒钝C0.2。
2.不准用锉刀、纱布抛光加工表面。

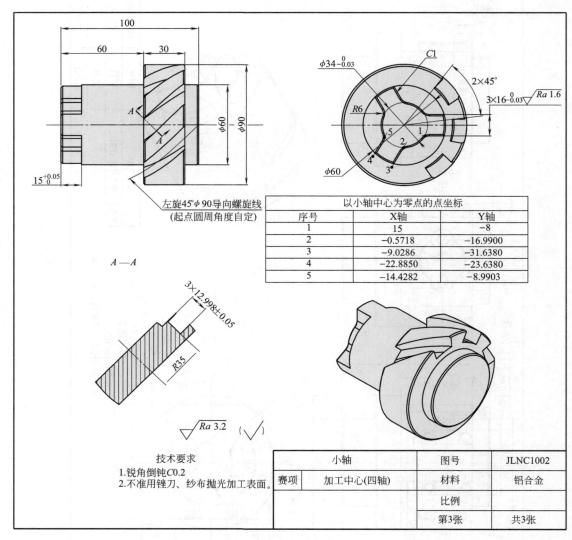

以小轴中心为零点的点坐标		
序号	X轴	Y轴
1	15	−8
2	−0.5718	−16.9900
3	−9.0286	−31.6380
4	−22.8850	−23.6380
5	−14.4282	−8.9903

技术要求
1.锐角倒钝C0.2
2.不准用锉刀、纱布抛光加工表面。

小轴		图号	JLNC1002
赛项	加工中心(四轴)	材料	铝合金
		比例	
		第3张	共3张

图 11-32 小轴

4. 加工程序

（1）加工小轴顶端的程序 坐标系说明：加工小轴顶端坐标系设为G54，具体位置定为小轴顶端上表面中心。

O0010（此程序为加工小轴顶端主程序）

N1 T03 M06；（换T03 ϕ10mm立铣刀）

N2 G80 G40 G15 G69；（清除刀补循环功能、极坐标功能及旋转功能）

N3 G50.1 X0 Y0；（取消镜像）

N4 G52 X0 Y0 Z0；（取消坐标系平移）

N5 G91 G28 Z0；（返回机床参考点）

N6 G54 G40 G90 G00；（坐标系为G54）

N7 M03 S2500；

N8 Z50. M08；（切削液开启）

N9 X−25. Y−45.；（定位到起始点）

N10 G01 Z0. F2000；

N11 M98 P0011 L5；（调用子程序0011，准备执行5次）

N12 G00 Z200.；（提刀）

N13 M05 M09；（主轴停止，切削液关闭）

N14 M30；（程序结束并返回程序头）

O0011（此程序为加工小轴顶端子程序）

N1 G91 G01 Z−3. F200；（相对每次切削深度3mm）

N2 G90 G41 X−14. Y−45. D03 F500；（调用3号刀具半径左补偿，同时刀具定位）

N3 Y−17.；

N4 G02 X−21.7 Y−3.6 R22.；（顺时针圆弧插补，半径为22mm）

N5 G01 X−35. Y1.7；

N6 G02 X−19. Y29.5 R35.；（顺时针圆弧插补，半径为35mm）

N7 G01 X−7.7 Y20.61；

N8 G02 X7.7 Y20.61 R22.；（顺时针圆弧插补，半径为22mm）

N9 G01 X19. Y29.5；

N10 G02 X35. Y1.7 R35.；（顺时针圆弧插补，半径为35mm）

N11 G01 X21.7 Y−3.6；

N12 G02 X14. Y−17. R22.；（顺时针圆弧插补，半径为22mm）

N13 G01 Y−45.；

N14 X−8.；

N15 Y−15. ，R6.；（R6表示圆弧R6mm过渡）

N16 G02 X−17. Y0.57 R17. ，R6.；（圆弧后面添加逗号R的用法，表示圆弧R6mm过渡）

N17 G01 X−46.74 Y17.75；

N18 X−38.74 Y31.6；

N19 X−9. Y14.43，R6.；

N20 G02 X9. R17. ，R6.；（顺时针方向圆弧插补，半径为17mm，后面圆弧R6mm过渡）

N21 G01 X38.74 Y31.6；

N22 X46.74 Y17.75；

N23 X17. Y0.57 ，R6.；

N24 G02 X8. Y−15. R17. ，R6.；（顺时针方向圆弧插补，半径为17mm，后面圆弧R6mm过渡）

N25 G01 Y−45.；

N26 G40 X−25. Y−45.；（清除刀具半径补偿，刀具回到起始位置）

N27 M99；（子程序结束）

（2）加工主箱体顶端的程序 坐标系说明：加工主箱体顶端坐标系设为G55，具体位置定为主箱体顶端上表面中心。

O0020（此程序为加工主箱体顶端主程序）

N1 T03 M06；（换T03 φ10mm立铣刀）

N2 G80 G40 G15 G69；（清除刀补循环功能、极坐标功能及旋转功能）

N3 G50.1 X0 Y0；（取消镜像）

N4 G52 X0 Y0 Z0；（取消坐标系平移）

N5 G91 G28 Z0；（返回机床参考点）

N6 G55 G40 G90 G00；（坐标系为G55）

N7 M03 S2500；

N8 Z50. M08；（切削液开启）

N9 X0. Y−45.；（定位到起始点）

N10 G01 Z0. F2000；

N11 M98 P0021 L5；（调用子程序0021，准备执行5次）

N12 G00 Z200.；

N13 M05 M09；（主轴停止，切削液关闭）

N14 M30；（程序结束并返回程序头）

O0021（此程序为加工主箱体顶端子程序）

N1 G91 G01 Z−3. F200；（相对每次下切3mm）

N2 G90 G41 X8. Y−45. D03 F500；（调用3号刀具半径左补偿，同时刀具定位）

N3 Y−15.；

N4 G03 X17. Y0.57 R17.；（逆时针圆弧插补，半径为17mm）

N5 G01 X46.74 Y17.75；

N6 X38.74 Y31.6；

N7 X9. Y14.43；

N8 G03 X−9. R17.；（逆时针圆弧插补，半径为17mm）

N9 G01 X−38.74 Y31.6；

N10 X−46.74 Y17.75；

N11 X−17. Y0.57；

N12 G03 X−8. Y−15. R17.；（逆时针圆弧插补，半径为17mm）

N13 G01 Y−45.；

N14 G40 X0. Y−45.；（清除刀具半径补偿，刀具回到起始位置）

N15 M99；（子程序结束）

（3）加工主箱体四周的程序　坐标系说明：加工主箱体四周坐标系设为G56，X0、Y0具体位置定为主箱体左侧B基准端面中心，Z0位置在自定心卡盘中心线上方50mm处。

O0025（此程序为加工主箱体3处平面主程序）

N1 T01 M06；（换T01 φ80mm面铣刀）

N2 G80 G40 G15 G69；（清除刀补循环功能、极坐标功能及旋转功能）

N3 G50.1 X0 Y0；（取消镜像）

N4 G52 X0 Y0 Z0；（取消坐标系平移）

N5 G91 G28 Z0；（返回机床参考点）

N6 G56 G40 G90 G00 A−90；（坐标系为G56，A轴旋转到−90°）

N7 M03 S1500；

N8 Z100. M08；（切削液开启）

N9 X20. Y−100.；（定位到起始点）

N10 G01 Z8. F2000；

N11 M98 P0026 L2；（调用子程序0026，准备执行2次）

N12 G00 Z100.；

N13 G00 A0；（A轴旋转到0°）

N14 X20. Y−100.；（定位到起始点）

N15 G01 Z8. F2000；

N16 M98 P0026 L2；（调用子程序0026，准备执行2次）

N17 G00 Z100.；

N18 G00 A90；（A轴旋转到90°）

N19 X20. Y−100.；（定位到起始点）

N20 G01 Z8. F2000；

N21 M98 P0026 L2；（调用子程序0026，准备执行2次）

N22 G00 Z200.；

N23 M05 M09；（主轴停止，切削液关闭）

N24 M30；（程序结束并返回程序头）

O0026（此程序为铣面子程序）

N1 G91 G01 Z−2. F200；（相对每次切削深度2mm）

N2 G90 Y100. F500；

N3 G91 Z−2. F200；（相对每次切削深度2mm）

N4 G90 Y−100. F500；

N5 M99；（子程序结束）

O0030（此程序为加工主箱体A0处主程序）

N1 T02 M06；（换T02 φ16mm立铣刀）

N2 G80 G40 G15 G69；（清除刀补循环功能、极坐标功能及旋转功能）

N3 G50.1 X0 Y0；（取消镜像）

N4 G52 X0 Y0 Z0；（取消坐标系平移）

N5 G91 G28 Z0；（返回机床参考点）

N6 G56 G40 G90 G00 A0；（坐标系为G56）

N7 M03 S2000；

N8 Z50. M08；（切削液开启）

N9 X−10. Y−50.；（定位到起始点）

N10 G01 Z0. F2000；

N11 M98 P0031 L4；（调用子程序0031，准备执行4次）

N12 G00 Z200.；

N13 G80 G40 G15 G69；（清除刀补循环功能、极坐标功能及旋转功能）

N14 G50.1 X0 Y0；（取消镜像）

N15 G52 X0 Y0 Z0；（取消坐标系平移）

N16 G91 G28 Z0；（返回机床参考点）

N17 G56 G40 G90 G00 A−90；（A轴旋转到−90°，为加工R10mm部位做准备）

N18 M03 S2000；

N19 X21. Y−50.；

N20 Z50.；

N21 G01 Z−22. F1000；

N22 G41 Y−60. D02 F500；

N23 M98 P0032 L25；（调用子程序0032，准备执行25次）

N24 G90 G03 J10.；

N25 G01 G40 Y−50.；

N26 G00 Z200.；

N27 G80 G40 G15 G69；（清除刀补循环功能、极坐标功能及旋转功能）

N28 G50.1 X0 Y0；（取消镜像）

N29 G52 X0 Y0 Z0；（取消坐标系平移）

N30 G91 G28 Z0；（返回机床参考点）

N31 G56 G40 G90 G00 A90；（A轴旋转到90°，为加工R10mm部位做准备）

N32 M03 S2000；

N33 X21. Y50.；

N34 Z50.；

N35 G01 Z−22. F1000；

N36 G41 Y40. D02 F500；（调用2号刀具半径左补偿，同时刀具定位）

N37 M98 P0032 L25；（调用子程序0032，准备执行25次）

N38 G90 G03 J10.；

N39 G01 G40 Y50.；

N40 G00 Z200.；

N41 M05 M09；（主轴停止，切削液关闭）

N42 M30；（程序结束并返回程序头）

O0031（此程序为加工 A0 处 2×12mm 两凸台子程序）

N1 G91 G01 Z−3. F200；（相对每次切削深度 3mm）

N2 G90 G41 X60. Y−50. D02 F500；（调用2号刀具半径左补偿，同时刀具定位）

N3 Y58.；

N4 X−10.；

N5 Y28.；

N6 X42.；

N7 Y16.；

N8 X−25.；

N9 Y−16.；

N10 X42.；

N11 Y−28.；

N12 X−10.；

N13 G40 X−10. Y−50.；（清除刀具半径补偿，刀具回到起始位置）

N14 M99；（子程序结束）

O0032（此程序为加工 A90 处 R10mm 子程序）

N1 G91 G03 J10. Z−0.5 F500；

N2 M99；

O0040（此程序为加工 4×M8 螺纹孔程序）

N1 T04 M06；（换 T04 ϕ6.8mm 钻头）

N2 G80 G40 G15 G69；（清除刀补循环功能、极坐标功能及旋转功能）

N3 G50.1 X0 Y0；（取消镜像）

N4 G52 X0 Y0 Z0；（取消坐标系平移）

N5 G91 G28 Z0；（返回机床参考点）

N6 G56 G40 G90 G00 A0；（坐标系为 G56）

N7 M03 S700；

N8 Z50. M08；（切削液开启）

N9 X5.5 Y−22.；（第一个孔位）

N10 G98 G83 Z−16 R2. Q2. F70；（指令 G83 钻孔循环功能）

N11 X36.5；（第二个孔位）

N12 Y22.；（第三个孔位）

N13 X5.5；（第四个孔位）

N14 G80；（消除固定循环）

N15 G00 Z100.；

N16 T08 M06；（换 T08 ϕ10mm NC 点钻）

N17 G80 G40 G15 G69；（清除刀补循环功能、极坐标功能及旋转功能）

N18 G50.1 X0 Y0；（取消镜像）

N19 G52 X0 Y0 Z0；（取消坐标系平移）

N20 G91 G28 Z0；（返回机床参考点）

N21 G56 G40 G90 G00 A0；（坐标系为 G56）

N22 M03 S1000；

N23 Z50. M08；（切削液开启）

N24 X5.5 Y−22.；（第一个孔位）

N25 G98 G81 Z−4.2 R2. F100；（G81 钻孔循环功能，倒螺纹孔角）

N26 X36.5；（第二个孔位）

N27 Y22.；（第三个孔位）

N28 X5.5；（第四个孔位）

N29 G80；（消除固定循环）

N30 G00 Z100.；

N31 T07 M06；（换 T07 M8 丝锥）

N32 G80 G40 G15 G69；（清除刀补循环功能、极坐标功能及旋转功能）

N33 G50.1 X0 Y0；（取消镜像）

N34 G52 X0 Y0 Z0；（取消坐标系平移）

N35 G91 G28 Z0；（返回机床参考点）

N36 G56 G40 G90 G00 A0；（坐标系为 G56）

N37 M03 S100；

N38 Z50. M08；（切削液开启）

N39 X5.5 Y−22.；（第一个孔位）

N40 M29；（刚性攻螺纹）

N41 G98 G84 Z−12 R5. F125；（攻右旋螺纹孔循环，F=1.25×100=125）

N42 X36.5；（第二个孔位）

N43 Y22.；（第三个孔位）

N44 X5.5；（第四个孔位）

N45 G80；（消除固定循环）

N46 G00 Z100.；

N47 M05 M09；（主轴停止，切削液关闭）

N48 M30；（程序结束并返回程序头）

O0050（此程序为加工主箱体 A−90 处主程序）

N1 T03 M06；（换 T03 φ10mm 立铣刀）

N2 G80 G40 G15 G69；（清除刀补循环功能、极坐标功能及旋转功能）

N3 G50.1 X0 Y0；（取消镜像）

N4 G52 X0 Y0 Z0；（取消坐标系平移）

N5 G91 G28 Z0；（返回机床参考点）

N6 G56 G40 G90 G00 A−90；（坐标系为 G56）

N7 G52 X25. Y0 Z0；

N8 M03 S2500；

N9 Z50. M08；（切削液开启）

N10 X−40. Y−41.；（定位到起始位置）

N11 G01 Z0. F2000；

N12 M98 P0051 L4；（调用子程序 0051，准备执行 4 次）

N13 G00 Z200.；

N14 T08 M06；（换 T08 φ10mm NC 点钻，倒角 C1）

N15 G80 G40 G15 G69；（清除刀补循环功能、极坐标功能及旋转功能）

N16 G50.1 X0 Y0；（取消镜像）

N17 G52 X0 Y0 Z0；（取消坐标系平移）

N18 G91 G28 Z0；（返回机床参考点）

N19 G56 G40 G90 G00 A−90；（坐标系为 G56）

N20 G52 X25. Y0 Z0；（坐标系平移，X 向平移 25mm）

N21 M03 S1000；

N22 Z50. M08；（切削液开启）

N23 X−40. Y−41.；

N24 G01 Z0. F2000；

N25 M98 P0052；（调用子程序 0052，准备执行 1 次）

N26 G00 Z200.；

N27 T05 M06；（换 T05 φ7.8mm 钻头）

N28 G80 G40 G15 G69；（清除刀补循环功能、极坐标功能及旋转功能）

N29 G50.1 X0 Y0；（取消镜像）

N30 G52 X0 Y0 Z0；（取消坐标系平移）

N31 G91 G28 Z0；（返回机床参考点）

N32 G56 G40 G90 G00 A−90；（坐标系为 G56）

N33 G52 X25. Y0 Z0；（坐标系平移，X 向平移 25mm）

N34 M03 S700；

N35 Z50. M08；（切削液开启）

N36 X0. Y−18.；（第一个孔位）

N37 G98 G83 Z−14 R2. Q2. F70；（指令G83钻孔循环功能，钻2×φ8mm孔）

N38 X0. Y18.；（第二个孔位）

N39 G80；（消除固定循环）

N40 G00 Z200.；

N41 T08 M06；（换T08 φ10mm NC点钻）

N42 G80 G40 G15 G69；（清除刀补循环功能、极坐标功能及旋转功能）

N43 G50.1 X0 Y0；（取消镜像）

N44 G52 X0 Y0 Z0；（取消坐标系平移）

N45 G91 G28 Z0；（返回机床参考点）

N46 G56 G40 G90 G00 A−90；（坐标系为G56）

N47 G52 X25. Y0 Z0；（坐标系平移，X向平移25mm）

N48 M03 S1000；

N49 Z50. M08；（切削液开启）

N50 X0. Y−18.；（第一个孔位）

N51 G98 G81 Z−4.2 R2. F100；（指令G81钻孔循环功能，倒2×φ8mm孔角）

N52 X0. Y18.；（第二个孔位）

N53 G80；（消除固定循环）

N54 G00 Z200.；

N55 T06 M06；（换T06 φ8mm铰刀）

N56 G80 G40 G15 G69；（清除刀补循环功能、极坐标功能及旋转功能）

N57 G50.1 X0 Y0；（取消镜像）

N58 G52 X0 Y0 Z0；（取消坐标系平移）

N59 G91 G28 Z0；（返回机床参考点）

N60 G56 G40 G90 G00 A−90；（坐标系为G56）

N61 G52 X25. Y0 Z0；（坐标系平移，X向平移25mm）

N62 M03 S300；

N63 Z50. M08；（切削液开启）

N64 X0. Y−18.；（第一个孔位）

N65 G98 G81 Z−12 R2. F30；（指令G81钻孔循环功能，铰2×φ8mm孔）

N66 X0. Y18.；（第二个孔位）

N67 G80；（消除固定循环）

N68 G00 Z200.；

N69 G52 X0 Y0 Z0；（取消坐标系平移）

N70 M05 M09；（主轴停止，切削液关闭）

N71 M30；（程序结束并返回程序头）

O0051（此程序为A−90处凸台粗加工子程序）

N1 G91 G01 Z−2. F200；（相对每次下切2mm）

N2 G90 G41 X35. D03 F500；（调用3号刀具半径左补偿，同时刀具定位）

N3 Y46.；（N3~N17是清除轮廓外侧余量的程序）

N4 X−35.；

N5 Y16.；

N6 X−16.；

N7 Y29.；

N8 X16.；

N9 Y16.；

N10 X21.；

N11 Y−21.；

N12 X16.；

N13 Y−29.；

N14 X−16.；

N15 Y−14.；

N16 X−30.；

N17 Y−10.；

N18 G03 X−20. Y0 R10. F500；（以圆弧方式切入，避免切入点有刀具停留痕迹）

N19 G02 X−12.136 Y15.897 R20.；（顺时针圆弧插补，半径为20mm）

N20 G03 X−9.86 Y19.667 R6.；（此处为 R6mm 圆弧过渡）

N21 G02 X9.86 Y19.667 R10.；（顺时针圆弧插补，半径为10mm）

N22 G03 X12.136 Y15.897 R6.；（此处为 R6mm 圆弧过渡）

N23 G02 X12.136 Y−15.897 R20.；（顺时针圆弧插补，半径为20mm）

N24 G03 X9.86 Y−19.667 R6.；（此处为 R6mm 圆弧过渡）

N25 G02 X−9.86 R10.；（顺时针圆弧插补，半径为10mm）

N26 G03 X−12.136 Y−15.897 R6.；（此处为 R6mm 圆弧过渡）

N27 G02 X−20. Y0. R20.；（顺时针圆弧插补，半径为20mm）

N28 G03 X−30. Y10. R10.；（以圆弧方式切出，避免切出点有刀具停留痕迹）

N29 G01 X−40.；

N30 G40 X−40. Y−41.；（清除刀具半径补偿，刀具回到起始位置）

N31 M99；（子程序结束）

O0052（此程序为 A−90 处凸台精加工子程序）

N1 G91 G01 Z−3. F200；（相对每次下切

3mm）

N2 G90 G41 X−20. D08 F500；（呼叫8号刀具半径左补偿，同时刀具定位）

N3 Y0；

N4 G03 X−20. Y0 R10.；（以圆弧方式切入，避免切入点有刀具停留痕迹）

N5 G02 X−12.136 Y15.897 R20.；（顺时针圆弧插补，半径为 R20mm）

N6 G03 X−9.86 Y19.667 R6.；（此处为 R6mm 圆弧过渡）

N7 G02 X9.86 Y19.667 R10.；（顺时针圆弧插补，半径为 R10mm）

N8 G03 X12.136 Y15.897 R6.；（此处为 R6mm 圆弧过渡）

N9 G02 X12.136 Y−15.897 R20.；（顺时针圆弧插补，半径为 R20mm）

N10 G03 X9.86 Y−19.667 R6.；（此处为 R6mm 圆弧过渡）

N11 G02 X−9.86 R10.；（顺时针圆弧插补，半径为 R10mm）

N12 G03 X−12.136 Y−15.897 R6.；（此处为 R6mm 圆弧过渡）

N13 G02 X−20. Y0. R20.；（顺时针圆弧插补，半径为 R20mm）

N14 G03 X−30. Y10. R10.；以圆弧方式切出，避免切出点有刀具停留痕迹

N15 G01 X−40.；

N16 G40 X−40. Y−41.；（清除刀具半径补偿，刀具回到起始位置）

N17 M99；（子程序结束）

（4）加工主箱体四轴圆弧的程序　坐

标系说明：此处为四轴圆弧面加工，为方便编程，坐标系设为G57，X0、Y0具体位置定为主箱体左侧 *B* 基准端面中心，Z0位置在自定心卡盘中心线上方58mm处。

O0060（此程序为加工四轴圆弧深度15mm处主程序）

N1 T03 M06；（换T03 φ10mm立铣刀）

N2 G80 G40 G15 G69；（清除刀补循环功能、极坐标功能及旋转功能）

N3 G50.1 X0 Y0；（取消镜像）

N4 G52 X0 Y0 Z0；（取消坐标系平移）

N5 G91 G28 Z0；（返回机床参考点）

N6 G57 G40 G90 G00；（坐标系为G57）

N7 M03 S2500；

N8 Z50. M08；（切削液开启）

N9 X-10. Y-5. A210.；（定位到起始位置，同时A轴旋转到210°）

N10 G01 Z0.5 F1000；

N11 M98 P0061 L3；（调用子程序0061，准备执行3次）

N12 G00 Z200.；

N13 T08 M06；（换T08 φ10mm NC点钻）

N14 G80 G40 G15 G69；（清除刀补循环功能、极坐标功能及旋转功能）

N15 G50.1 X0 Y0；（取消镜像）

N16 G52 X0 Y0 Z0；（取消坐标系平移）

N17 G91 G28 Z0；（返回机床参考点）

N18 G57 G40 G90 G00；（坐标系为G57）

N19 M03 S1000；

N20 Z50. M08；（切削液开启）

N21 X7. Y0. A165.；（第一个孔位）

N22 G98 G81 Z-9.6 R2. F100；（指令G81钻孔循环功能，倒2×φ7.8mm孔角）

N23 X7. Y0. A195.；（第二个孔位）

N24 G80；（消除固定循环）

N25 G00 Z200.；

N26 T05 M06；（换T05 φ7.8mm钻头）

N27 G80 G40 G15 G69；（清除刀补循环功能、极坐标功能及旋转功能）

N28 G50.1 X0 Y0；（取消镜像）

N29 G52 X0 Y0 Z0；（取消坐标系平移）

N30 G91 G28 Z0；（返回机床参考点）

N31 G57 G40 G90 G00；（坐标系为G57）

N32 M03 S700；

N33 Z50. M08；（切削液开启）

N34 X7. Y0. A165.；（第一个孔位）

N35 G98 G83 Z-17.5 R2. Q2. F70；（指令G83钻孔循环功能，17.5=12+5.5）

N36 X7. Y0. A195.；（第二个孔位）

N37 G80；（消除固定循环）

N38 G00 Z200.；

N39 M05 M09；（主轴停止，切削液关闭）

N40 M30；（程序结束并返回程序头）

O0061（此程序为加工四轴圆弧深度15mm处子程序）

N1 G91 G01 Z-2. F200；

N2 G90 X10. F500；

N3 A150. Y5.；

N4 X-5.；

N5 X2.；

N6 A210. Y-5.；

N7 X-10.；

N8 M99；

（5）加工小轴螺旋槽的程序　坐标系说

明：此处为四轴联动加工，坐标系设为G58，X0、Y0具体位置定为小轴直径90mm左侧端面中心，Z位置在自定心卡盘中心线上。

O0070（此程序为加工小轴螺旋槽程序）

N1 T03 M06；（换T03 ϕ10mm立铣刀）

N2 G80 G40 G15 G69；（清除刀补循环功能、极坐标功能及旋转功能）

N3 G50.1 X0 Y0；（取消镜像）

N4 G52 X0 Y0 Z0；（取消坐标系平移）

N5 G91 G28 Z0；（返回机床参考点）

N6 G58 G40 G90 G00；（坐标系为G58）

N7 M03 S2500；

N8 Z100. M08；（切削液开启）

N9 #1=1.8；（#1表示刀具在X向的偏移量，#1赋值为1.8mm是粗加工数值）

N10 #2=0；（#2表示A轴角度，#2赋值为0是A轴起始角度）

N80；

N11 G90 G10 L2 P4 A#2；（G58坐标系A轴角度的变更）

N12 #3=43；（#3表示刀具Z轴位置，#3赋值为43是Z轴起始位置）

N85；

N13 G00 X−5. Y−#1 A−6.4；（刀具在加工部位左侧起始位置）

N14 G1 Z50. F2000；

N15 Z#3 F500；

N16 X35. A44.6；（刀具在加工位置右侧终止位置）

N17 Y#1；（刀具在加工位置右侧Y向偏移量）

N18 X−5. A−6.4；（刀具在加工位置左侧终止位置）

N19 Z50. F3000；

N20 #3=[#3−2]；（刀具每次下切2mm）

N21 IF［#3GE35］GOTO 85；（条件语句，如果#3大于或等于35，程序跳转到标号N85处）

N22 #2=[#2+45]；（A轴每次增加45°）

N23 IF［#2LE90］GOTO 80；（条件语句，如果#2小于或等于90°，程序跳转到标号N80处）

N24 G00 Z200.；

N25 G90 G10 L2 P0 A0；（消除G58坐标系A轴角度的变更）

N26 Z100. M08；（切削液开启）

N27 #11=2.12；（#11表示刀具在X向的偏移量，#11赋值为2.12mm是精加工数值）

N28 #12=0；（#12表示A轴角度，#12赋值为0是A轴起始角度）

N90；

N29 G90 G10 L2 P4 A#12；（G58坐标系A轴角度的变更）

N30 #13=37；（#13表示刀具Z轴位置，#3赋值为37mm是Z轴起始位置）

N95；

N31 G00 X−5. Y−#11 A−6.4；（刀具在加工部位左侧起始位置）

N32 G1 Z50. F2000；

N33 Z#13 F500；

N34 X35. A44.6；（刀具在加工位置右侧终止位置）

N35 Y#11；（刀具在加工位置右侧Y向偏移量）

N36 X−5. A−6.4；（刀具在加工位置左侧终止位置）

N37 Z50. F3000；

N38 #13=[#13−2]；（刀具每次下切2mm）

N39 IF［#13GE35］GOTO 95；（条件语句，如

果#13大于或等于35°，程序跳转到标号N95处）

N40 #12=[#12+45]；（A轴每次增加45°）

N41 IF［#12LE90］GOTO 90；（条件语句，如果#12小于或等于90°，程序跳转到标号N90处）

N42 G00 Z200.；

N43 G90 G10 L2 P0 A0；（消除G58坐标系A轴角度的变更）

N44 M05 M09；（主轴停止，切削液关闭）

N45 M30；（程序结束并返回程序头）

说明：

1）程序中使用了G90 G10 L2 P0，下面针对此语句做一个解释。

格式：G90/G91 G10 L2 P__ X__ Y__ Z__；

G10——实现工件坐标系的设定、变更；

变量L——赋值为2表示变更工件坐标系方式，L20表示G54.1以后的工件坐标系；

P——工件坐标系，赋值1～6表示G54～G59；

X、Y、Z、A——工件坐标系原点坐标值；

G90——覆盖原有补偿量；

G91——在原有补偿量的基础上累加。

利用G10工件坐标系的设定、变更功能，可实现工件坐标系的设定、修改和平移。

2）加工两个工件所使用的刀具，可根据自己的习惯编写刀具号，刀具的切削参数可根据具体刀具材质进行调整。

3）在比赛过程中，由于时间比较紧张，为提高加工效率，不必把所有程序编写完再进行加工。以上程序是根据加工部位进行编写的，自己根据编写程序的能力和速度，可对相似度较高的程序进行删减更改，充分使用后台编辑功能，减少单独编程时间，提高加工效率。

4）由于编程者思路各有不同，此程序只供参考，使用时请先上机验证后再用。

11.8　五轴加工中心多面体加工实例

机床为五轴联动加工中心，采用HEIDENHAIN-iTNC530（海德汉）系统，具有铣、钻、镗、铰、攻螺纹等功能。其配置要求：联动轴数包括X、Y、Z、A、C轴，五轴采用全闭环控制。用于加工的冷却方式为空冷和水冷两种，刀库形式为拾取式刀库，且动作反应灵活、可靠及耐用，带自动排屑器。满足一次装夹完成工件五面及五轴粗、精加工，可达到高效、高精度、高可靠性。

1. 五轴加工中心样件介绍

该样件是结合国家级、省级大赛和实际生产应用中一个综合性较强的零件，是五轴加工中心非常典型的零部件。零件加工要素包括圆弧、整圆、键槽、曲线、斜面、孔隙等，见图11-33。图样中有一处是斜面，在斜面的垂直方向上有一个轮廓和孔隙，另外还有多个深孔的交叉贯穿，常规加工方法较难加工并且很难达到图样要求。该样件是在五轴机床上，利用一次装夹加工出立方体的四个面。

2. 工序内容

1）加工主视图。

2）加工右视图。

3）加工俯视图。

4）加工向视图。

3. 选用刀具（表11-5）

表11-5 选用刀具

序号	刀号	刀具名称及规格	转速/(r/min)
1	T1	ϕ63mm 面铣刀	1500
2	T2	ϕ20mm 立铣刀	2000
3	T3	ϕ12mm 立铣刀	2500
4	T4	ϕ10mm 立铣刀	2500
5	T5	ϕ6mm 立铣刀	3000
6	T6	ϕ10mm 钻头	600
7	T7	ϕ16mm 铰刀	300
8	T8	ϕ10mm NC点钻 （90°中心钻）	1000

4. 代码介绍（表11-6）

5. 各种功能介绍

1）坐标系平移功能。

CYCL DEF 7.0 DATUM SHIFT

CYCL DEF 7.1 X+0

CYCL DEF 7.2 Y+0

CYCL DEF 7.3 Z+0

表11-6 代码介绍

键	功能	输入
L	直线运动	终点坐标
CC	圆心	坐标
CR	已知半径圆	圆的终点坐标、半径及旋转方向
LP	极坐标	极半径、直线终点的极角
RND	倒圆角	圆半径及进给速率
DL+	刀具长度的增量值	
DR+	刀具半径的增量值	
M91	以机床原点为参考点	

2）镜像功能。

CYCL DEF 8.0 MIRRORING

CYCL DEF 8.1 X Y

3）空间平面旋转功能。

PLANE SPATIAL SPA+0 SPB+0 SPC+0 TURN FMAX SEQ– TABLE ROT

4）铰孔循环（201）。

CYCL DEF 201 铰孔循环

Q200=+2；安全间隙

Q201=–20；深度

Q206=+150；切削进给速度

Q211=+0；在孔底停留时间

Q208=+99999；退出时进给速度

Q203=+0；安全平面

Q204=+50；第二个安全间隙

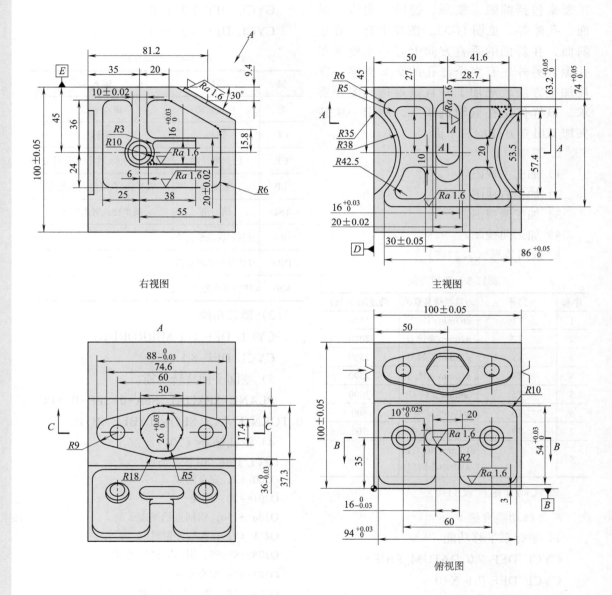

右视图

主视图

俯视图

图11-33　样件

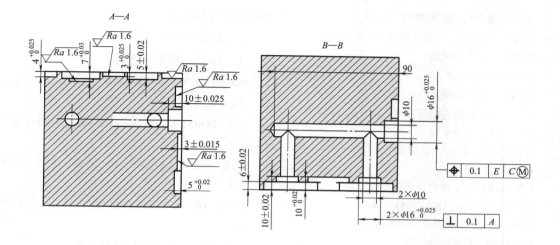

A—A

B—B

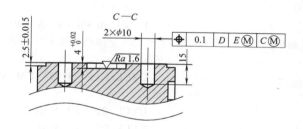

C—C

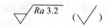

$\sqrt{Ra\ 3.2}$ ($\sqrt{\ }$)

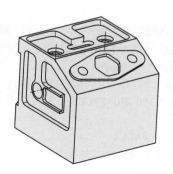
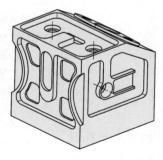

零件图

5）万能啄式钻孔循环（205）。

CYCL DEF 205；万能啄式钻孔循环

Q200=+2；安全间隙

Q201=-20；深度

Q206=+150；切削进给速度

Q202=+5；每次进给深度

Q203=+0；安全平面

Q204=+50；第二个安全间隙

Q212=+0；递减值

Q205=+0；最小横向进给深度

Q258=+0.2；上层停止预留距离

Q259=+0.2；下层停止预留距离

Q257=+0；钻削切断深度

Q256=+0.2；钻削切断距离

Q211=+0；在孔底停留时间

Q379=+0；扩深的起始点

Q253=+750；；预定位的进给率

6）孔铣削循环（208）。

CYCL DEF 208；孔铣削循环

Q200=+2；安全间隙

Q201=-20；深度

Q206=+150；切削进给速度

Q334=+0.25；每次进给深度

Q203=+0；安全平面

Q204=+50；第二安全间隙

Q335=+10；名义直径

Q342=+0；粗铣直径

Q351=+1；顺铣

6. 坐标系说明

根据图样设计要求，工件的零点坐标设定在 A 基准、B 基准和 C 基准交汇处，坐标系设为1号坐标系。

7. 加工程序

1）加工主视图的程序。

BEGIN PGM zhushitu MM（程序开始，程序名：zhushitu）

BLK FORM 0.1 Z X-50 Y-50 Z-100（定义毛坯最小点）

BLK FORM 0.2 X+50 Y+50 Z+0（定义毛坯最大点）

CYCL DEF 247 DATUM SETTING（工件坐标系为1号）

Q339=+1 ；DATUM NUMBER

TOOL CALL 2 Z S2000 DL+0 DR+0（调用2号 ϕ20mm立铣刀）

L Z+750 R0 FMAX M91（主轴到达机床安全高度，R0是取消刀具半径补偿，FMAX是以快速形式到达）

CYCL DEF 7.0 DATUM SHIFT（坐标系平移功能）

CYCL DEF 7.1 X+50

CYCL DEF 7.2 Y+0

CYCL DEF 7.3 Z-45（原点平移到主视图中心位置）

PLANE SPATIAL SPA-90 SPB+0 SPC+180 TURN FMAX SEQ- TABLE ROT（平面空间旋转，A轴旋转90°，C轴旋转180°）

M3 M8（主轴正转，打开切削液）

L X+60 Y+20 R0 FMAX（加工2个 R35mm圆弧）

L Z+20 R0 FMAX

L Z-4 R0 F3000（刀具在工件外部，刀具以F3000速度到达深度位置）

L X+50 Y+28.7 RL F500（增加刀具半径左补偿）

CR X+50 Y−28.7 R+35 DR+（第一个圆弧路径，DR+是逆时针方向）

L X+60 Y−20 R0（R0取消刀具半径补偿）

L Z+100 R0 FMAX（快速抬刀）

L X−60 Y−20 R0 FMAX（移动到下一个圆弧的初始点）

L Z+20 R0 FMAX

L Z−4 R0 F3000

L X−50 Y−28.7 RL F500（增加刀具半径左补偿）

CR X−50 Y+28.7 R+35 DR+（第二个圆弧路径，DR+是逆时针方向）

L X−60 Y+20 R0

L Z+100 R0 FMAX M5 M9

L Z+750 R0 FMAX M91（主轴快速到达机床安全高度）

CYCL DEF 7.0 DATUM SHIFT

CYCL DEF 7.1 X+0

CYCL DEF 7.2 Y+0（取消坐标系平移）

CYCL DEF 7.3 Z+0

PLANE RESET STAY（取消平面旋转）

TOOL CALL 4 Z S2500 DL+0 DR+0（调用4号 ϕ10mm立铣刀）

L Z+750 R0 FMAX M91（主轴快速到达机床安全高度）

CYCL DEF 7.0 DATUM SHIFT（坐标系平移功能）

CYCL DEF 7.1 X+50

CYCL DEF 7.2 Y+0

CYCL DEF 7.3 Z−45

PLANE SPATIAL SPA−90 SPB+0 SPC+180 TURN FMAX SEQ− TABLE ROT（平面空间旋转，A轴旋转90°，C轴旋转180°）

M3 M8

L X+22 Y+20 R0 FMAX

CALL LBL 1（调用子程序，1是子程序序号）

CYCL DEF 8.0 MIRROR IMAGE（平面镜像功能）

CYCL DEF 8.1 X（关于X0镜像）

CALL LBL 1

CYCL DEF 8.0 MIRROR IMAGE

CYCL DEF 8.1（取消平面镜像功能）

CYCL DEF 8.0 MIRROR IMAGE

CYCL DEF 8.1 X Y（关于X0、Y0镜像）

CALL LBL 1

CYCL DEF 8.0 MIRROR IMAGE

CYCL DEF 8.1

CYCL DEF 8.0 MIRROR IMAGE

CYCL DEF 8.1 Y（关于Y0镜像）

CALL LBL 1

L Z+100 R0 FMAX M5 M9

L Z+750 R0 FMAX M91

CYCL DEF 8.0 MIRROR IMAGE

CYCL DEF 8.1（取消平面镜像功能）

CYCL DEF 7.0 DATUM SHIFT

CYCL DEF 7.1 X+0

CYCL DEF 7.2 Y+0（取消坐标系平移）

CYCL DEF 7.3 Z+0

PLANE RESET STAY（取消平面旋转）

;XD−D12

TOOL CALL 3 Z S2500 DL+0 DR+0（调用3号 ϕ12mm立铣刀）

L Z+750 R0 FMAX M91

CYCL DEF 7.0 DATUM SHIFT（坐标系平移功能）

CYCL DEF 7.1 X+50

CYCL DEF 7.2 Y+0

CYCL DEF 7.3 Z−45

PLANE SPATIAL SPA−90 SPB+0 SPC+180 TURN FMAX SEQ−TABLE ROT（平面空间旋转，A轴旋转90°，C轴旋转180°）

M3 M8

L X+22 Y+20 R0 FMAX

L Z+20 R0 FMAX

L Z+0 R0 F1000

LBL 2（建立2号子程序）

L IZ−2.5 R0 F100（Z轴相对下降2.5mm）

L X+22 Y+37 RL F500（增加刀具半径左补偿）

L X+10 Y+37

RND R6（圆角过渡，半径为6mm）

L X+10 Y−10

CR X−10 Y−10 R+10 DR−（圆弧路径，DR−是顺时针方向）

L X−10 Y+37

RND R6

L X−43 Y+37

RND R6

L X−43 Y+26.75

RND R6（圆角过渡，半径为6mm）

CR X−43 Y−26.75 R+38 DR−（圆弧路径，DR−是顺时针方向）

RND R6（圆角过渡，半径为6mm）

L X−43 Y−37

RND R6

L X+43 Y−37

RND R6

L X+43 Y−26.75

RND R6

CR X+43 Y+26.75 R+38 DR−（圆弧路径，DR−是顺时针方向）

RND R6

L X+43 Y+37

RND R6

L X+22 Y+37

L X+22 Y+20 R0

CALL LBL 2 REP1（再次重复调2号子程序1次）

L Z+100 R0 FMAX M5 M9

L Z+750 R0 FMAX M91

CYCL DEF 7.0 DATUM SHIFT

CYCL DEF 7.1 X+0

CYCL DEF 7.2 Y+0（取消坐标系平移）

CYCL DEF 7.3 Z+0

PLANE RESET STAY（取消平面旋转）

TOOL CALL 4 Z S2500 DL+0 DR+0（调用4号ϕ10mm立铣刀）

L Z+750 R0 FMAX M91

CYCL DEF 7.0 DATUM SHIFT（坐标系平移功能）

CYCL DEF 7.1 X+50

CYCL DEF 7.2 Y+0

CYCL DEF 7.3 Z−45

PLANE SPATIAL SPA−90 SPB+0 SPC+180 TURN FMAX SEQ− TABLE ROT（平面空间旋转，A轴旋转90°，C轴旋转180°）

M3 M8

L X+0 Y+0 R0 FMAX

L Z+20 R0 FMAX

L Z+0 R0 F1000

LBL 12（建立12号子程序）

L IZ−1 R0 F100（Z轴相对下降1mm）

L X+8 Y+0 RL F500（增加刀具半径左补偿）

CR X−8 Y+0 R+8 DR+（圆弧路径，DR+是逆时针方向）

L X−8 Y−27

CR X+8 Y−27 R+8 DR+（圆弧路径，DR+是

逆时针方向）

L X+8 Y+0

L X+0 Y+0 R0

CALL LBL 12 REP2（再次重复调用12号子程序2次）

L Z+100 R0 FMAX M5 M9

L Z+750 R0 FMAX M91

CYCL DEF 7.0 DATUM SHIFT

CYCL DEF 7.1 X+0

CYCL DEF 7.2 Y+0（取消坐标系平移）

CYCL DEF 7.3 Z+0

PLANE RESET STAY（取消平面旋转）

M30（程序结束并返回程序头）

LBL 1（建立1号子程序，下面是子程序嵌套）

L X+22 Y+20 R0 F1000

L Z+20 R0 FMAX

L Z+1 R0 F1000（循环加工Z向起始点）

LBL 11（建立11号子程序）

L IZ−2 R0 F100（Z轴相对下降2mm）

L X+22 Y+31.6 RL F500（增加刀具半径左补偿）

L X+15 Y+31.6

RND R5

L X+15 Y+10

RND R5

L X+28.7 Y+10

RND R5

CR X+41.6 Y+31.6 R+42.5 DR−（圆弧路径，DR−是顺时针方向）

RND R5

L X+22 Y+31.6

L X+22 Y+20 R0（取消刀具半径补偿）

CALL LBL 11 REP3（再次重复调用11号子程序3次）

L Z+20 R0 F1000

LBL 0（子程序结束）

END PGM zhushitu MM（程序结束）

2）加工右视图的程序。

BEGIN PGM youshitu MM（程序开始，程序名：youshitu）

BLK FORM 0.1 Z X−50 Y−50 Z−100（定义毛坯最小点）

BLK FORM 0.2 X+50 Y+50 Z+0（定义毛坯最大点）

CYCL DEF 247 DATUM SETTING（工件坐标系为1号）

Q339=+1; DATUM NUMBER

TOOL CALL 8 Z S1000 DL+0 DR+0（调用8号φ10mm NC点钻）

L Z+750 R0 FMAX M91（主轴快速到达机床安全高度）

CYCL DEF 7.0 DATUM SHIFT（坐标系平移功能）

CYCL DEF 7.1 X+100

CYCL DEF 7.2 Y+35

CYCL DEF 7.3 Z−40

PLANE SPATIAL SPA−90 SPB+0 SPC−90 TURN FMAX SEQ− TABLE ROT（平面空间旋转，A轴旋转90°，C轴旋转90°）

M3 M8

L X+0 Y+0 R0 FMAX

L Z+50 R0 FMAX

CYCL DEF 201 REAMING（铰孔循环，与G81功能相似）

Q200=+2; SET−UP CLEARANCE（安全间隙是2mm）

Q201=−4; DEPTH（铰孔深度是4mm）

Q206=+100; FEED RATE FOR PLNGNG（铰孔速度是100mm/min）

Q211=+0；DWELL TIME AT DEPTH（孔底停留 0s）

Q208=+99999；RETRACTION FEED RATE（退出速度）

Q203=+0；SURFACE COORDINATE（安全平面是 0）

Q204=+50；2ND SET-UP CLEARANCE（第二个安全间隙是 50mm）

L X+0 Y+0 R0 FMAX M99（ϕ10mm孔位置）

L Z+100 R0 FMAX M5 M9

L Z+750 R0 FMAX M91

CYCL DEF 7.0 DATUM SHIFT

CYCL DEF 7.1 X+0

CYCL DEF 7.2 Y+0（取消坐标系平移）

CYCL DEF 7.3 Z+0

PLANE RESET STAY（取消平面旋转）

TOOL CALL 6 Z S600 DL+0 DR+0（调用 6号 ϕ10mm钻头）

Z+750 R0 FMAX M91

CYCL DEF 7.0 DATUM SHIFT（坐标系平移功能）

CYCL DEF 7.1　X+100

CYCL DEF 7.2　Y+35

CYCL DEF 7.3　Z−40

PLANE SPATIAL SPA-90 SPB+0 SPC−90 TURN FMAX SEQ− TABLE ROT（平面空间旋转，A轴旋转90°，C轴旋转90°）

M3 M8

L X+0　Y+0 R0 FMAX

L Z+50 R0 FMAX

CYCL DEF 205 UNIVERSAL PECKING（万能啄式钻孔循环，与G83功能相似）

Q200=+2　；SET-UP CLEARANCE

Q201=−90　；DEPTH（钻孔深度是 90mm）

Q206=+60　；FEED RATE FOR PLNGNG（钻孔速度是 60mm/min）

Q202=+3　；PLUNGING DEPTH（每次钻深 3mm）

Q203=+0　；SURFACE COORDINATE

Q204=+50　；2ND SET-UP CLEARANCE

Q212=+0　；DECREMENT（递减值为 0）

Q205=+0　；MIN. PLUNGING DEPTH（最小横向进给深度为 0）

Q258=+0.2　；UPPER ADV STOP DIST（上层停止预留距离为 0.2mm）

Q259=+0.2　；LOWER ADV STOP DIST（下层停止预留距离为 0.2mm）

Q257=+0　；DEPTH FOR CHIP BRKNG

Q256=+0.2　；DIST FOR CHIP BRKNG

Q211=+0　；DWELL TIME AT DEPTH

Q379=+0　；STARTING POINT

Q253=+750；F PRE-POSITIONING

L X+0 Y+0 R0 FMAX M99（ϕ10mm孔位置）

L Z+100 R0 FMAX M5 M9

L Z+750 R0 FMAX M91（主轴快速到达机床安全高度）

CYCL DEF 7.0 DATUM SHIFT

CYCL DEF 7.1 X+0

CYCL DEF 7.2 Y+0（取消坐标系平移）

CYCL DEF 7.3 Z+0

PLANE RESET STAY（取消平面旋转）

TOOL CALL 3 Z S2500 DL+0 DR+0（调用 3号 ϕ12mm立铣刀）

L Z+750 R0 FMAX M91

CYCL DEF 7.0 DATUM SHIFT（坐标系平移功能）

CYCL DEF 7.1 X+100

CYCL DEF 7.2 Y+35

CYCL DEF 7.3 Z−40

PLANE SPATIAL SPA−90 SPB+0 SPC−90

TURN FMAX SEQ− TABLE ROT（平面空间旋转，A轴旋转90°，C轴旋转90°）

M3 M8

L X−15 Y−23 R0 FMAX（加工内轮廓定位点）

L Z+20 R0 FMAX

L Z+1 R0 1000（循环加工Z向起始点）

LBL 3（建立3号子程序）

L IZ−2 R0 F100（Z轴相对下降2mm）

L X−5 Y−23 RL F500（增加刀具半径左补偿）

L X−5 Y−10

RND R6

L X−38 Y−10

L X−38 Y+10

L X+0 Y+10

CR X+5 Y−8.7R+10 DR−（圆弧路径，DR−是顺时针方向）

RND R6

L X+5 Y−36

RND R6

L X+25 Y−36

RND R6

L X+25 Y+24

RND R6

L X−55 Y+24

RND R6

L X−55 Y−15.8

RND R6

L X−20 Y−36

RND R6

L X−5 Y−36

RND R6

L X−5 Y−23

L X−15 Y−23 R0（取消刀具半径补偿）

CALL LBL 3 REP2（再次重复调用3号子程序2次）

L Z+100 R0 FMAX M5 M9

L Z+750 R0 FMAX M91

CYCL DEF 7.0 DATUM SHIFT

CYCL DEF 7.1 X+0

CYCL DEF 7.2 Y+0（取消坐标系平移）

CYCL DEF 7.3 Z+0

PLANE RESET STAY（取消平面旋转）

TOOL CALL 4 Z S2500 DL+0 DR+0（调用4号ϕ10mm立铣刀）

L Z+750 R0 FMAX M91

CYCL DEF 7.0 DATUM SHIFT（坐标系平移功能）

CYCL DEF 7.1 X+100

CYCL DEF 7.2 Y+35

CYCL DEF 7.3 Z−40

PLANE SPATIAL SPA−90 SPB+0 SPC−90

TURN FMAX SEQ− TABLE ROT（平面空间旋转，A轴旋转90°，C轴旋转90°）

M3 M8

L X+0 Y+0 R0 FMAX

L Z+50 R0 FMAX

CYCL DEF 208 BORE MILLING（ϕ16mm孔铣削循环，此循环是螺旋铣削）

Q200=+2；SET−UP CLEARANCE

Q201=−10；DEPTH（铣孔深度是10mm）

Q206=+200；FEED RATE FOR PLNGNG

Q334=+0.5；PLUNGING DEPTH（每次进给量是0.5mm）

Q203=+0；SURFACE COORDINATE

Q204=+50；2ND SET-UP CLEARANCE

Q335=+15.7；NOMINAL DIAMETER（最终直径铣到φ15.7mm）

Q342=+10；ROUGHING DIAMETER（粗铣直径铣到φ10mm）

Q351=+1；CLIMB OR UP-CUT（顺铣）

L　X+0　Y+0 R0 FMAX M99（φ16mm孔位置）

L Z+100 R0 FMAX M5 M9

L Z+750 R0 FMAX M91

CYCL DEF 7.0 DATUM SHIFT

CYCL DEF 7.1 X+0

CYCL DEF 7.2 Y+0（取消坐标系平移）

CYCL DEF 7.3 Z+0

PLANE RESET STAY（取消平面旋转）

TOOL CALL 5 Z S3000 DL+0 DR+0（调用5号φ6mm立铣刀）

L Z+750 R0 FMAX M91

CYCL DEF 7.0 DATUM SHIFT（坐标系平移功能）

CYCL DEF 7.1 X+100

CYCL DEF 7.2 Y+35

CYCL DEF 7.3 Z−40

PLANE SPATIAL SPA−90 SPB+0 SPC−90 TURN FMAX SEQ− TABLE ROT（平面空间旋转，A轴旋转90°，C轴旋转90°）

M3 M8

L X−43 Y+0 R0 FMAX

L Z+20 R0 FMAX

L Z+0 R0 F1000（循环加工Z向起始点）

LBL 4（建立4号子程序）

L IZ−0.5 R0 F100（Z轴相对下降0.5mm）

L X−15 Y+0 R0 F300

L X−43 Y−0 R0 F1000（粗加工16mm宽键槽）

L X−43 Y−8 RL F300（增加刀具半径左补偿，加工键槽轮廓）

L X-6 Y−8

RND R3

CR X−6 Y+8 R+10 DR−（圆弧路径，DR−是顺时针方向）

RND R3

L X−43 Y+8

L X−43 Y+0 R0 F1000（取消刀具半径补偿）

CALL LBL 4 REP5（再次重复调用4号子程序5次）

L Z+100 R0 FMAX M5 M9

L Z+750 R0 FMAX M91

CYCL DEF 7.0 DATUM SHIFT

CYCL DEF 7.1 X+0

CYCL DEF 7.2 Y+0（取消坐标系平移）

CYCL DEF 7.3 Z+0

PLANE RESET STAY（取消平面旋转）

TOOL CALL 7 Z S300 DL+0 DR+0（调用7号φ16mm铰刀）

L　Z+750 R0 FMAX M91

CYCL DEF 7.0 DATUM SHIFT（坐标系平移功能）

CYCL DEF 7.1 X+100

CYCL DEF 7.2 Y+35

CYCL DEF 7.3 Z−40

PLANE SPATIAL SPA−90 SPB+0 SPC−90 TURN FMAX SEQ− TABLE ROT（平面空间旋转，A轴旋转90°，C 轴旋转90°）

M3 M8

L X+0 Y+0 R0 FMAX

L Z+50 R0 FMAX

CYCL DEF 201 REAMING（铰孔循环，与

G81功能相似）

　　Q200=+2；SET-UP CLEARANCE

　　Q201=-10；DEPTH（铰孔深度是10mm）

　　Q206=+50；FEED RATE FOR PLNGNG（铰孔速度是50mm/min）

　　Q211=+0.5；DWELL TIME AT DEPTH（孔底停留0.5s）

　　Q208=+99999；RETRACTION FEED RATE

　　Q203=+0；SURFACE COORDINATE

　　Q204=+50；2ND SET-UP CLEARANCE

　　L X+0 Y+0 R0 FMAX M99（ϕ16mm孔位置）

　　L Z+100 R0 FMAX M5 M9

　　L Z+750 R0 FMAX M91

　　CYCL DEF 7.0 DATUM SHIFT

　　CYCL DEF 7.1 X+0

　　CYCL DEF 7.2 Y+0（取消坐标系平移）

　　CYCL DEF 7.3 Z+0

　　PLANE RESET STAY（取消平面旋转）

　　M30

　　END PGM youshitu MM

　　3）加工俯视图的程序。

　　BEGIN PGM fushitu MM（程序开始，程序名：fushitu）

　　BLK FORM 0.1 Z X-50 Y-50 Z-100（定义毛坯最小点）

　　BLK FORM 0.2 X+50 Y+50 Z+0（定义毛坯最大点）

　　CYCL DEF 247 DATUM SETTING（工件坐标系为1号）

　　Q339=+1 ; DATUM NUMBER

　　TOOL CALL 8 Z S1000 DL+0 DR+0（调用8号ϕ10mm NC点钻）

　　L Z+750 R0 FMAX M91

　　CYCL DEF 7.0 DATUM SHIFT（为了编程和图样尺寸吻合，采用坐标系平移功能）

　　CYCL DEF 7.1 X+50

　　CYCL DEF 7.2 Y+35

　　CYCL DEF 7.3 Z+0

　　L A+0 C+0 R0 FMAX（工作台恢复到1号坐标系A0、C0状态）

　　M3 M8

　　L X+30 Y+0 R0 FMAX

　　L Z+50 R0 FMAX

　　CYCL DEF 201 REAMING

　　Q200=+2 ; SET-UP CLEARANCE（安全间隙是2mm）

　　Q201=-4 ; DEPTH（铰孔深度是4mm）

　　Q206=+100 ; FEED RATE FOR PLNGNG（铰孔速度是100mm/min）

　　Q211=+0 ; DWELL TIME AT DEPTH

　　Q208=+99999 ; RETRACTION FEED RATE

　　Q203=+0 ; SURFACE COORDINATE

　　Q204=+50 ; 2ND SET-UP CLEARANCE

　　L X+30 Y+0 R0 FMAX M99（两个ϕ10mm孔位置）

　　L X-30 Y+0 R0 FMAX M99

　　L Z+100 R0 FMAX M5 M9

　　L Z+750 R0 FMAX M91

　　CYCL DEF 7.0 DATUM SHIFT

　　CYCL DEF 7.1 X+0

　　CYCL DEF 7.2 Y+0（取消坐标系平移）

　　CYCL DEF 7.3 Z+0

　　TOOL CALL 6 Z S600 DL+0 DR+0（调用6号ϕ10mm钻头）

　　L Z+750 R0 FMAX M91

　　CYCL DEF 7.0 DATUM SHIFT（坐标系平移功能）

　　CYCL DEF 7.1 X+50

CYCL DEF 7.2 Y+35

CYCL DEF 7.3 Z+0

L A+0 C+0 R0 FMAX（工作台恢复到1号坐标系A0、C0状态）

M3 M8

L X+30 Y+0 R0 FMAX

L Z+50 R0 FMAX

CYCL DEF 205 UNIVERSAL PECKING（万能啄式钻孔循环，与G83功能相似）

Q200=+2 ; SET-UP CLEARANCE

Q201=-45 ; DEPTH（钻孔深度是45mm）

Q206=+60 ; FEED RATE FOR PLNGNG

Q202=+3 ; PLUNGING DEPTH（每次钻深3mm）

Q203=+0 ; SURFACE COORDINATE

Q204=+50 ; 2ND SET-UP CLEARANCE

Q212=+0 ; DECREMENT（递减值为0）

Q205=+0 ; MIN. PLUNGING DEPTH（最小横向进给深度为0）

Q258=+0.2 ; UPPER ADV STOP DIST（上层停止预留距离为0.2mm）

Q259=+0.2 ; LOWER ADV STOP DIST（下层停止预留距离为0.2mm）

Q257=+0 ; DEPTH FOR CHIP BRKNG

Q256=+0.2 ; DIST FOR CHIP BRKNG

Q211=+0 ; DWELL TIME AT DEPTH

Q379=+0 ; STARTING POINT

Q253=+750; F PRE-POSITIONING

L X+30 Y+0 R0 FMAX M99（两个φ10mm孔位置）

L X-30 Y+0 R0 FMAX M99

L Z+100 R0 FMAX M5 M9

L Z+750 R0 FMAX M91（主轴快速到达机床安全高度）

CYCL DEF 7.0 DATUM SHIFT

CYCL DEF 7.1 X+0

CYCL DEF 7.2 Y+0（取消坐标系平移）

CYCL DEF 7.3 Z+0

TOOL CALL 2 Z S2000 DL+0 DR+0（调取2号φ20mm立铣刀）

L Z+750 R0 FMAX M91

CYCL DEF 7.0 DATUM SHIFT（坐标系平移功能）

CYCL DEF 7.1 X+50

CYCL DEF 7.2 Y+35

CYCL DEF 7.3 Z+0

L A+0 C+0 R0 FMAX（工作台恢复到1号坐标系A0、C0状态）

M3 M8

L X+30 Y+0 R0 FMAX

L Z+50 R0 FMAX

L Z+0 R0 F1000（循环加工Z向起始点）

LBL 5（建立5号子程序）

L IZ-2 R0 F100（Z轴相对下降2mm）

L X+47 Y+0 RL F500（增加刀具半径左补偿）

L X+47 Y+22

RND R10

L X-47 Y+22

RND R10

L X-47 Y-32

RND R10

L X-8 Y-32

RND R10

L X-8 Y-5

RND R2

L X+8 Y-5

RND R2

L X+8 Y-32

RND R10

L X+47 Y−32

RND R10

L X+47 Y+0

L X+30 Y+0 R0（取消刀具半径补偿）

CALL LBL 5 REP2（再次重复调用5号子程序2次）

L Z+100 R0 FMAX M5 M9

L Z+750 R0 FMAX M91

CYCL DEF 7.0 DATUM SHIFT

CYCL DEF 7.1 X+0

CYCL DEF 7.2 Y+0（取消坐标系平移）

CYCL DEF 7.3 Z+0

TOOL CALL 4 Z S2500 DL+0 DR+0（调用4号φ10mm立铣刀）

L Z+750 R0 FMAX M91

CYCL DEF 7.0 DATUM SHIFT

CYCL DEF 7.1 X+50

CYCL DEF 7.2 Y+35（坐标系平移功能）

CYCL DEF 7.3 Z+0

L A+0　C+0 R0 FMAX（工作台恢复到1号坐标系A0、C0状态）

M3 M8

L X+30 Y+0 R0 FMAX

L Z+50 R0 FMAX

CYCL DEF 208 BORE MILLING（两个φ16mm孔铣削循环，此循环是螺旋铣削）

　Q200=+2；SET–UP CLEARANCE

　Q201=−4；DEPTH（铣孔深度是4mm）

　Q206=+200；FEED RATE FOR PLNGNG

　Q334=+0.5；PLUNGING DEPTH（每次进给量是0.5mm）

　Q203=−6；SURFACE COORDINATE（安全平面是−6mm处）

　Q204=+50；2ND SET–UP CLEARANCE

　Q335=+15.7；NOMINAL DIAMETER（最终直径铣到φ15.7mm）

　Q342=+10；ROUGHING DIAMETER（粗铣直径铣到φ10mm）

　Q351=+1；CLIMB OR UP–CUT

L X+30 Y+0 R0 FMAX M99（两个φ16mm孔位置）

L X−30 Y+0 R0 FMAX M99

L Z+100 R0 FMAX M5 M9

L Z+750 R0 FMAX M91（主轴快速到达机床安全高度）

CYCL DEF 7.0 DATUM SHIFT

CYCL DEF 7.1 X+0

CYCL DEF 7.2 Y+0（取消坐标系平移）

CYCL DEF 7.3 Z+0

TOOL CALL 5 Z S3000 DL+0 DR+0（调用5号φ6mm立铣刀）

L Z+750 R0 FMAX M91

CYCL DEF 7.0 DATUM SHIFT（坐标系平移功能）

CYCL DEF 7.1 X+50

CYCL DEF 7.2 Y+35

CYCL DEF 7.3 Z+0

L A+0 C+0 R0 FMAX（工作台恢复到1号坐标系A0、C0状态）

M3 M8

L X+0 Y+0 R0 FMAX

L Z+50 R0 FMAX

L Z−6 R0 F1000（循环加工Z向起始点）

LBL 6（建立6号子程序）

L IZ−0.5 R0 F100（Z轴相对下降0.5mm）

L X+0 Y+5 RL F300（增加刀具半径左补偿）

L X−10 Y+5

CR X−10 Y−5 R+5 DR+（圆弧路径，DR+是逆时针方向）

L X+10 Y−5

CR X+10 Y+5 R+5 DR+（圆弧路径，DR+是逆时针方向）

L X+0 Y+5

L X+0 Y+0 R0（取消刀具半径补偿）

CALL LBL 6 REP7（再次重复调用6号子程序7次）

L Z+100 R0 FMAX M5 M9

L Z+750 R0 FMAX M91（主轴快速到达机床安全高度）

CYCL DEF 7.0 DATUM SHIFT

CYCL DEF 7.1 X+0

CYCL DEF 7.2 Y+0（取消坐标系平移）

CYCL DEF 7.3 Z+0

TOOL CALL 7 Z S300 DL+0 DR+0（调用7号φ16mm铰刀）

L Z+750 R0 FMAX M91

CYCL DEF 7.0 DATUM SHIFT

CYCL DEF 7.1 X+50

CYCL DEF 7.2 Y+35（坐标系平移功能）

CYCL DEF 7.3 Z+0

L A+0 C+0 R0 FMAX（工作台恢复到1号坐标系A0、C0状态）

M3 M8

L X+30 Y+0 R0 FMAX

L Z+50 R0 FMAX

CYCL DEF 201 REAMING

Q200=+2 ; SET-UP CLEARANCE（安全间隙是2mm）

Q201=−4 ; DEPTH（铰孔深度是4mm）

Q206=+60 ; FEED RATE FOR PLNGNG（铰孔速度是60mm/min）

Q211=+0.5 ; DWELL TIME AT DEPTH

Q208=+99999 ; RETRACTION FEED RATE

Q203=−6 ; SURFACE COORDINATE

（安全平面是−6mm处）

Q204=+50 ; 2ND SET-UP CLEARANCE

L X+30 Y+0 R0 FMAX M99（两个φ16mm孔位置）

L X−30 Y+0 R0 FMAX M99

L Z+100 R0 FMAX M5 M9

L Z+750 R0 FMAX M91

CYCL DEF 7.0 DATUM SHIFT

CYCL DEF 7.1 X+0

CYCL DEF 7.2 Y+0（取消坐标系平移）

CYCL DEF 7.3 Z+0

M30

END PGM fushitu MM

4）加工向视图的程序。

BEGIN PGM xiangshitu MM（程序开始，程序名：xiangshitu）

BLK FORM 0.1 Z X−50 Y−50 Z−100（定义毛坯最小点）

BLK FORM 0.2 X+50 Y+50 Z+0（定义毛坯最大点）

CYCL DEF 247 DATUM SETTING（工件坐标系为1号）

Q339=+1 ; DATUM NUMBER

TOOL CALL 1 Z S1500 DL+0 DR+0（调用1号φ63mm面铣刀）

L Z+750 R0 FMAX M91（主轴快速到达机床安全高度）

CYCL DEF 7.0 DATUM SHIFT（坐标系平移功能）

CYCL DEF 7.1 X+50

CYCL DEF 7.2 Y+81.2（坐标系平移到内六方中心上表面）

CYCL DEF 7.3 Z−9.4

PLANE SPATIAL SPA−30 SPB+0 SPC+0

TURN FMAX SEQ– TABLE ROT（平面空间旋转，A轴旋转30°）

　　M3　M8

　　L　X–90　Y+0　R0　FMAX

　　L　Z+50　R0　FMAX

　　L　Z+12　R0　F1000（循环加工Z向起始点）

　　LBL7（建立7号子程序）

　　L　IZ–2　R0　F100（Z轴相对下降2mm）

　　L　X+90　Y+0　R0　F500

　　L　IZ–2（Z轴相对下降2mm）

　　L　X–90　Y+0

　　CALL LBL 7 REP2（再次重复调用7号子程序2次）

　　L　Z+100　R0　FMAX　M5　M9

　　L　Z+750　R0　FMAX　M91

　　CYCL DEF 7.0 DATUM SHIFT

　　CYCL DEF 7.1 X+0

　　CYCL DEF 7.2 Y+0（取消坐标系平移）

　　CYCL DEF 7.3 Z+0

　　PLANE RESET STAY（取消平面旋转）

　　TOOL CALL 8 Z S1000 DL+0 DR+0（调用8号ϕ10mm NC点钻）

　　L　Z+750　R0　FMAX　M91

　　CYCL DEF 7.0 DATUM SHIFT（坐标系平移功能）

　　CYCL DEF 7.1 X+50

　　CYCL DEF 7.2 Y+81.2（坐标系平移到内六方中心上表面）

　　CYCL DEF 7.3 Z–9.4

　　PLANE　SPATIAL　SPA–30　SPB+0　SPC+0 TURN FMAX SEQ– TABLE ROT（平面空间旋转，A轴旋转30°）

M3　M8

　　L　X–30　Y+0　R0　FMAX

　　L　Z+50　R0　FMAX

　　CYCL DEF 201 REAMING

　　Q200=+2；SET–UP CLEARANCE（安全间隙是2mm）

　　Q201=–4；DEPTH（铰孔深度是4mm）

　　Q206=+100；FEED RATE FOR PLNGNG（铰孔速度是100mm/min）

　　Q211=+0；DWELL TIME AT DEPTH（孔底停留0s）

　　Q208=+99999；RETRACTION FEED RATE（退出速度）

　　Q203=+0；SURFACE COORDINATE

　　Q204=+50；2ND SET–UP CLEARANCE

　　L　X–30　Y+0　R0　FMAX　M99（两个ϕ10mm孔位置）

　　L　X+30　Y+0　R0　FMAX　M99

　　L　Z+100　R0　FMAX　M5　M9

　　L　Z+750　R0　FMAX　M91

　　CYCL DEF 7.0 DATUM SHIFT

　　CYCL DEF 7.1 X+0

　　CYCL DEF 7.2 Y+0（取消坐标系平移）

　　CYCL DEF 7.3 Z+0

　　PLANE RESET STAY（取消平面旋转）

　　TOOL CALL 6 Z S600 DL+0 DR+0（调用6号ϕ10mm钻头）

　　L　Z+750　R0　FMAX　M91

　　CYCL DEF 7.0 DATUM SHIFT（坐标系平移功能）

　　CYCL DEF 7.1　X+50

　　CYCL DEF 7.2　Y+81.2（坐标系平移到内六

方中心上表面）

CYCL DEF 7.3　Z-9.4

PLANE　SPATIAL　SPA-30　SPB+0　SPC+0 TURN FMAX SEQ- TABLE ROT（平面空间旋转，A轴旋转30°）

M3　M8

L　X-30　Y+0　R0　FMAX

L　Z+50　R0　FMAX

CYCL DEF 205 UNIVERSAL PECKING

Q200=+2；SET-UP CLEARANCE（安全间隙是2mm）

Q201=-15；DEPTH（钻孔深度是15mm）

Q206=+60；FEED RATE FOR PLNGNG（钻孔速度是60mm/min）

Q202=+3；PLUNGING DEPTH（每次钻深3mm）

Q203=+0；SURFACE COORDINATE

Q204=+50；2ND SET-UP CLEARANCE

Q212=+0；DECREMENT（递减值为0）

Q205=+0；MIN. PLUNGING DEPTH（最小横向进给深度为0）

Q258=+0.2；UPPER ADV STOP DIST（上层停止预留距离为0.2mm）

Q259=+0.2；LOWER ADV STOP DIS（下层停止预留距离为0.2mm）

Q257=+0；DEPTH FOR CHIP BRKNG

Q256=+0.2；DIST FOR CHIP BRKNG

Q211=+0；DWELL TIME AT DEPTH

Q379=+0；STARTING POINT

Q253=+750；F PRE-POSITIONING

L　X-30　Y+0　R0　FMAX　M99（两个φ10mm孔位置）

L　X+30　Y+0　R0　FMAX　M99

L　Z+100　R0　FMAX　M5　M9

L　Z+750　R0　FMAX　M91

CYCL DEF 7.0 DATUM SHIFT

CYCL DEF 7.1 X+0

CYCL DEF 7.2 Y+0（取消坐标系平移）

CYCL DEF 7.3 Z+0

PLANE RESET STAY（取消平面旋转）

TOOL CALL 2 Z S2000 DL+0 DR+0（调用2号φ20mm立铣刀）

L　Z+750　R0　FMAX　M91

CYCL DEF 7.0 DATUM SHIFT（坐标系平移功能）

CYCL DEF 7.1 X+50

CYCL DEF 7.2 Y+81.2（坐标系平移到内六方中心上表面）

CYCL DEF 7.3 Z-9.4

PLANE　SPATIAL　SPA-30　SPB+0　SPC+0 TURN FMAX SEQ- TABLE ROT（平面空间旋转，A轴旋转30°）

M3　M8

L　X-65　Y-15　R0　FMAX

L　Z+50　R0　FMAX

L　Z-2.5　R0　F500（Z向深度）

L　X-44　Y-15　RL　F600（增加刀具半径左补偿）

L　X-44　Y+0

CR　X-37.3　Y+8.7　R+9　DR-（圆弧路径，DR-是顺时针方向）

L　X+0　Y+18.65

RND R18

L　X+37.3　Y+8.7

CR　X+37.3　Y-8.7　R+9　DR-（圆弧路径，DR-是顺时针方向）

L　X+0　Y-18.65

RND R18

L X−37.3 Y−8.7

CR X−44 Y+0 R+9 DR−（圆弧路径，DR−是顺时针方向）

L X−44 Y+15

L X−65 Y+15 R0（取消刀具半径补偿）

L Z+100 R0 FMAX M5 M9

L Z+750 R0 FMAX M91（主轴快速到达机床安全高度）

CYCL DEF 7.0 DATUM SHIFT

CYCL DEF 7.1 X+0

CYCL DEF 7.2 Y+0（取消坐标系平移）

CYCL DEF 7.3 Z+0

PLANE RESET STAY（取消平面旋转）

TOOL CALL 4 Z S2500 DL+0 DR+0（调用4号ϕ10mm立铣刀）

L Z+750 R0 FMAX M91

CYCL DEF 7.0 DATUM SHIFT（坐标系平移功能）

CYCL DEF 7.1 X+50

CYCL DEF 7.2 Y+81.2（坐标系平移到内六方中心上表面）

CYCL DEF 7.3 Z−9.4

PLANE SPATIAL SPA−30 SPB+0 SPC+0

TURN FMAX SEQ− TABLE ROT（平面空间旋转，A轴旋转30°）

M3 M8

CC X+0 Y+0（定义圆心）

L X+0 Y+0 R0 FMAX

L Z+50 R0 FMAX

L Z+0 R0 F500（循环加工Z向起始点）

LBL 8（建立8号子程序）

L IZ−1 R0 F100（Z轴相对下降1mm）

L X+0 Y+13 RL F500

LP PR+15 PA+120（极坐标-直线LP，PR是极半径，PA是极角）

RND R5（圆角R5mm）

LP PR+15 PA+180

RND R5

LP PR+15 PA+240

RND R5

LP PR+15 PA+300

RND R5

LP PR+15 PA+0

RND R5

LP PR+15 PA+60

RND R5

L X+0 Y+13

L X+0 Y+0 R0

CALL LBL 8 REP3（再次重复调用8号子程序3次）

L Z+100 R0 FMAX M5 M9

Z+750 R0 FMAX M91（主轴快速到达机床安全高度）

CYCL DEF 7.0 DATUM SHIFT

CYCL DEF 7.1 X+0

CYCL DEF 7.2 Y+0（取消坐标系平移）

CYCL DEF 7.3 Z+0

PLANE RESET STAY（取消平面旋转）

M30

END PGM xiangshitu MM

第12章　加工中心的操作

12.1　接通电源

1）将总开关由位置OFF扳至位置ON（图12-1），接通电源后，操作面板上电源指示灯亮。

2）按操作面板上电源按键。

3）旋起急停按键（右转）。

4）按机床准备键（有的机床没有此键，可再按一次电源按键）。

此时显示屏显示绝对坐标值，表示控制系统和伺服单元准备完成。在屏幕右下角有 EMG 闪烁报警，见图12-2。

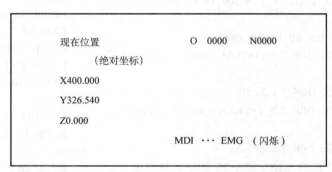

```
现在位置                    O   0000      N0000
    （绝对坐标）
X400.000
Y326.540
Z0.000
                        MDI · · · EMG  （闪烁）
```

图 12-1　电源开关　　　　　　　　图 12-2　初接通电源后显示屏显示画面

12.2　机床清零（返回机械零点）

1）将操作方式旋钮MODE转到JOG手动操作位置。

2）按–Z 轴移动键，使 Z 轴离开零点 70mm 以上。

3）按–Y 或+Y 轴移动键，使 Y 轴离开零点。

4）按–X 或+X 轴移动键，使 X 轴离开零点。

5）将操作方式旋钮转到 REF 原点复归位置。

6）分别按 +Z、+Y、+X 三轴移动键，机床正向移动，当三轴返回零点完成后，指示灯亮表示机床清零完成，EMG 报警灯熄灭。清零后显示屏显示画面见图 12-3。

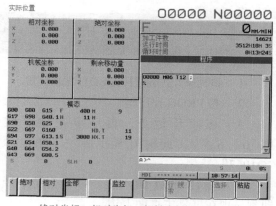

绝对坐标、相对坐标、机械坐标显示都是零

图 12-3　清零后显示屏显示画面

12.3 自动操作（记忆操作）

1）将操作方式旋钮转到 EDIT 编辑位置。

2）按 PROG 程序键，显示屏显示加工程序内容画面。

3）按软键 DIR，目录显示所存程序目录，记下所要使用的程序号，如 O5000。

4）按字母键 O 和数字键 5、0、0、0，显示屏下行显示"O5000"。

5）按光标下移键 ↓，所需要的 O5000 程序被调到当前的位置，此时显示 O5000 程序内容。

6）将操作方式旋钮转到 AUTO 自动操作位置（有的机床用符号表示）。

7）按 START 程序启动键，机床从 O5000 开始执行此加工程序，见图 12-4。

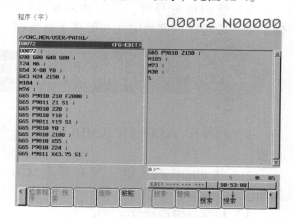

图 12-4　程序显示画面

12.4　编辑程序

1）将操作方式旋钮转到EDIT编辑位置。

2）按PROG程序键。

3）按字母键O，再连续按数字键1、0、6、7，此时在显示屏左下角显示"O1067"。

4）按INSERT插入键，O1067程序号即刻显现在屏幕主页面上边。

5）按EOB分号键（或称为结束符），再按一次INSERT插入键，把结束符写在O1067后边，此时程序号输入完毕。

6）输入程序内容。

7）按字母键G，按数字键4、0，再按字母键G，再按数字键8、0，再按G、4、9，显示屏左下角显示"G40 G80 G49"。

8）按EOB分号键，再按INSERT插入键，第一段程序内容被输入到屏幕主页面程

序号的下行，见图12-5。

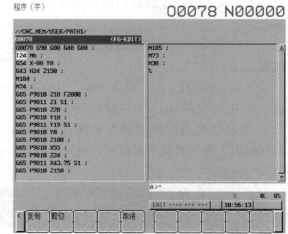

图12-5　编辑程序显示画面

9）继续按字母键和数字键及分号键和插入键，将所有程序内容输入到存储器中。

12.5　手动输入操作（MDI）

1）将操作方式旋钮转到MDI手动输入位置。

2）按PROG程式键，屏幕显示MDI画面。

3）按字母键G和数字键0、0。

4）按字母键X、负号键–和数字键1、0、0。

5）按字母键Y、负号键–及数字键2、0、0，屏幕左下行显示"G00 X–100.0 Y–200.0"。

6）按EOB分号键，再按INSERT插入键，将G00 X–100 Y–200.0输入到MDI页面

上，见图 12-6。

7）继续按字母键、数字键和分号键及插入键，将需要的程序内容输入到 MDI 页面上。

8）按 START 程序启动键，开始执行 MDI 页面上的程序内容。

9）执行完毕后，MDI 页面上的程序内容消失（也有不消失的，需要参数设定）。

```
程式 (MDI)          O 0001N0000
G00  X - 100.0  Y - 200.0
S400  M03
G01  X - 260.0  F100
Y - 100.0
G00  Z100.0
        %        T         D
                 F         S
> -                          11:36:24
        MDI ···
```

图 12-6　手动输入显示图

12.6 手动操作（JOG）

1）将操作方式旋钮转到 JOG 手动操作位置。

2）将快速进给倍率开关转到 100% 位置（100% 速度为 X、Y、Z 轴机床设定的最大允许值，单位为 m / min）。

3）按 +X、+Y、+Z、–X、–Y、–Z 键，机床会以系统设定的速度按照所指定的方向移动，当放开按键时机床即刻停止移动。

12.7 手摇脉冲发生器操作

1）将操作方式旋钮转到手摇脉冲发生器位置。

2）将手摇脉冲发生器上的轴向选择旋钮转到 Z 轴位置，再将倍率选择旋钮转到 X100（快速）。

3）正、反方向摇动手摇脉冲发生器上的手轮，机床 Z 轴即刻上下移动。

4）将手摇脉冲发生器上的轴向选择旋钮转到 X 轴位置。

5）正、反方向摇动手摇脉冲发生器上的手轮，机床 X 轴左右移动。

6）将手摇脉冲发生器上的轴向选择旋钮转到 Y 轴位置。

7）正、反方向摇动手摇脉冲发生器上的手轮，机床 Y 轴前后移动。

12.8 操作面板按键说明

V500S立式加工中心操作面板及MDI操作键盘见图12-7和图12-8。

1. 程序启动键（循环启动键，START、ST）

此键的功能是启动自动循环操作，在执行自动循环时按键的灯一直亮着，直到执行完毕后才会熄灭。

此键还可用来执行MDI和外部信息。

2. 程序暂停键（SP）

此键主要是用来暂停正在执行的程序，按下此键，灯亮、机床运动停止。

3. 复位键（RESET）

此键有如下功能：

1）消除报警故障显示。

2）中止正在执行的程序。

3）在程序执行完毕后，按此键可返回到程序的开头。

4. 帮助键（HELP）

按下此键可显示三种操作说明：

1）报警信号详单。

2）操作方法。

3）参数目录。

5. 上档键（SHIFT）

在字母键和数字键上有大小两个字母或是符号。例如 $\boxed{G_E}\boxed{2}$，在没按下上档键时，按字母键和数字键只显示大的字符，如果先按一下上档键，再按字母键和数字键就显示小的字符。

6. 翻页键（PAGE）

此两键可对显示屏所显示的内容上下翻页，以查找、校对、修改必要的程序和各种数据及参数。

7. 光标移动键（CURSOR）

按此四键可使光标移到任何位置，以便完成修改、删除、插入、输入等各项内容。

8. 程序编辑键

（1）修改键（ALTER）　此键与光标键配合使用，输入新的字符，按下此键可修改或替换光标指定的内容。

（2）插入键（INSERT）　此键与光标键配合使用，按下此键可将新的字符插入到光标所指处。

（3）删除键（DELETE）　此键与光标键配合使用，按下此键可将光标所指字符删除，也可用来删除整个程序和成段内容。

（4）分号键（或称为分隔符）（EOB）　此键用于每段程序结束语，当一段程序输入结束时，必须用结束符与其他程序段隔开。

（5）取消键（CAN）　此键只能对输入到暂存器的字符做删除用，也就是删除或修改在编辑程序时显示屏左下行所显示的内容，一旦将程序段输入到存储器后，此键将无能为力，另外按此键一次只能删除一个字符。

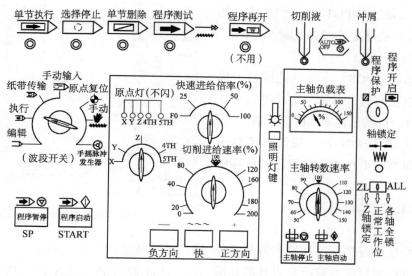

图12-7 V500S立式加工中心操作面板（系统FANUC 18i-M）

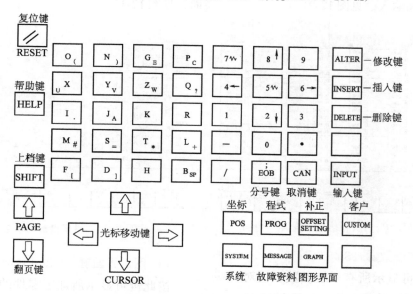

图12-8 V500S立式加工中心MDI操作键盘（系统FANUC 18i-M）

（6）输入键（INPUT）　此键对一切参数和工件坐标系设定及刀补值输入有效。

9. 功能键

（1）坐标键（POS）　按下此键显示屏将显示坐标位置画面，再按一个软键，可显示绝对、相对、机械三种坐标的显示值。

（2）程式键（PROG）　按此键可显示两个画面，即当前正在执行的程序和所存储程序的目录。

10. 刀具补偿键 OFFSET SETTNG

按此键可显示刀具长度补偿和刀具半径补偿画面，再按翻页键可对所有刀具的补偿值进行修改和输入，见图12-9。

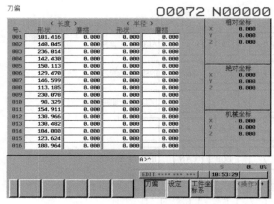

图12-9　刀具补偿显示画面

11. 系统参数键（SYSTEM）

按此键可显示所有系统参数，可对一些必要的参数进行输入和修改，见图12-10。

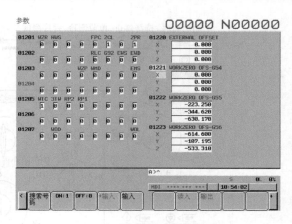

图12-10　机床参数显示画面

12. 故障资料键（MESSAGE）

按此键可显示机床报警内容和原因画面，见图12-11。

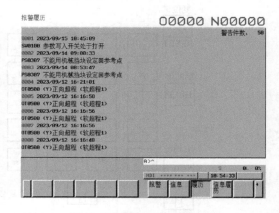

图12-11　机床报警记录画面

13. 图形界面键（GRAPH）

按此键可显示所加工零件的刀具运动轨迹图形（但需预先设定参数），见图12-12。

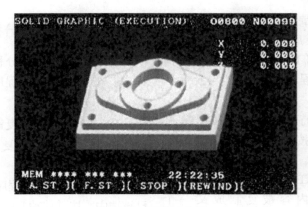

图12-12 图形显示画面

12.9 加工程序的复制、移出、插入

12.9.1 复制程序

复制后的程序与被复制的程序内容完全相同，只是程序号码不同。操作方法如下：

1）将操作方式旋钮转到编辑位置（EDIT）。

2）程序保护锁打到"开"位置。

3）按PROG程序键，欲被复制的程序已显示在页面上（如O1234），见图12-13。

4）按屏幕下方操作软键［OPRT］。

5）按▷菜单继续键，此时屏幕下方会出现［］［］［］［］［EX—EDT］软键。

6）按下［EX—EDT］执行编辑软键，此时屏幕下方会出现［复制］［移动］［插入］［］［更改］软键。

7）按下［复制］（［COPY］）软键，屏幕下方会出现［CRSR⁻］［］［⁻CRSR］［最

后］［全部］软键。［CRSR⁻］和［⁻CRSR］表示光标移动。

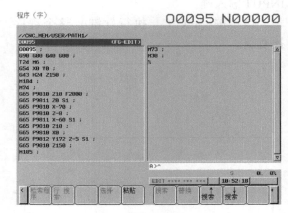

图12-13 程序复制画面

8）将光标移到要复制范围的开头并按软键［CRSR⁻］。

9）将光标移到要复制范围的终点并按软键［˜CRSR］或［最后］（［˜BTTM］）。此时左下方显示见图12-14。（在后一种情况，复制范围是到程序的终点，与光标位置无关。）

10）输入新程序的号码（只用数字键），例如5678，再按INPUT输入键，显示见图12-15。

11）按下［EXEC］执行软键，原O1234程序的部分内容被复制成又一个O5678程序，两个程序除了程序号不同外，其他内容完全一样。

如果要复制整个程序，应执行1）～7）后再继续如下步骤：

12）按［全部］（［ALL］）软键。

13）输入新程序号（用数字键）并按INPUT输入键。

14）按［EXEC］执行软键，整个程序被复制。

```
        复制    全部    PRG = 0000
        数值
[EXEC]    [ ]    [ ]    [ ]  [ ]
```

图12-14　复制软件显示

```
        复制    全部    PRG =5768
        数值
[EXEC]    [ ]    [ ]    [ ]  [ ]
```

图12-15　输入新程序号

12.9.2　移出部分程序

将程序中的一部分移出来，建立一个新程序。被移出的部分程序内容将不在原程序中。操作方法如下：

1）执行12.9.1节复制程序操作步骤1）～6），屏幕下方显示［复制］［移动］［插入］［ ］［更改］软键。

2）检查要移动的程序画面是否被选择，如已被选中，按［移动］（［MOVE］）软键。

3）手动移动光标到要移动范围的开始处，并按软键［CRSR˜］。

4）手动移动光标到要移动范围的结束处，并按软键［˜CRSR］或［˜BTTM］（被移动的范围是到程序终点，而与光标位置无关）。

5）输入新程序号（用数字键）并按输入键INPUT。

6）按［EXEC］执行软键，移出完毕。

注：被移出的程序段在这个程序中已经不存在，就相当于被拿走了。

12.9.3　插入（合并）程序

在当前程序的任意位置可以插入另一程序。

目的：将两个程序合并，被合并的程序仍然存在。

操作方法如下：

1）执行12.9.1节复制程序操作步骤1）～6），屏幕下方显示［复制］［移动］［插入］［ ］［更改］软键。

2）检查要编辑程序的画面是否已被选择，并按［插入］（［MERGE]）软键。

3）移动光标到将要插入另一程序的位置，并按软键［˜CRSR]或［˜BTTM]（显示当前程序的终点）。

4）输入要插入的程序号（用数字键）并按 INPUT 输入键。

5）按［EXEC]执行软键，即可将第4）步指定的程序号的程序插入到第3）步光标指定处。

插入后的程序是两个程序的组合体，而插入的原程序仍然独立存在，相当于又复制了一个程序合并到需要的位置。

12.10 立式加工中心的操作

ACE-V500S 韩国大宇立式加工中心（系统为 FANUC SERIES 18*i*-M）显示器面板见图 12-16。操作面板及按键功能同图 12-7、图 12-8。

12.10.1 机床起动

1）开启稳压器（机床侧面的单独电柜）。

2）开启总开关（无熔丝开关，在机床后边）。

3）按机床面板启动键。

4）旋起急停开关。

5）按准备键。

12.10.2 原点复归

1）将波段开关转到原点复位处。

2）轴向选择X、Y、Z。

3）先做Z轴回零。按住正方向键，当原点灯亮，即为回零。如果距原点很近，则需要用手摇脉冲发生器手轮向相反的方向移动一段距离，大约 70mm 以上，然后再按正方向键回零，其他两轴照此执行。

图 12-16　ACE-V500S 韩国大宇立式加工中心
显示器面板

12.10.3 手动换刀

1）将波段开关转到手动输入位置MDI，按PROG（程序键），屏幕显示MID输入画面。

2）输入所需要换的刀具号码和换刀指

令，如M06 T12。

3）按EOB（分号键）并按INPUT（输入键），并按START（程序启动键）即可换刀。

MDI换刀画面见图12-17。

12.10.4 编辑程序

1）将波段开关转到编辑处，把程序保护开关（钥匙）开到ON（非保护状态）。

2）按PROG（程序键）。

3）首先输入程序号（如O0001），然后按EOB（分号键），再按INSERT（插入键），程序号建立完毕。然后即可根据工件加工情况编写程序内容，当某个字母输入有错误时，可按CAN（取消键）将字母取消。

4）当要删除某个字母时，把光标移到所要删除的字母处，再按DELETE（删除键）即可将其删掉。

5）当要在两个字符之间加入一个程序内容时，把光标移到所要插入程序的前一个字符，然后插入相关的内容即可。

6）调用其他程序。波段开关处于编辑状态，输入所需要的程序号（如O0123），按光标下移键，即可将需要的程序（O0123）调到当前位置。

12.10.5 单独执行某段程序

1）将波段开关转到编辑处。

2）按光标移动键，使光标落到所需要执行的程序段上。

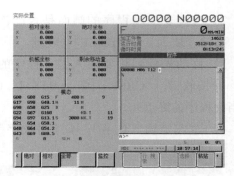

图12-17 MDI换刀画面

3）将波段开关转到程序执行位置。

4）按程序启动键，即可执行该段程序。如果此时刀具不是该程序所需要用的，则必须把所需要的刀具换到主轴上。如果该程序中有M06 T××换刀程序，就无须再另行换刀，可用程序换刀。

12.10.6 建立刀库档案

（1）寻找刀库页面 按SYSTEM系统参数键→［PMC］软键→［PMCPRM］软键→［DATA］软键→［GDATA］软键→PAGE翻页键，出现刀库所有刀具画面。

（2）建立刀库档案

1）原则为原有的刀号尽量不使用。

2）有大径刀（直径大于100mm）时，必须间隔插放（隔一库位放一把刀）。

3）将刀号与库位号统一，即1号库位放1号刀……

（3）操作方法

1）找到刀库页面，把光标移到所要建立的刀库位号处。按数字键写入刀号，再按下INPUT（输入键），则此刀档案已建立。

2）在MDI状态下（手动输入方式），把此刀号调到主轴上（此时主轴无刀），然后将实际刀具装入主轴（手动），再用语句M06 T××（刀号）把其他刀具依次装入主轴及刀库，此时刀具库位号和刀号已完全相同，库位号和刀号完全对应，至此刀库档案已建立完毕。

注意： 当按 OFFSET SETTING（补正）键时，屏幕显示：

"参数写入" =0（0不可输入，1可以输入）

将0改写成1表示参数可以写入，当把参数写成1时，报警灯亮（可以写入参数）。当建立完刀库档案后，再把参数改写成0。按一下RESET复位键，报警灯及信号消失，恢复正常操作状态。

12.10.7 加工中心大径刀的设定和使用方法

在实际生产中，经常会遇到所使用的刀具直径超过两个刀库之间的允许范围的情况。如果强行安装势必会使两刀相撞，产生干涉，严重时会损坏机床和刀具。

针对这一问题，机床厂家设定了"大径刀功能"，其目的是将大径刀所在的库位号锁定不动，与其相邻的左右两个刀位也固定，只允许安装与中间大径刀不产生干涉的小径刀，以此来保证换刀时不发生危险。

现以M／C台中精机加工中心为例，具体操作方法如下：

（1）重新理顺刀号与库位号

1）在手动输入（MDI）方式下，按M80、INPUT输入键，再按启动键，此时进入刀号设定状态。

2）按M81、INPUT输入键，再按启动键，此时刀具全部重新设定，成为刀具与刀具库位号一致的统一状态。即1号刀入1号库，2号刀入2号库……

（2）设定大径刀 仍然在MDI状态下：

1）按PROG程序键。

2）按M80、INPUT输入键，再按启动键。

3）按T××、INPUT输入键，再按启动键。

4）按M82、INPUT输入键，再按启动键。

此时T××为大径刀，与它相邻的一左一右两刀都视为大径刀。

待这三把刀回到各自刀库内，不再随机调换。当还有其他大径刀时，重复执行1）～4）步操作，即可设定其他大径刀。

12.10.8 大径刀设定时需要注意的问题

1）大径刀必须在刀具重新理顺后才能设定，即刀号与库位号相同后才可用。

2）被设定的大径刀两侧刀库只能放置不与大径刀相干涉的小径刀。

3）当大径刀在主轴上时，刀库也在待换刀处等待，此时不能再换其他刀具。如果要换其他刀具，可用T00 M06指令将大径刀送回原库位内，再执行T×× M06调换其他刀具。

4）当主轴所装为小径刀时，若换大径刀，应先将小径刀换回原库位，再将大径刀换至主轴。

注： 在没有设定大径刀功能的机床上，无法执行大径刀指令。

12.11 卧式加工中心的操作

H63 韩国起亚卧式加工中心（系统为 FANUC SERIES 18*i*-M）操作面板见图12-18。

图12-18 H63韩国起亚卧式加工中心操作面板

H63 韩国起亚卧式加工中心的系统和操作面板与V500S立式加工中心基本一样，所不同的是H63主轴为卧装，而且有两个相互替换的工作台（1号台和2号台），工作台能做1°~360°分度（最小分度单位为1°），分度时不能与其他三轴（X、Y、Z）同时移动，所以只能称为三轴半联动（不能四轴联动）。

12.11.1 四个参考点的说明

该卧式加工中心有四个参考点，是机床厂家设定好的，四个参考点分别是：第1参考点（机械零点）、第2参考点（固定换刀点）、第3参考点（1号工作台转换点）、第4参考点（2号工作台转换点），这四个参考点分别用P1、P2、P3、P4表示。

关于四个参考点在机床上的具体位置和应用及交换步骤说明如下：

（1）P1机械零点 当机床所有"轴"都做原点复位后（所有回零灯全亮）就是机械零点。也可以通过MDI（手动输入状态）输入如下程序段"回零"：

使用格式：G91 G28 X0 Y0 Z0；

G91 G28 B0； （B0为工作台回零）

回零后，X、Y、Z、B坐标轴显示都是零：

X000.000

Y000.000

Z000.000

B000.000

具体位置：

X轴——主轴轴线与工作台中心线处在同一平面内（主轴轴线通过工作台中心）。

Y轴——主轴处在最下边（负向行程极限）。

Z轴——主轴处在最后边（正向行程极限）。

B轴——有标记的零点位置。这个点也称为机床参考点，是其他三个参考点的计量基础。其他各坐标点要根据与这个点的距离来确定位置。

（2）P2固定换刀点

使用格式：G91 G30 X0 Y0 Z0.；

用MDI执行上程序段，机械坐标显示为：

X450.000

Y629.750

Z-1.700

B000.000

所显示数值是距第1参考点的距离。具体位置：工作台在左侧（X轴），主轴上升至与机械手平衡（Y轴），Z轴比P1点再后退1.700mm，此点主要用于换刀。

（3）P3，1号工作台转换点

使用格式：G91 G30 X0 Y0 Z0 P3；

　　　　　G91 G28 B0；

执行上程序段后，机械坐标显示为：

X453.300

Y629.750

Z000.000

B000.000

所显示数值是距P1点的距离。具体位置是工作台移动到1号库的位置（准备交换回库）。

（4）P4，2号工作台转换点

使用格式：G91 G30 X0 Y0 Z0 P4；

　　　　　G91 G28 B0；

执行上程序段后，机械坐标显示为：

X-446.700

Y-629.750

Z-000.000

B-000.000

所显示数值是距P1点的距离。具体位置是工作台移动到2号库的位置（准备交换回库）。

12.11.2　交换工作台的操作步骤

1）在MDI方式下交换工作台。

输入：G91 G30 X0 Y0 Z0 P3；

　　　G91 G28 B0；

　　　M60；

2）按下工作台启动键READY，液压站开关灯亮。

3）按START输入执行键（与操作面板上的通用），机床自动将1号工作台送进仓内（归库）。

再输入：G91 G30 X0 Y0 Z0 P4；

G91 G28 B0；

M60；

4）再按 START 输入执行键，将 2 号工作台调至工作间。

12.11.3 自动换刀动作步骤分解

1）X 轴、Y 轴、Z 轴回 P2 点。

2）侧门打开。

3）机械手移到主轴位置（主轴准停）。

4）机械手扣住刀具拔刀（刀具脱离主轴）。

5）机械手旋转 180°。

6）机械手装刀，主轴拉紧刀具。

7）机械手退回，关侧门。

8）将卸下的刀装入原刀位（对号）。

9）刀库旋转（寻找下一工序使用刀具）。

10）把下一工序所选用的刀装入待换刀库。

11）刀库再次旋转，返回到主轴上刀的库位。

12）等待下一次换刀。

注意：当 X 轴、Y 轴、Z 轴、B 轴不在 G30（P2）零点位置时需用如下命令换刀：

G91 G30 X0 Y0 Z0 T01 M06；

如果在 P2 点可直接用 T01 M06 换刀。

12.11.4 G10 编程资料输入的应用格式

G10 的功能是将编程资料直接送入到工件坐标系 G54～G59 的存储器中，同时也将此数值存入坐标参数 No.1221～No.1226 中。

No.1221······G54　P1

No.1222······G55　P2

No.1223······G56　P3

No.1224······G57　P4

No.1225······G58　P5

No.1226······G59　P6

使用格式：

G90 G10 L2 P1 X0 Y256.13 Z−801.036 B0；

G90 G10 L2 P2 X0 Y256.13 Z−761.20 B180.0；

执行上述程序，将工件坐标系输入到 G54（P1）、G55（P2）中。参数显示画面见图 12-19。

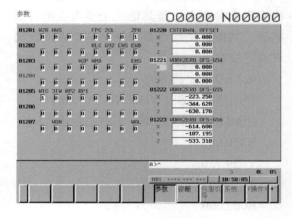

图 12-19　参数显示画面

工件坐标数据：

G54	X000.000	G55	X 000.000
(1)	Y256.130	(2)	Y256.130
	Z−801.036		Z−761.200
	B000.000		B180.000

12.11.5 G54.1附加坐标系（P1～P48）的使用格式

为扩大机床使用范围，本机床（系统）又扩展了48个工件坐标系及P1～P48供编程使用。

使用格式：

N1 G90 G10 L20 P1 X−193.584 Y209.60 Z−843.216 B0；

N2 G90 G10 L20 P48 X−300.0 Y300.0 Z−300.0 B180.0；

N3 G54.1 P1 G90 G00 X0 Y0 S1500 M03；

N4 G54.1 P48 G90 G00 X0 Y0；

此程序执行前两段（N1、N2）时，CNC自动将前两段设定的坐标值存入到附加坐标系G54.1 P1和G54.1 P48中。

继续执行下段程序时，机床按已设定好的工件坐标给定值移动。

G54.1 P1面板显示见图12-20。

G54.1 P48面板显示见图12-21。

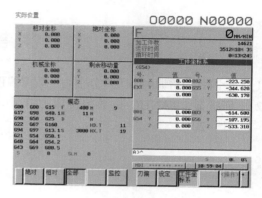

图12-20 G54.1 P1面板显示

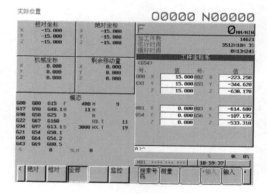

图12-21 G54.1 P48面板显示

参 考 文 献

[1] 全国数控培训网络天津分中心. 数控编程 [M]. 2版. 北京：机械工业出版社，2005.
[2] 何贵显. FANUC 0i 数控铣床/加工中心编程技巧与实例 [M]. 北京：机械工业出版社，2015.